四川盆地东部石炭系古岩溶储层

文华国 徐文礼 周 刚 等著

U0223569

科学出版社

北 京

内 容 简 介

本书系统地阐述了四川盆地东部石炭纪构造演化、地层特征，划分了沉积相类型并建立沉积模式，研究了沉积相平面展布特征；基于古喀斯特相标志和古岩溶地貌恢复，分析了古岩溶控制因素；从岩石学特征、储集空间特征、物性和孔隙结构特征、储层测井响应特征、储层综合评价等方面对川东古岩溶储层特征进行详细刻画；创新提出古岩溶储层沉积-成岩系统，并从成岩作用及演化序列特征、古岩溶储层成岩系统划分、沉积-成岩系统与储层耦合关系等方面进行了系统研究，确定了古岩溶储层控制因素，总结了古岩溶储层预测技术，弄清了古岩溶储层空间分布规律。在上述研究的基础上，本书提出了川东地区石炭系古岩溶储层深化勘探方向。

本书适合作为地质学、资源勘查工程专业学生的课外阅读材料，也可作为石油地质工作者及相关研究人员的参考书。

图书在版编目(CIP)数据

四川盆地东部石炭系古岩溶储层 / 文华国等著. —北京：科学出版社，2022.4
ISBN 978-7-03-070497-9

Ⅰ.①四… Ⅱ.①文… Ⅲ.①四川盆地–古岩溶–储集层–研究 Ⅳ.①P618.130.2

中国版本图书馆 CIP 数据核字 (2021) 第 225886 号

责任编辑：黄　桥 / 责任校对：彭　映
责任印制：罗　科 / 封面设计：墨创文化

科 学 出 版 社 出版
北京东黄城根北街16号
邮政编码：100717
http://www.sciencep.com

成都锦瑞印刷有限责任公司印刷
科学出版社发行　各地新华书店经销

＊

2022 年 4 月第 一 版　　开本：787×1092 1/16
2022 年 4 月第一次印刷　　印张：15 1/4
字数：358 000

定价：198.00 元
（如有印装质量问题，我社负责调换）

本书作者

文华国　徐文礼　周　刚　张　兵

彭　才　温龙彬　张　航　罗　韧

廖义沙　陈卫东　曾令平　张洁伟

前　言

我国海相碳酸盐岩层系具有时代老，埋深大，成岩作用强，原生孔隙不发育，受后期改造控制，非均质性强的特点，给碳酸盐岩油气勘探带来巨大挑战。近些年来，四川盆地、塔里木盆地及鄂尔多斯盆地碳酸盐岩油气勘探实践表明，古老碳酸盐岩地层成藏的关键是储层要素，因此，储层表征成为我国碳酸盐岩油气勘探的关键。世界上常见的碳酸盐岩储层可归纳为 6 类：①古岩溶储层；②白云岩储层；③滩相储层；④礁相储层；⑤白垩系储层；⑥裂缝型储层（范嘉松，2005）。古岩溶储层属于非均质性储层，可作为优质碳酸盐岩储层的重要类型（陈学时等，2004；王志鹏等，2006；罗平等，2008），因此，关于古岩溶储层的研究显得非常必要。前人已在包括中东地区的白垩系碳酸盐岩、墨西哥的下白垩统碳酸盐岩、加拿大阿尔伯塔上泥盆统碳酸盐岩、中国塔里木盆地和鄂尔多斯盆地奥陶系碳酸盐岩等发育区发现了重要的古岩溶储层实例（Bartolini et al.，2003；Trice，2005；Borrero et al.，2010；Fu et al.，2012；Zhu et al.，2013，2014）。

岩溶作用（karstification）于 1884 年由美国地貌学家戴维斯提出，指水与重力对以碳酸盐岩为主的可溶岩溶蚀与侵蚀作用、搬运与沉积作用之总体。岩溶研究一直是岩溶地质和碳酸盐岩储层地质学领域的研究热点（Loucks，1999；Li et al.，2008；Filipponi et al.，2009；Mehrabi et al.，2014；Cao et al.，2015；Zhang et al.，2016）。Bögli 于 1960 年研究发现，在 CO_2 分压平衡的情况下，当两种不同浓度的碳酸钙饱和溶液相混合时，会因产生游离态 CO_2，降低方解石的饱和度，使混合溶液重新成为对方解石具溶蚀性的不饱和溶液，这为岩溶作用提供了最初的实验基础。此后，经过更深入、精细的研究发现，岩溶作用除受 CO_2 分压的影响外，还受到温度、盐度、Mg/Ca 值等因素的影响（Hanshaw and Back，1980；Palmer，1984；Rezaei，2005）。因此，本书采用的岩溶的定义是在酸性条件下，由于复杂的物理化学作用而产生的地表或地下的溶蚀作用（James and Choquette，1988）。古岩溶作用是古代地表水和地下水对可溶性岩石的改造过程及由此产生的地表与地下地质现象的总和。古岩溶作用通常按成岩作用阶段可分为早期成岩岩溶、中期成岩岩溶、晚期成岩岩溶（Mylroie and Carew，2000；Vacher and Mylroie，2002）。

碳酸盐岩岩溶也可根据内因中的基岩组合划分为纯碳酸盐岩岩溶（Meyers，1988；王振宇等，2008）和蒸发岩-碳酸盐岩组合岩溶（Klimchouk and Aksem，2002；Gutiérrez et al.，2008）。因为多种岩石类型和结构并存，针对蒸发岩-碳酸盐岩组合岩溶的研究一直是一个具有挑战性的课题（Klimchouk and Aksem，2002；Gutiérrez et al.，2008）。该类岩溶既能溶解蒸发岩，也能溶解碳酸盐岩，扩大裂隙和溶洞，导致溶洞塌陷、充填溶蚀空间。这些过程和产物非常复杂，可能对储层质量产生正面或负面的影响（Brenchley et al.，2010；Altiner et al.，2015；Kalvoda et al.，2015；Yuste et al.，2015）。该类岩溶的一般规律至今没有得到很好的约束，是岩溶碳酸盐岩储层地质研究中最具挑战性的课题之一，川东地区石炭系古岩溶储层就属于这一类。

自1977年发现工业气流以来，川东地区已成为我国重要的大中型天然气产区之一，已有勘探成果表明古岩溶储层是川东地区石炭系最重要的天然气储层类型之一。川东地区石炭系黄龙组古岩溶储层孔隙类型以次生孔隙为主，原生孔隙较少，储层物性受到成岩作用，尤其是白云石化作用和古岩溶作用的影响较为显著（王一刚等，1996；胡忠贵等，2008；张兵等，2010；文华国等，2011，2014；Wen et al.，2014；Chen et al.，2014）。部分学者认为各成岩流体来源和性质具有继承性发展演化特点，且水-岩反应机理、产物和组合特征各不相同，对储层发育的控制和影响也不同：①准同生阶段海源孔隙水白云石化不能形成有效储层；②早成岩阶段地层封存的热卤水埋藏白云石化是储层发育的基础；③古表生期强氧化性低温大气水溶蚀作用扩大了储层分布范围和规模；④再埋藏成岩阶段的深部溶蚀和构造破裂作用进一步改善了储层的孔渗性，提高了储层质量（Wen et al.，2014）。部分学者认为古岩溶作用具有对储层分带控制的特征，与岩溶作用有关的岩溶角砾岩为研究区主要储层岩石类型之一（郑荣才等，1996，2008），认为各成岩流体对古岩溶储层发育具有重要的控制和影响作用，其中经强氧化性低温大气水的淋滤溶蚀形成孔、洞、缝非常发育的古风化壳型岩溶储层叠加后期的酸性压释水的溶蚀再改造，可大大改善储层的孔渗性，并在喜马拉雅期构造破裂作用下，最终形成川东地区石炭系规模性裂缝-孔隙型古岩溶储层（文华国等，2014；胡明毅等，2015）。据研究，古岩溶型碳酸盐岩储层常因形成大型-超大型油气田，在油气勘探中一直占据重要地位。随着川东地区石炭系深化勘探力度的加大，对古岩溶储层特征分析及总结显得十分必要。

本书由文华国、徐文礼、周刚、张兵、彭才、温龙彬等合作撰写，前言由文华国撰写，第1章由徐文礼、文华国、彭才、张航和罗韧合作撰写，第2章由文华国、徐文礼、陈卫东、张洁伟合作撰写，第3章由文华国、张兵、周刚和张航合作撰写，第4章由文华国、徐文礼、张兵、周刚和廖义沙合作撰写，第5章由文华国、温龙彬、罗韧、廖义沙合作撰写，第6章第1节由张兵和文华国合作撰写，第6章第2节和第3节由周刚、温龙彬、曾令平、张洁伟合作撰写，第7章由文华国、徐文礼、周刚、彭才、张航、廖义沙、罗韧、陈卫东合作撰写。初稿撰写完成后由文华国教授对全书进行统稿，并对部分内容进行了删减和增添，再经全体作者认真推敲，反复修改，最后定稿，目的是尽可能地提高本书的质量和便于阅读使用。

参加部分内容撰写和研究工作的人员还有游雅贤博士，罗晓彤、罗涛、李亮、徐腾、孙权威、张琼硕士等参与了大部分插图的绘制、整理和图版编排工作。本书的出版凝聚了成都理工大学沉积地质研究院、中国石油西南油气田分公司重庆气矿（简称中石油重庆气矿）、川东北气矿（简称中石油川东北气矿）等多年来的科研和集体劳动成果，书稿完成后，成都理工大学沉积地质研究院的郑荣才教授等相关老师提出了许多有益的建议和帮助，在此一并表示衷心的感谢！本书的顺利出版是课题组全体人员多年来辛勤劳动的结果，其中在野外地质调查、测试分析、室内研究过程中得到中国石油西南油气田分公司勘探开发研究院、中国石油勘探开发研究院四川盆地研究中心、中石油重庆气矿、中石油川东北气矿等单位相关领导和技术研究人员，以及科学出版社的关心和鼎力相助，在此一并表示诚挚谢意！

由于本书内容繁多，再者囿于编者水平有限，书中难免存在疏漏之处，恳请读者批评指正。

作 者

2020 年 10 月

目　　录

第1章 区域地质背景

1.1 地 理 位 置

川东地区位于四川盆地东部，大致范围包括华蓥山以东，齐岳山（又称"七曜山"）以西，大巴山以南，重庆以北，地理位置上东临湖北、湖南，南接贵州，北连陕西，跨越了重庆市境内东北部的云阳、万州、开州、开江、梁平、忠县、涪陵、长寿、南川、酉阳、秀山等地，以及四川省中东部的达州、邻水等地(图1.1)，面积约为 $5.5 \times 10^4 \mathrm{km}^2$。区内海拔为 400～1500m，地表条件较复杂，地形高差变化大，由南、北向长江河谷倾斜。地貌以山地、丘陵为主，且坡地面积较大，成层性明显，大量分布着典型的石林、溶洞、峡谷等喀斯特景观。

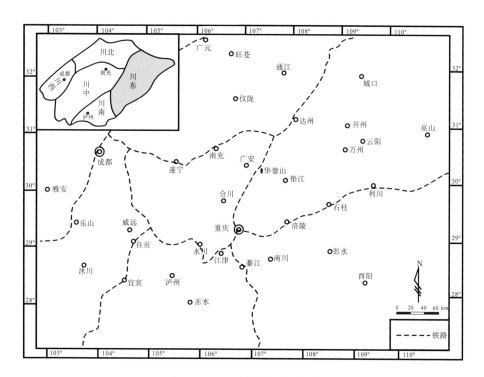

图 1.1 川东地区地理位置图

1.2　石炭系勘探概况

　　川东地区石炭系分布面积约为 $5.5 \times 10^4 km^2$，区域构造属川东高陡褶皱带，气藏主要分布于高陡构造带。石炭系黄龙组在川东大部分地区均存在，但出露较差，仅在华蓥和溪口地区有出露，且厚度不大，20 世纪 50 年代之前被地质工作者所忽视，认为四川盆地缺失石炭系地层。直至 1965 年 8 月，在川东北蒲山包构造带上的钻井在二叠系和志留系之间钻遇近 40m 溶孔白云岩，但由于该口钻井产水，该层位未引起重视，只是简单地归入泥盆系。为摸清该段角砾白云岩所属层位和油气显示，1977 年川东地区相 18 井在相国寺构造主体上开钻，钻探目标层位为这套疑似石炭系的角砾白云岩，该套白云岩在钻穿二叠系后出现，测试获气 $85 \times 10^4 m^3/d$，而后根据薄克氏小纺锤虫等化石鉴定证明该产层属于石炭系黄龙组。此后石炭系勘探在整个川东地区全面展开，经"七五""八五""九五"多轮科技攻关，形成了一套适用于层状孔隙型整装气藏的勘探开发技术，是四川气田的主力生产气藏之一；"十一五"实现稳产在 $65 \times 10^8 m^3$ 的水平，占西南油气田分公司同期产量的 50%，为分公司建成全国第一个以产气为主的千万吨级大油气田做出了巨大贡献。至 2014 年底，川东地区石炭系钻遇或钻穿石炭系的探井及开发井 597 口(川东北气矿 66 口，重庆气矿 531 口)，石炭系获气井 372 口(重庆气矿 338 口，川东北气矿 34 口)，钻探成功率为 62.3%，生产井 274 口，日产气 $1115 \times 10^4 m^3$，日产水 $989.5 m^3$，累计产气 $1209.46 \times 10^8 m^3$，累计产水 $541.6 \times 10^4 m^3$；川东地区共完成二维地震探测 $60113.03 km^2$，三维地震探测 $5703.86 km^2$，发现构造 248 个，气藏 50 个(川东北石炭系气藏 10 个，重庆气矿 40 个)，发育大中型石炭系气藏，以中型气藏为主。截至 2017 年，川东地区石炭系黄龙组已探明天然气地质储量约 $2412 \times 10^8 m^3$，约占四川盆地天然气探明地质储量的 10.1%；累计产量为 $1280 \times 10^8 m^3$，约占四川盆地天然气累计产量的 30%，成为四川乃至全国天然气的主产区之一。

　　经过几十年的勘探开发，川东地区石炭系已经成为目前天然气主力产层和增储上产的重要勘探领域。随着川东地区天然气勘探开发的不断深入，显示气藏越来越复杂，勘探开发的难度越来越大。近年来，针对川东地区石炭系开展了以岩性地层气藏为目标的新一轮的勘探，结果表明川东地区石炭系岩性地层气藏也较为发育，储层的不连续性容易形成岩性圈闭，而石炭系大范围尖灭和大面积残缺则可能形成地层圈闭，在褶皱强烈的地区形成以岩性-构造为主的天然气聚集模式，在宽缓斜坡区形成以岩性-地层为主的复合天然气聚集模式。广安—重庆石炭系西南部尖灭带、明月峡—涪陵北石炭系南部尖灭带、梁平古隆起东侧石炭系尖灭带及开州—马槽坝石炭系东北部尖灭带等区域均为有利勘探区，随着对川东地区石炭系气藏类型认识的深化，认为向斜区也可能是下一步勘探的有利区域。

　　由于高陡构造极其复杂，川东地区石炭系探明率低，加之缺少新的勘探方向与领域，储量动用越来越困难，随着对川东地区石炭系气藏类型的解剖和气藏分布模式的总结，认为川东地区石炭系存在构造-地层复合圈闭及岩性圈闭发育的重要条件，构造-地层复合圈闭、岩性圈闭等是下一步勘探的有利目标。因此，为了满足勘探生产的需要，进一步深化川东地区石炭系勘探研究，寻找潜在有利勘探区块或新的勘探类型，需要对石炭系地层分布、沉积微相、储层和成藏特征等基本问题开展新的研究,以求为川东地区石炭系的勘探开发提供理论指导。

1.3　区域构造特征

1.3.1　大地构造位置

四川盆地隶属于扬子准地台上的一个次级大地构造单元,是中新生代以后发展起来的大型构造和沉积盆地,具有西高东低、北陡南缓的特点。盆地内部现今被划分为川东南斜坡高陡构造区、川中平缓构造区和川西拗陷低陡构造区 3 个大的构造分区(图 1.2),以及川北低隆褶皱带、川西低隆褶皱带、川中平缓褶皱带、川西南低陡褶皱带、川东高陡褶皱带和川南低陡褶皱带 6 个次一级构造分区,川东地区构造上隶属于川东高陡褶皱带。

川东高陡褶皱带也称为川东弧形褶皱带,西起华蓥山,东至齐岳山,南达南川—开隆一线,北东以万源断裂带与大巴山相接(图 1.3),是四川盆地稳定地块中相对活动的构造区。区内自西向东发育有 NE—NNE 向和近 E—W 向的含气褶皱构造带,由于其地貌反差大(背斜成山,向斜成谷),地层倾角陡,因此,被形象地称为高陡构造或高陡背斜。

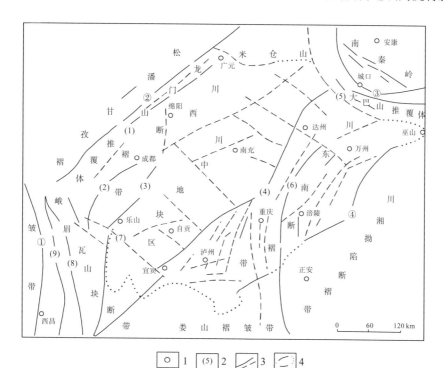

图 1.2　四川盆地构造纲要及构造分区示意图

1. 岩石圈断裂:①安宁河断裂,②龙门山断裂,③城口断裂,④齐岳山断裂;2. 地壳深断裂:(1)彭灌断裂,(2)熊坡断裂,(3)龙泉山断裂,(4)华蓥山断裂,(5)巫溪—铁溪断裂,(6)黄泥堂断裂,(7)峨眉—瓦山断裂,(8)甘洛—小江断裂,(9)普雄—普渡河断裂;3. 切穿盖层的深断裂(含基底断裂);4. 盆地分布范围

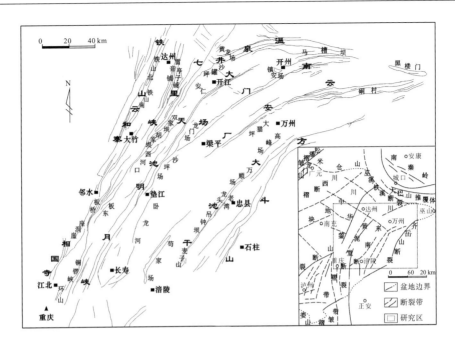

图 1.3　四川盆地东部构造分布图

1.3.2　基底构造特征

川东高陡构造带西以华蓥山深大断裂带与川中平缓构造区分界,东至齐岳山深大断裂带,区内具双重基底结构,基底埋深 9~10km,是长期地史发展中的区域古斜坡。晚三叠世前,古斜坡向 SE 方向倾斜,其后转向 NW 方向倾斜,局部构造卷入深度大(侏罗系—下古生界)。

1.3.3　主要断裂特征

川东地区断裂构造非常发育,通过大量地震剖面解释,显示地腹断裂构造常出现在背斜的轴部或陡翼,断面倾向复杂,NW 和 SE 向倾向均存在。多组断裂在剖面上常组成冲起构造和构造三角带,其中位于川东高陡褶皱带西部边界的华蓥山断裂和东部边界的齐岳山断裂最为醒目和重要(图 1.3)。

1. 华蓥山断裂

北起万源,经达州南至宜宾,全长 500km。华蓥山大池、宝顶一带连续出露 50km 以上,其他地段多隐伏于地下或断续出露。该断裂带在平面具有向北汇拢、向南散开的特性。断裂活动有两期,早期可能以张性断裂为主,晚期表现为压性断裂。断裂带内发育密集的构造劈理(或节理)带和碎裂岩。华蓥山主断裂由 2~3 条断层组成,走向为 NE25°,断面倾向为 SE,倾角约为 60°,断距达 2000m,断层上盘最老地层为寒武系,剖面上可见寒武系推覆在下三叠统飞仙关组之上,地貌上形成高崖。

卫星图片显示该带具有非常明显的线性特征，是川东褶皱带与川中地块的分界线。重力、磁力资料均表明沿此带为异常转换带和梯度带。重力图上，该断裂带分布于-95～-115毫伽的异常带上。航磁资料表明，NW 侧为宽缓正异常，SE 侧为宽缓平静的负异常。据地震资料显示，川南古佛山地区震旦系灯影组之下存在厚度约为 250m 的板溪群，向北20km 至荣昌附近即全部尖灭，说明该断裂带对板溪群有控制作用。古生代，川中隆起和川东拗陷地层厚度差异显著。中生代各系陆相地层 SE 侧厚，NW 侧薄。断裂带两侧地表构造变形样式存在明显差异：SE 侧为川东隔挡式褶皱区，NW 侧为川中低缓的穹隆和短轴褶皱。华蓥山地区，局部出露峨眉山玄武岩，表明该断裂带在二叠纪时已达硅镁层。

2. 齐岳山断裂带

位于川东南金佛山、齐岳山一带，向北可达巫山附近。该断裂带两侧构造形态差异明显，SE 侧为背斜和向斜近等宽的城垛状褶皱，NW 侧为典型的隔挡式褶皱。SE 侧广泛出露古生代地层，局部出现板溪群，NW 侧为中生代地层分布区，断裂带对古生代地层及岩相控制作用较为明显。重力异常图上，本带是一梯度变化带；航磁异常图上，该带位于不同磁异常分区界线上；卫星图片上显示，断裂的线性影像特征明显，两侧地貌、山系、水系和构造线方向均呈角度交截。

1.3.4　野外构造地质特征

地表构造的调查是研究地质构造、恢复构造演化史第一手资料，也是最基本的野外地质调查工作，为物探解释提供依据。项目组经过集体讨论，精选 1#、2#地震测线（图 1.4），现场调查测线及其附近地表构造的几何学、运动学特征，为地震解释及寻找有利的成藏区块提供参考。

1.1#地震测线地质构造特征

跟踪 1#地震测线（图 1.5），开展野外地质构造调查工作，调查平距约为 70km，主要调查华蓥山背斜、铁山背斜、铜锣山背斜及七里峡背斜、明月峡背斜的构造特征。经过野外调查显示，地表构造特征与地震测线深部反映特征吻合度良好（图 1.5），褶皱组合形式为隔挡式褶皱（侏罗山式褶皱组合型式），为沉积盖层沿结晶基底滑脱的产物。

对不同背斜构造进行了几何学、变形学特征的研究，结果显示：在 4 个背斜之中，华蓥山背斜相对最为复杂，在背斜核部次级褶皱、小断层发育，铁山背斜、铜锣山背斜相对较为简单，背斜核部未见次级褶皱及断层发育，七里峡背斜核部发育一条宽达 50m 左右的逆冲断层。

1）华蓥山背斜

华蓥山背斜整体轴面略向 SE 倾斜（图 1.5、图 1.6），枢纽向 NE 倾伏，核部地层为中三叠统雷口坡组中薄层状钙质粉砂岩与泥灰岩互层，局部夹膏溶角砾岩。核部附近北西翼次级褶皱极其发育，褶皱形成机制以弯滑褶皱为主，为浅构造层次的产物。核部可见晚期倾向小断层左行逆冲切错岩层(图1.6)。

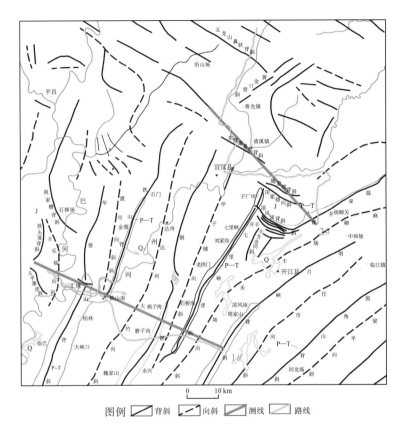

图例 背斜 向斜 测线 路线

图 1.4　1#、2#地震测线位置图

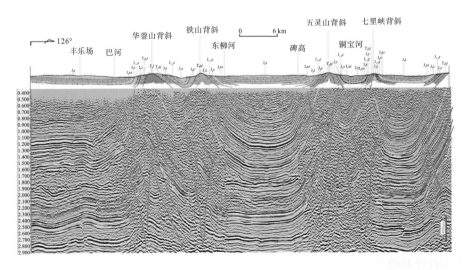

图 1.5　1#地震测线解译图

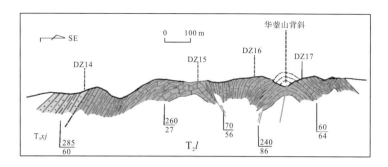

图 1.6 华蓥山背斜剖面图

华蓥山背斜在三汇镇—木头乡一带州河流经区域，后期在 NE—SW 向挤压下产生跨褶皱叠加作用，使华蓥山背斜轴面偏转为 NW—SE 走向，华蓥山背斜转折端呈尖棱状，两翼倾角较陡，为典型的尖棱褶皱(图 1.7)。背斜北东翼发育有"格子状"膏溶角砾岩(图1.7)，北西翼还发育有次级褶皱(图 1.8)。

(a)   (b)

图 1.7 "格子状"膏溶角砾岩

(a)   (b)

图 1.8 华蓥山背斜北西翼次级褶皱

华蓥山背斜与铁山背斜之间的向斜中不存在次级背斜，无须家河组及雷口坡组地层出露，应为自流井组及新田沟组(图 1.9)。

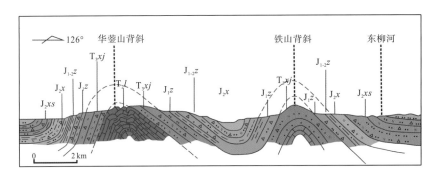

图 1.9　华蓥山、铁山背斜剖面图

2）铁山背斜

铁山背斜核部地层为须家河组块状岩屑石英砂岩夹中薄层状泥质粉砂岩。北西与南东翼对称出现抗风化能力强的块状砂岩段形成的六道山脊，轴面略倾向 SE，倾角近于直立（图 1.9、图 1.10）。两翼地层出露完整、地层连续、产状稳定，未见断层发育迹象。

3）铜锣山背斜（五灵山背斜）

剖面经过位置位于浦包山北，原 1∶20 万地质图中背斜核部地层为雷口坡组，经野外实地调查，未见雷口坡组地层出露，背斜核部地层为须家河组块状岩屑石英砂岩夹中薄层状泥质粉砂岩。轴面近于直立，枢纽产状为 15°∠4°，略向 NE 倾伏，两翼地层出露完整、地层连续、产状稳定，未见断层发育迹象（图 1.5、图 1.11）。

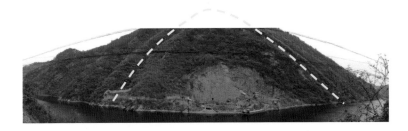

图 1.10　铁山背斜

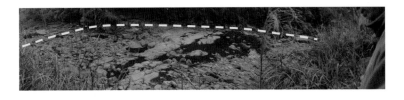

图 1.11　铜锣山背斜

4）七里峡背斜

七里峡背斜核部出露地层为珍珠冲组中厚层状岩屑石英细砂岩夹泥质粉砂岩。背斜北西翼核部被附近的七里峡断层所破坏，断层破碎带宽达 50m 左右，为逆冲断层，上盘地层为雷口坡组中厚层状灰岩，下盘为须家河组块状岩屑石英砂岩，下盘发育一次级小断层，须家河组逆冲于珍珠冲组地层之上(图 1.12)。

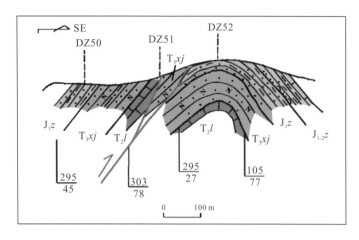

图 1.12　七里峡背斜剖面图

七里峡断层较陡(图 1.13)，产状为 303°∠78°，由①劈理化带(15m)(图 1.14)、②破裂岩带(5m)(图1.15)、③劈理化透镜体带(15m)(图1.16)、④劈理化揉皱带(5m)(图1.17)、⑤劈理化带(10m)(图1.18)组成。

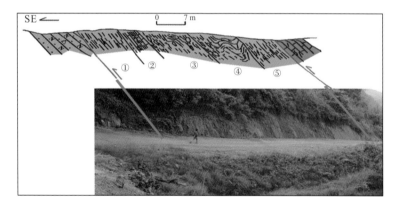

图 1.13　七里峡断层剖面图

图 1.14   七里峡断层劈理化带

图 1.15   七里峡断层破裂岩带

图 1.16   劈理化透镜体带

图 1.17   劈理化揉皱带

图 1.18   七里峡断层劈理化带

5) 1#地震测线地层岩性

对剖面上地层单元的岩石组合特征、识别标志有了更为深刻的认识。分别出露有沙溪庙组—须家河组地层，均以沉积岩为主。

上沙溪庙组 (J_2s) 底部发育厚层长石砂岩，其中夹杂泥砾 (图 1.19)，与发育有斜层理 (图 1.20) 的下沙溪庙组分界 (图 1.21)。

图 1.19　上沙溪庙组长石砂岩中的泥砾

图 1.20　上沙溪庙组中的斜层理

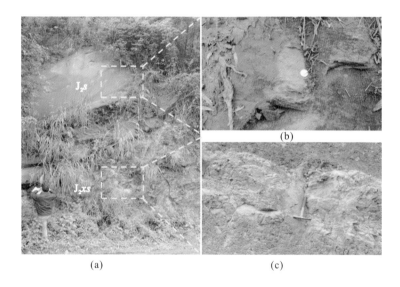

图 1.21　上沙溪庙组与下沙溪庙组岩性分界图

下沙溪庙组（J_2xs）为紫红色粉砂质泥岩，底部为块状长石岩屑砂岩；新田沟组（J_2x）为杂色粉砂质泥岩（图 1.22）。

图 1.22　下沙溪庙组与新田沟组岩性分界图

新田沟组(J_2x)底部为浅色块状岩屑石英细砂岩及泥质粉砂岩,而自流井组($J_{1-2}z$)顶部发育灰黑色生物碎屑灰岩(图1.23)。

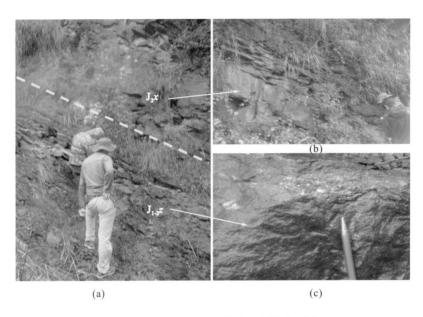

图1.23　新田沟组与自流井组岩性分界图

自流井组($J_{1-2}z$)底部产介壳灰岩,介壳泥质粉砂岩。珍珠冲组(J_1z)发育有中至厚层状岩屑石英砂岩(图1.24)。

图1.24　自流井组与珍珠冲组岩性分界图

须家河组(T₃*xj*)则为块状岩屑石英砂岩(图 1.25)。

图 1.25　珍珠冲组与须家河组岩性分界图

2. 2#地震测线地质构造特征

跟踪 2#地震测线(图 1.26),开展野外地质构造调查工作,调查平距约为 60km,重点调查 NE—SW 向褶皱构造特征,分别为黄金口背斜、温泉井背斜、NW—SE 向叠加褶皱、五龙山鼻状背斜、东狱寨鼻状复式背斜。

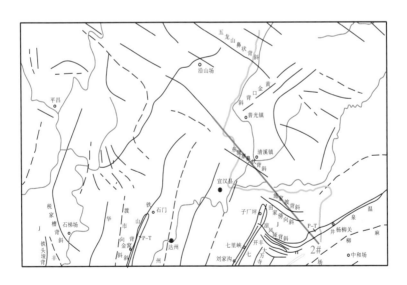

图 1.26　2#地震测线位置图

野外调查显示,地表构造特征与地震测线深部反映特征吻合度良好(图 1.27),褶皱组合形式为隔挡式褶皱(侏罗山式褶皱组合型式)。

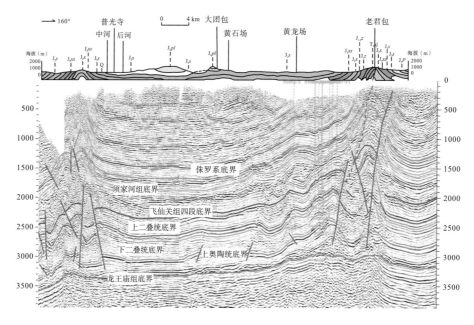

图 1.27　2#地震测线解译图

1）黄金口背斜

黄金口背斜轴面呈 NE—SW 走向，近于直立，略向 NW 倾斜，枢纽产状为 205°∠15°，略向 SW 倾伏（图 1.28），呈舒缓波状起伏，核部为新田沟组岩屑石英砂岩，两翼分别对称，为下沙溪庙组（J_2xs）粉砂质泥岩和沙溪庙组（J_2s）岩屑石英砂岩与泥质粉砂岩互层，核部及两翼地层连续，核部未见断层通过。背斜核部北东翼发育一条逆断层——灯笼坪断层。

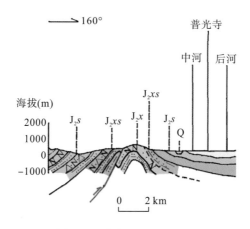

图 1.28　黄金口背斜剖面图

2）灯笼坪断层

灯笼坪断层（图 1.29）发育于黄金口背斜的北西翼，上盘为下沙溪庙组泥质粉砂岩夹岩屑石英砂岩，下盘为新田沟组(J_2x)岩屑石英砂岩与泥质粉砂岩互层。断层破碎带宽1m左右，断层带内劈理发育，断层产状为5°∠85°。断层上、下盘发育断层牵引褶皱构造，据此可判断断层为逆断层(图1.30)。原来1∶20万地质图中认为是正断层，断层性质判断有误。

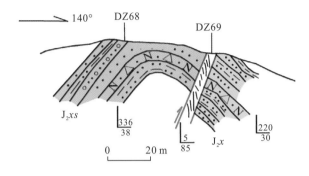

图1.29 灯笼坪断层剖面图

图1.30 灯笼坪断层

3) 温泉井背斜

温泉井背斜轴面略向SE倾斜，核部地层为须家河组(T_3xj)岩屑石英砂岩、雷口坡组(T_2l)泥灰岩、微晶灰岩及钙质粉砂岩互层，背斜北西翼地层为珍珠冲组(J_1z)和自流井组($J_{1-2}z$)粉砂质泥岩与岩屑石英砂岩互层，由于核部逆断层-界牌断层发育，导致背斜南东翼地层出露不全，缺失了珍珠冲组和自流井组，依次出露新田沟组与上、下沙溪庙组、遂宁组和蓬莱镇组地层(图1.31)。

界牌断层发育于温泉井背斜的核部，断层上盘地层为须家河组灰绿色中厚层状岩屑石英砂岩，岩层倾向为NW，倾角中等，下盘为新田沟组紫红色泥质粉砂岩夹细砂岩，岩层倾向为SE，倾角中等至缓，断失珍珠冲组与自流井组地层，根据断层断失地层的情况判断，地层断距大于500m，地震解释(图1.31)中认为断层从南东翼部通过，核部并未解释出断层，结果有待商榷。

4) 五龙山鼻状背斜

铁山坡区块位于五龙山鼻状背斜与黄金口背斜交汇处及其附近(图 1.32),五龙山鼻状背斜轴面略向 SW 倾斜,枢纽向 NW 倾伏,核部出露地层为中侏罗系新田沟组(J_2x)岩屑石英砂岩夹泥质粉砂岩,两翼为对称的下沙溪庙组(J_2xs)和沙溪庙组(J_2s)岩屑石英砂岩与粉砂质泥岩互层,两翼地层出露完整、地层连续、产状稳定,未见有断层发育痕迹(图 1.33)。

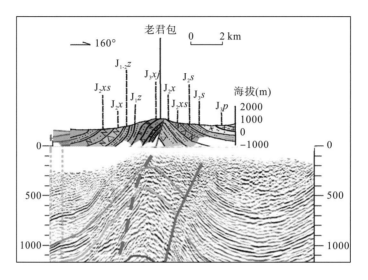

图 1.31　界牌断层地震解译图

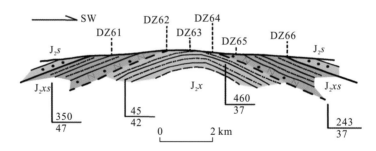

图 1.32　五龙山鼻状背斜剖面图

图 1.33　五龙山鼻状背斜

5) 东狱寨鼻状复式背斜

东狱寨鼻状复式背斜为 NE 向褶皱构造与 NW 向褶皱构造在池溪场—马家场—下坝—南坝一带横跨叠加的结果,普光等多个有利区块均与此构造有关。由复式背斜夹一个向斜组成,呈 NW—SE 走向,轴面近于直立,两翼倾向相反,核部为下沙溪庙组(J_2xs)泥岩,两翼为沙溪庙组(J_2s)岩屑石英砂岩,北东翼还出现有遂宁组(J_3s)泥岩,褶皱两翼地层倾角平缓,局部受断层影响,产状变陡(图 1.34)。

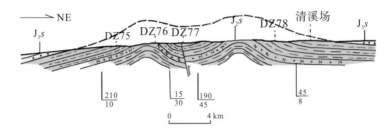

图 1.34 东狱寨鼻状复式背斜剖面图

郎家榜断层出露于复式褶皱的向斜核部,由 3 条小型断层组成,断层破碎带宽约 5cm,断层产状为 20°∠78°(图 1.35)。断层上、下盘地层均为沙溪庙组泥岩夹砂岩,断层断距较小,为褶皱同期挤压应力作用的结果,根据断层带劈理与断层面之间的关系,判断断层为一逆断层(图 1.36)。

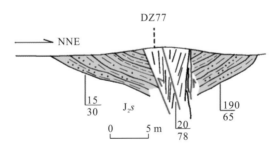

图 1.35 郎家榜断层剖面图

图 1.36 郎家榜断层图

3. 小结

(1)测区 NE 向褶皱构造控制整体地层的展布，并存在 NW 向褶皱的叠加作用，局部形成穹窿构造，规模较大的断裂均分布于 NE 向褶皱的核部及其附近，均为逆断层性质，多数倾向为 NW，倾角较陡。

(2)叠加褶皱的基本类型为横跨叠加褶皱，叠加褶皱的存在必然会对油气的二次运移及富集成藏产生重要影响，铁山坡、普光等有利区块均位于横跨型褶皱的叠加部位(五龙山鼻状背斜、东狱寨鼻状复式背斜)，本书认为在平缓的向斜褶皱部分寻找横跨叠加的局部背斜所在位置(图 1.37)，同时结合有利的目标层位，对于寻找气藏具有一定的指导意义。

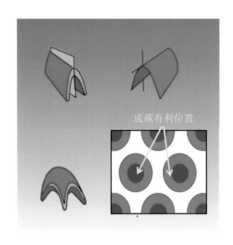

图 1.37　油气成藏有利位置模式图

(3)川东北地区的叠加褶皱构造是在联合构造应力场作用下，在同一构造变形时期形成的，NE 向褶皱形成相对较早，NW 向褶皱叠加稍晚，之后在构造层次抬升过程中的应力较集中的背斜核部及其附近形成脆性的 NE 向逆断层、NWW 向的平移断层，构造形成时间为燕山晚期—喜马拉雅期。

(4)地震解译中对褶皱的识别效果良好，与地表吻合度极高；对断层的解释则建议结合野外地表调查进行，提高解释的精度。其中，①七里峡断层在地震剖面中的解释有待商榷；②界牌断层(温泉井背斜核部)在地表出露于背斜核部，地层断距大于 500m，地震解释中认为断层从南东翼部通过，核部并未解释出断层，结果有待商榷。

1.3.5　现今构造特征

1. 川东北地区石炭系构造

研究区包含整个川东北地区多排高陡复杂构造带，面积约为 $1.5 \times 10^{4} km^{2}$，西起华蓥山构造带主体，东至七里峡构造，北抵温泉井—黑楼门构造。图 1.38 为川东北地区下二叠统底构造纲要成果图。

　　研究区域北部紧临四川盆地东北部边缘，NE 向的川东褶皱带与 NW 向的大巴山弧形褶皱带在此交汇，导致构造轴向变化较大。其西邻川北古中拗陷低缓构造区，南紧邻华蓥山构造群及黄泥堂构造群，北为大巴山前缘褶皱带。

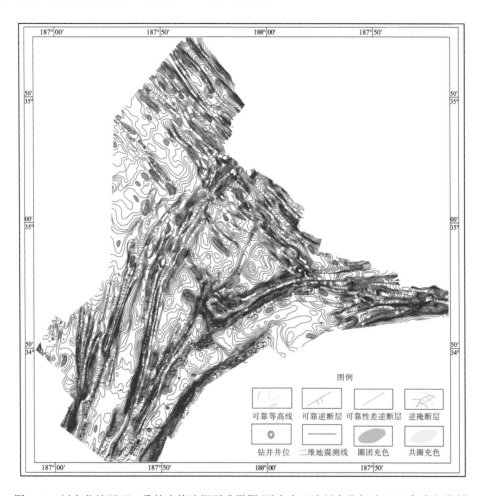

图 1.38　川东北地区下二叠统底构造纲要成果图(引自中石油川东北气矿 2018 年内部资料)

　　研究区域南部主要发育两排构造带，分别是华蓥山构造带和七里峡构造带。北部轴向变化大，表现为 NW 向转 NE 向转 NEE、EW 向的延伸。

　　由于受川东断褶带和大巴山弧前褶皱带两种不同方向的挤压力作用，所形成的川东弧与大巴山弧联合成双弧。这一对弧向东在峡口、乌山一带收拢，向西分道扬镳。大巴山弧向 NW 方向延伸，川东弧向 WS 方向延伸，形成了一个喇叭形。在区内可明显分为 NE 向、NW 向和近 EW 向 3 个组系构造。3 个组系构造正交或横跨，各背斜间以向斜相隔，并显示为隔挡式展布。NE 向构造表现为高陡狭长，轴部出露地层较老，两翼不对称。NW 向构造一般规模相对较小，且出露地层较新。

2. 典型构造特征

1) 华蓥山构造带

华蓥山构造带呈 NE 向展布，地面为一不对称背斜构造，西陡东缓，西翼中段、南段断层发育，华蓥山构造出露最老地层为寒武系，两翼及向斜中为侏罗系地层。华蓥山构造北倾末端在川东北地区三汇镇逐渐倾没，并在构造北段东翼分支出铁山构造，铁山构造地面为一狭长、两翼不对称、轴向为 NE25° 的背斜构造，北西翼陡，倾角为 32°～85°，南东翼较缓，倾角为 35°～60°。

(1) 龙会场潜伏构造特征。位于龙会场以东约 2km 处，是华①号下盘且受华②与华③号断层控制形成的潜伏构造(图 1.39)。须家河组底界至寒武系底界均存在，该潜伏构造在下二叠统底由南、北两个高点组成。

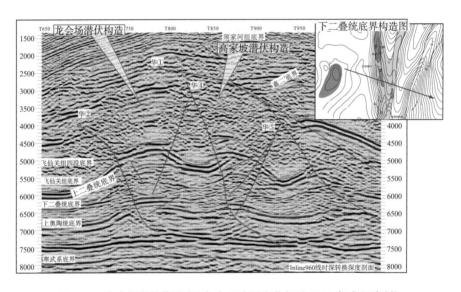

图 1.39   龙会场潜伏构造(引自中石油川东北气矿 2018 年内部资料)

(2) 铁山潜伏构造特征。铁山构造轴向为 NE20°，南北两端均有偏转，略呈 S 形，北西翼陡，倾角为 35°～80°；南东翼较缓，倾角为 40°～55°。西临渡市街向斜，东为达州向斜。铁山潜伏构造嘉二^{2}底界至下二叠统底界构造东西两翼分别被铁③号、铁①号倾轴逆断层切割，区内为铁山构造的南段南高点和北高点，轴部由铁⑦号逆断层切割(图 1.40)。

2) 七里峡构造带

七里峡构造带轴向 NE，东翼以罗顶寨向斜与大天池明月峡构造带相隔，西翼以宣汉向斜与蒲包山构造相隔，北与黄龙场—温泉井构造带相邻。构造主体出露雷口坡组地层。地腹构造南段较窄，向北变宽，构造主体轴向 NE。

南段主体为蒲包山、高桥、五灵山构造，东翼断层下盘发育胡家坝—双家坝潜伏构造，向南与凉水井东翼断层下盘潜伏构造鞍部相接。北段主体七里峡、七里峡北构造，东翼断

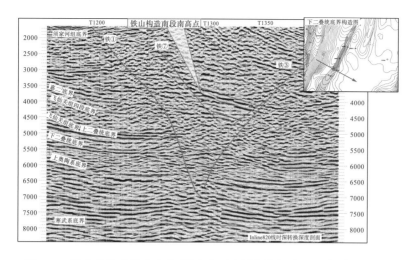

图 1.40　铁山构造南段南高点(引自中石油川东北气矿 2018 年内部资料)

层下盘发育檀木场潜伏构造,向北与黄龙场—温泉井构造带大沙帽尖高点鞍部相接,罗顶寨向斜内发育沙罐坪潜伏构造。

蒲包山构造为一长轴背斜,伴生蒲①号、雷③号断层,构造长轴为 29km,短轴为 1km(图 1.41)。蒲东潜伏构造南东翼伴生蒲东①号、蒲⑤号断层,两断层断垒形成蒲东潜伏构造。构造走向为 NNE,构造长轴为 4.5km,短轴为 1.8km。蒲西潜伏构造为一顶部宽缓的背斜,除西翼蒲西①号断层外,东翼伴生蒲西②号断层。

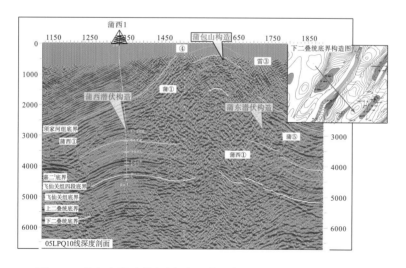

图 1.41　蒲包山构造带(引自中石油川东北气矿 2018 年内部资料)

3)沙罐坪—温泉井构造带

该构造区带与地面温泉井构造西段及沙罐坪鼻状构造相对应,地腹二叠系构造轴向从北向南由 NE 转 NNE,区内可见 NE 向的温泉井构造塘家湾东西高点和 NNE 向的沙罐坪潜伏构造。

(1)温泉井构造。由多个高点构成，西高点位于温泉井构造西段，温泉 2 井东南约 1.5km，高点北西和南东两翼分别为温④号—罐①号、罐②号，温⑬号和温⑯号等多条相向的倾轴，由逆断层切割抬起呈断垒状(图1.42)。

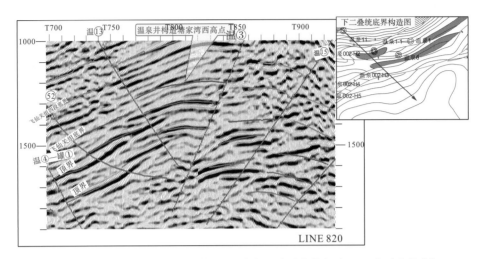

图1.42   温泉井构造塘家湾西高点(引自中石油川东北气矿2018年内部资料)

(2)沙罐坪潜伏构造。沙罐坪潜伏构造与地表温泉井构造西段的塘家湾高点南翼断层下盘向SW方向伸出的鼻状构造相对应。于地腹中深层形成潜伏构造，构造北西翼陡，南东翼缓，北西翼发育有罐②号、温④号—罐①号断层，在南东翼发育有罐②号、罐⑫号、罐⑬号、罐㉒号、罐⑰号等断层，在罐3井附近有一个SE方向的鼻凸，该鼻凸倾没于南东大方寺向斜，鼻凸两翼分别发育有罐㉒号、罐⑰号等多条断层。构造北倾没端与温泉井构造西段塘家高点断下盘向南倾没端呈鞍部接触，南倾没端与檀木场潜伏构造呈鞍部接触(图1.43)。

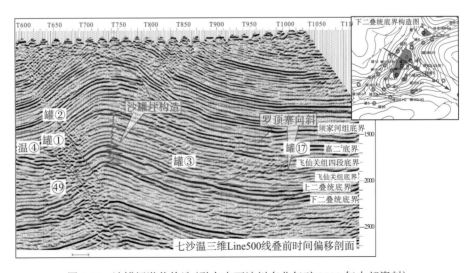

图1.43   沙罐坪潜伏构造(引自中石油川东北气矿2018年内部资料)

(3)芭蕉场潜伏高带。该潜伏高带与地面凉风垭复背斜具对应关系(图1.44),总体呈NW向展布,高带南北两翼控制高带展布的主要断裂有芭①、芭③、芭②、黄⑳等倾轴逆断层。受NE向及NNE向构造组系影响,该高带上发育了NE向延伸的㉗、㉜、㉝、㊽号断层。该高带上由西向东发育了芭蕉场西、芭蕉场东和芭蕉场南东3个潜伏高点。

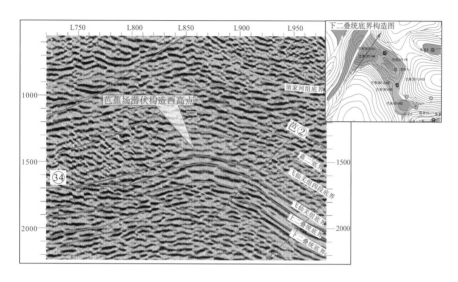

图1.44 芭蕉场潜伏构造西高点(引自中石油川东北气矿2018年内部资料)

(4)黄龙场构造。黄龙场构造地腹从浅至深均存在(图1.45),轴向NW向,构造南西翼发育有黄①号断层,南东倾没端南翼发育有罗①号断层,南西翼陡,北东翼缓。南东倾没端与罗家寨潜伏构造的八庙场潜伏高点鞍部接触;北西倾没端与渡口河潜伏构造呈斜鞍接触。在寒武系底界黄龙场构造形成了东、西两个高点。

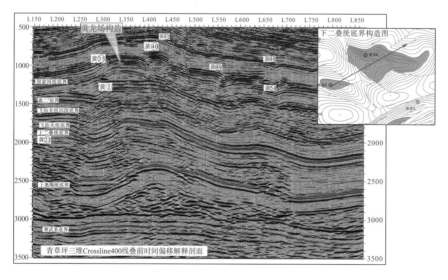

图1.45 黄龙场构造(引自中石油川东北气矿2018年内部资料)

4) 大巴山—平昌构造带

位于川北古中拗陷低缓构造区仪陇构造群东部，其东与黄金口构造带相邻，南西与税家槽构造带相邻，东与黄龙场—温泉井构造带、五宝场凹陷相邻，区内南部构造呈 NE 向展布，北部构造呈 NW 向展布。

(1)青草坪潜伏构造。位于龙⑰号和龙⑫号断层上盘，两断层对抬形成的潜伏构造，构造形态、圈闭规模均受此两断层的控制(图1.46)。向西逐渐倾没至 Inline1050 线附近，向东逐渐倾没至 Inline700 线附近，轴线呈 NW 向，为一北东翼略陡、南西翼缓的长轴背斜，形态完整。南西翼以一断洼与青草坪南西潜伏构造相望。

(2)分水岭潜伏构造。位于分水岭潜伏构造北端，在嘉二^{2}底界至寒武系底界构造上均有此潜伏构造。西北翼受铁①号断层控制，轴向为 NE，是两翼基本对称的长轴背斜，形态完整。向南与分水岭潜伏构造呈正鞍状接触，向北逐渐倾没。图1.47为分水岭北潜伏构造过高点轴线的偏移剖面。

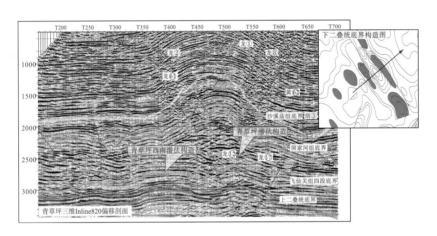

图1.46 青草坪潜伏构造主高点及青草坪西南潜伏构造(引自中石油川东北气矿 2018 年内部资料)

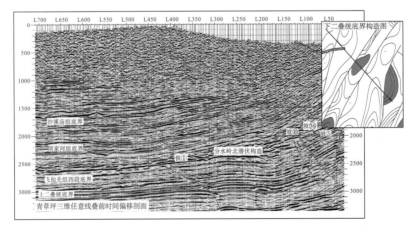

图1.47 分水岭北潜伏构造(引自中石油川东北气矿 2018 年内部资料)

1.4　构造演化史特征

1.4.1　川东地区构造演化史概述

川东地区经历了以加里东、海西、印支、燕山及喜马拉雅运动为主的多期次区域构造
(造山)运动。以燕山运动为界,川东地区构造作用可以分为性质明显不同的两大阶段:燕
山运动之前川东地区构造运动以升降为主,区内上震旦统—三叠系地层经历了加里东、海
西和印支三大构造旋回[图 1.48(a)~图 1.48(c)],局部隆升和下降的继承性交替活动是这
3 个时期主要的构造现象,也是控制川东地区晚古生代,特别是晚石炭世沉积格局和古岩
溶地质-地貌特征的主要构造因素;燕山运动及其之后的喜马拉雅运动时期川东地区构造
以水平运动为主[图 1.48(d)],区内遭受了来自大巴山构造带、米仓山构造带和武陵—雪
峰构造带强烈的陆内水平挤压作用,导致地层强烈褶皱和断裂,形成川东地区现今以 NE
向为主体的高陡狭长背斜带和宽缓向斜相间组成的隔挡式构造格局。

多期次区域构造(造山)运动使川东地区震旦系—中三叠统海相地层的沉积存在复杂
多样性,各个时期不同区域形成的沉积物在沉积、成岩过程中演化成不同的储集岩类型,
纵向上发育多套生、储、盖组合,于研究区内形成了包括石炭系黄龙组白云质岩溶岩、长
兴组生物礁、飞仙关组鲕滩相白云岩为储层的众多构造-岩性圈闭油气藏,其中尤以晚石
炭世黄龙组天然气藏勘探开发潜力最大。晚石炭世早期黄龙组为蒸发岩-碳酸盐岩建造,
不整合超覆于中志留统韩家店组浅海陆棚相的暗色泥页岩之上,中、晚期由于受海西早期
云南运动构造隆升和强烈侵蚀影响,黄龙组在经历了短暂的浅埋藏成岩作用后,旋即进入
长达 15~20Ma 的古表生期广泛岩溶改造,形成顶部的古喀斯特地貌及层内的古岩溶体系,
以及物性较好的古岩溶型储层。其上被下二叠统梁山组(P_1l)煤系地层掩埋后,黄龙组进
入再埋藏期成岩后生改造阶段,并经历了印支期和燕山期多次构造变形和破裂作用改造,
以及燕山晚期—喜马拉雅期的天然气运移和聚集作用,于局部有利的构造区带形成古潜山
气藏,其潜在天然气资源极其丰富,具备巨大的资源经济效益。

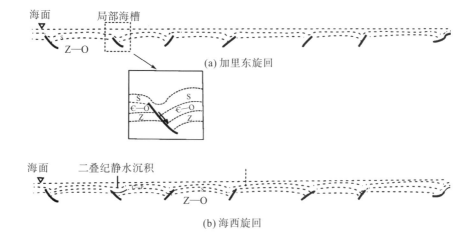

(a) 加里东旋回

(b) 海西旋回

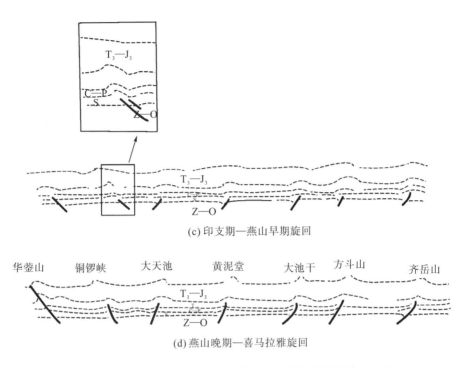

(c) 印支期—燕山早期旋回

(d) 燕山晚期—喜马拉雅旋回

图 1.48   川东地区构造-沉积演化简图(据胡光灿和谢姚祥，1999)

1.4.2   石炭系古构造演化恢复

古构造是指在现今构造形成之前的历次构造运动中所形成的或继承性发展起来的古隆起、古背斜、古断块、古潜山等构造。勘探表明，古构造，特别是与油气生成、运移高峰期适时匹配形成的古构造，不仅为古油气的运移指明方向，而且能为古油气的聚集成藏提供必要的条件和场所，控制了古油气藏的形成与分布，对现今油气藏形成与分布有重要影响。长期的油气勘探实践表明，油气藏的形成是一个漫长而复杂的过程，受油气生成、运移、聚集、储层、圈闭和保存条件等多种因素的控制，是这些因素在时间上、空间上互相影响，适时配合，共同作用的结果。在影响和控制油气藏形成分布的诸多因素中，古构造的形成演化是其中一个重要的因素。

古构造恢复的最终目的有两个：一是认识构造叠加变形的动态过程；二是复原构造变形之前的古构造形态。从研究出发点而言，一种是大型古盆地的恢复研究，主要通过古盆地充填结构的再现或者渐次回剥的方法探讨古盆地伸展、挤压收缩或者沉降迁移之前的大致的盆地结构，并分析古盆地的构造类型。这类古构造恢复研究的对象是宏观的，对局部构造起伏变化的精度要求不高。另一种古构造恢复则主要强调针对圈闭或局部构造单元的变形史和变形基础进行恢复，要求有较高的精度。古构造是在现今构造形成之前某一(多)次构造运动中形成的古隆起、古背斜、古断块、古潜山等构造，古构造研究，就是运用适当的方法恢复或再现古构造的形成过程和形成时间，研究古构造的过程实质上就是构造发展演化的逆过程。本次运用印模法，对川东北地区黄龙组二段底界不同时期的古构造进行恢复研究。结合川东北地区构造演化特征、构造展布规律、地震测线分布情况等，本次研究选用了 3 条格架线的叠前时间偏移剖面进行了纵向构造演化分析。选线的主要依据如下：①所选格架线要横跨泸州—开江大型古隆起；②平面上尽量均衡分布，覆盖盆地的各种构造单元；③尽量选取垂直构造轴线的测线(图1.49)。

为了研究区内纵向构造演化史，需要恢复加里东运动晚期、印支运动时期的古构造格局。加里东晚期运动主要发生在志留纪—石炭纪，印支早幕运动主要发生在上三叠统须家河组沉积前，印支晚幕运动主要发生在侏罗系沉积前，可以假定在各个运动末期，地表基本被夷平至海平面，因此可以利用各个构造时期的不整合面拉平，进行其下地层的古构造演化分析。根据各期运动发生时间，利用二叠系底界拉平研究加里东运动晚期的古构造格局，利用上三叠统底界拉平研究印支早幕运动的古构造格局，利用侏罗系底界拉平研究印支晚幕运动的古构造格局(表1.1)。

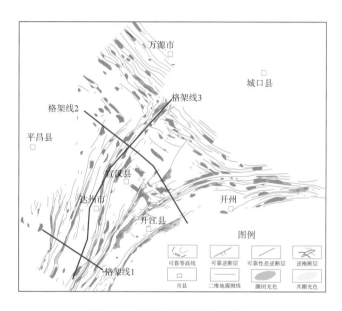

图 1.49　构造演化剖面分布情况

表 1.1　古构造恢复主要参考面选取

运动	发生时间	研究方法
加里东晚期	石炭系沉积前	二叠系底界拉平
印支Ⅰ幕	上三叠统沉积前	须家河组底界拉平
印支Ⅱ幕	侏罗系沉积前	侏罗系底界拉平

1. 石炭系沉积前古构造特征

格架线1位于龙会—龙门三维，该剖面横跨龙会场、铁山南、蒲包山及七里峡南段等构造，从格架线1的下二叠统底界拉平剖面中(图1.50)可以看出，在加里东晚期，该区古地貌整体具有"北西高南东低"的特征，即龙会场、铁山南为古地貌明显相对高部位，寒武系—奥陶系地层沉积厚度较薄，而蒲包山及七里峡构造带处于相对洼地，下古生界地层明显增厚。受继承性古地貌影响,石炭系沉积期,该区地层厚度也相应具有西薄东厚的特征,龙会场—铁山南石炭系厚度及储层发育情况都明显好于东南部的蒲包山及七里峡构造。

　　格架线 2 横跨界牌、青草坪、铁山坡、七里北、黄龙场及温泉井等地区,从格架线 2 的下二叠统底界拉平剖面中(图 1.51)可以看出,在加里东晚期,盆地西南部持续隆升的背景下,该区相对远离乐山龙女寺古隆起,古地貌相对平缓,但仍具有"西高东低"的特征,即界牌—铁山坡—普光地区处于古地貌相对高部位,向 SE 方向古地貌略有降低。

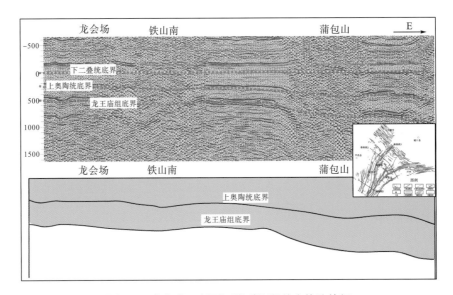

图 1.50　格架线 1 剖面石炭系沉积前古构造特征

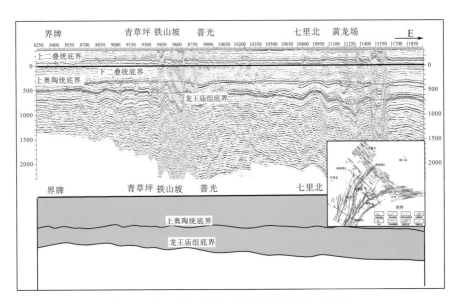

图 1.51　格架线 2 剖面石炭系沉积前古构造特征

格架线 3 横跨铁山、铁山北、雷西、毛坝、铁山坡及大沙坝等地区，格架线 3 下二叠统底界拉平剖面(图 1.52)表明，在加里东晚期，该区具有"南高北低"的特征，即铁山—雷西一带古地貌相对较高，下古生界地层厚度相对较薄，向 NE 方向毛坝—大沙坝地区古地貌略有降低，下古生界地层沉积厚度明显增加。

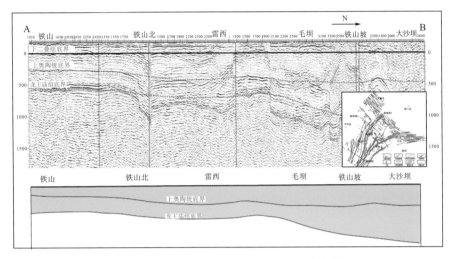

图 1.52　格架线 3 剖面石炭系沉积前古构造特征

2. 上三叠统沉积前古构造特征

从格架线 1 的上三叠统底界拉平剖面中(图 1.53)可以看出，在印支早幕，随着开江古隆起的形成，该区古地貌逐渐演化为"西低东高"的特征，即龙会—铁山南一带相对沉降，蒲包山—七里峡地区演化为古构造相对高部位。随着烃源岩的成熟生烃，印支早幕形成的古构造也为后期天然气运移聚集奠定了基础。

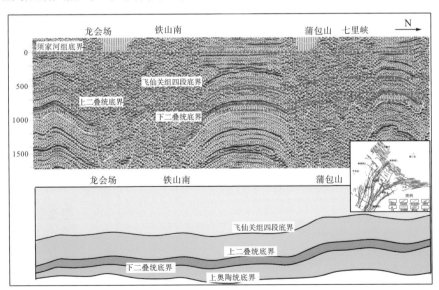

图 1.53　格架线 1 剖面上三叠统沉积前古构造特征

格架线 2 下二叠统底界拉平剖面(图 1.54)显示,印支早幕,随着开江古隆起的形成,该区古地貌逐渐演化为铁山坡—温泉井一带相对抬升,坡西—界牌以西及温泉井以东地区古地貌相对沉降。青草坪、铁山坡、七里北、黄龙场及温泉井构造逐渐褶皱并具构造雏形,这些区域也成为早期天然气聚集的有利区域。

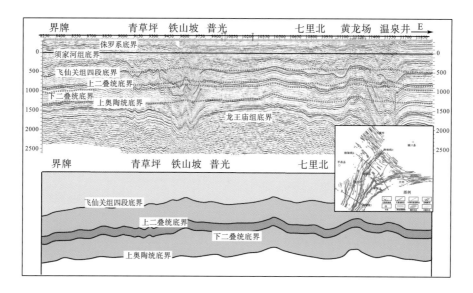

图 1.54　格架线 2 剖面上三叠统沉积前古构造特征

格架线 3 下二叠统底界拉平剖面(图 1.55)表明,印支早幕,随着开江古隆起的形成,该区古地貌逐渐演化为"北高南低"的格局,毛坝—铁山坡—大沙坝一带相对抬升,逐渐褶皱并具构造雏形,向铁山北、铁山方向相对沉降。

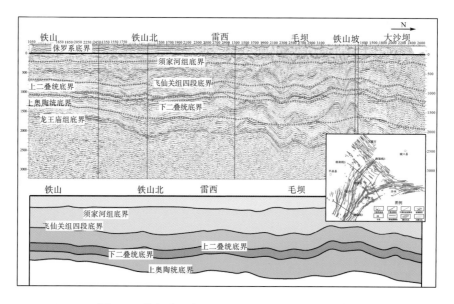

图 1.55　格架线 2 剖面上三叠统沉积前古构造特征

3. 侏罗系沉积前古构造特征

从格架线 1 上三叠统底界拉平剖面(图 1.56)可以看出,印支晚幕,该区整体构造格局未变,石炭系构造高点仍位于蒲包山—七里峡一带,龙会场、铁山南、蒲包山及七里峡构造逐渐褶皱并具构造雏形,为天然气运聚奠定了构造基础。

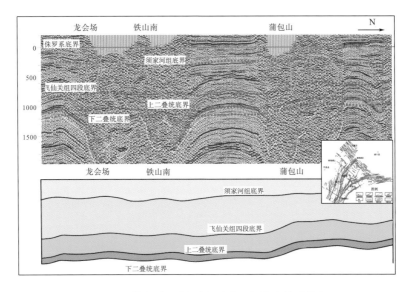

图 1.56　格架线 1 剖面侏罗系沉积前古构造特征

格架线 2 下二叠统底界拉平剖面(图 1.57)显示,印支晚幕,该区整体构造格局未发生根本改变,铁山坡—温泉井一带继续抬升,坡西—界牌以西及温泉井以东地区古地貌相对沉降。青草坪、铁山坡、七里北、黄龙场及温泉井构造逐渐成为早期天然气聚集的有利区域。

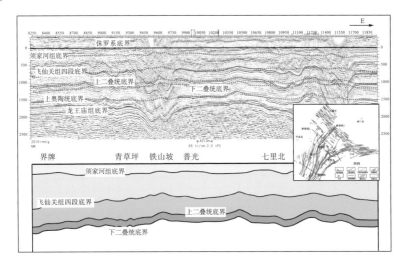

图 1.57　格架线 2 剖面侏罗系沉积前古构造特征

格架线 3 下二叠统底界拉平剖面(图 1.58)表明,印支晚幕,该区整体构造格局未变,构造主体褶皱强度有所增加,石炭系古构造高部位仍位于铁山—铁山北、毛坝—铁山坡—大沙坝一带,为油气运移聚集有利区。

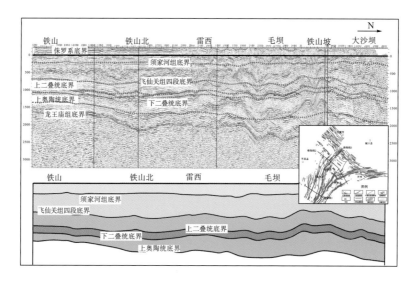

图 1.58　格架线 3 剖面侏罗系沉积前古构造特征

4. 现今构造特征

从格架线 1 现今构造剖面(图 1.59)可以看出,燕山、喜马拉雅运动期,四川盆地全面

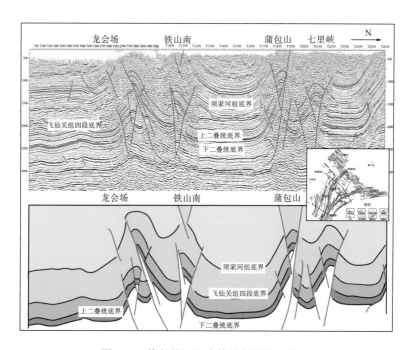

图 1.59　格架线 1 现今构造剖面构造特征

褶皱定型,龙会场、铁山南、蒲包山及七里峡构造抬升成为该区现今构造高点,为油气运集成藏有利区,但龙会场及蒲包山构造主体由于抬升幅度大,保存条件相对较差,油气往往易于散失。

格架线2现今构造剖面(图1.60)显示,经过燕山、喜马拉雅期构造调整后,铁山坡、七里北、黄龙场及温泉井等构造抬升成为该区现今构造高点,为油气运聚成藏有利区,温泉井构造主体抬升幅度较大,保存条件可能相对较差。

格架线3现今构造剖面(图1.61)表明,燕山、喜马拉雅运动期,铁山、铁山北、毛坝、铁山坡及大沙坝等构造逐渐抬升成为川东北地区现今构造高点,成为油气运聚成藏有利区。

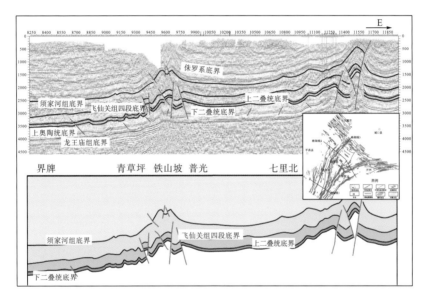

图1.60 格架线2现今构造剖面构造特征

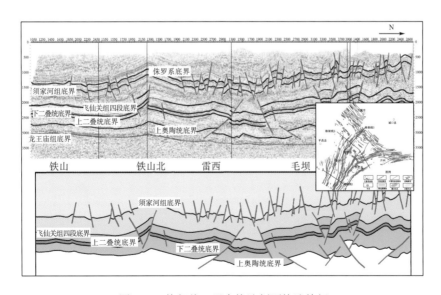

图1.61 格架线3现今构造剖面构造特征

1.4.3　石炭系黄龙组二段古构造演化特征

以川东北地区为例，共选择晚二叠世前(东吴期)、晚三叠世前(印支早幕)、侏罗纪前(印支晚幕)、白垩纪前(燕山期)和古近纪前(喜马拉雅期)共 5 个时期进行黄龙组二段底界古构造特征研究。为了对比研究黄龙组二段底界古构造的发展演化过程，有必要进行现今地层顶面构造图的制作，本书研究选择了川东地区钻遇石炭系的 66 口单井的钻井分层数据。网格化各层系近年的地层厚度分布图，根据成藏演化过程，恢复参考面在不同关键时期的累计厚度，并利用 66 口钻井数据进行校正，最终利用镜像关系，采用印模法恢复参考面在各时期的古构造图，可靠程度较高。

黄龙组二段底界在晚二叠世前(东吴期)的古构造应该为黄龙组二段、黄龙组三段和早二叠世沉积厚度之和的镜像关系。黄龙组二段底界在晚三叠世前(印支早幕)的古构造应该为黄龙组二段、黄龙组三段、二叠纪和早、中三叠世沉积厚度之和的镜像关系。黄龙组二段底界在侏罗纪前(印支晚幕)的古构造应该为黄龙组二段、黄龙组三段、二叠纪和三叠纪沉积厚度之和的镜像关系。黄龙组二段底界在白垩纪前(燕山期)的古构造应该为黄龙组二段、黄龙组三段、二叠纪、三叠纪和侏罗纪沉积厚度之和的镜像关系。黄龙组二段底界在古近纪前(喜马拉雅期)的古构造应该为黄龙组二段、黄龙组三段、二叠纪、三叠纪、侏罗纪和白垩纪沉积厚度之和的镜像关系。

依据上述方法原理和实际恢复计算的数据，得出川东北地区黄龙组二段底界的古构造特征如下。

1. 黄龙组二段底界在晚二叠世前的古构造特征

川东北地区石炭系在晚二叠世前的古构造图(图 1.62)表明，晚二叠世前，黄龙组二段底界最大埋深为 490m，最小埋深为 250m，最大高差为 240m，最大埋深位于龙会—铁山一带，最小埋深位于温泉井以北地区。

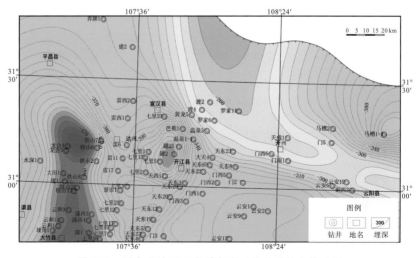

图 1.62　川东北地区石炭系在晚二叠世前的古构造图

2. 黄龙组二段底界在晚三叠世前的古构造特征

川东北地区石炭系在晚三叠世前的古构造图(图 1.63)表明，晚三叠世前，黄龙组二段底界最大埋深为 3375m，最小埋深为 2300m，最大高差为 1075m，最大埋深位于铁山西北部龙会 4 井一带，最小埋深位于罗家寨一带。

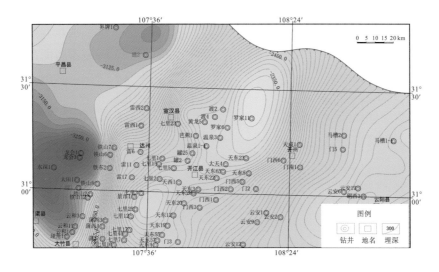

图 1.63　川东北地区石炭系在晚三叠世前的古构造图

3. 黄龙组二段底界在侏罗纪前的古构造特征

川东北地区石炭系在侏罗纪前的古构造图(图 1.64)表明，侏罗纪前，黄龙组二段底界最大埋深为 3700m，最小埋深为 2700m，最大高差为 1000m，最大埋深位于铁山西北部龙会 4 井—水深 1 井一带，最小埋深位于罗家寨一带。

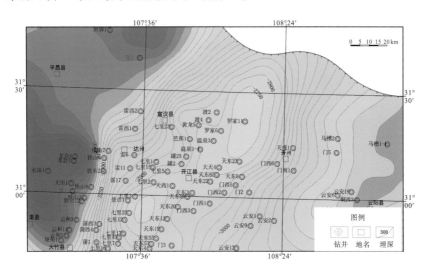

图 1.64　川东北地区石炭系在侏罗纪前的古构造图

4. 黄龙组二段底界在白垩纪前的古构造特征

川东北地区石炭系在白垩纪前的古构造图(图1.65)表明,白垩纪前,黄龙组二段底界最大埋深为6900m,最小埋深为4000m,最大高差为2900m,最大埋深位于平昌县以西,最小埋深位于研究区东北部。

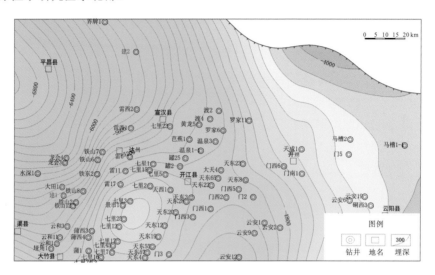

图1.65 川东北地区石炭系在白垩纪前的古构造图

5. 黄龙组二段底界在新近纪前的古构造特征

川东北地区石炭系在新近纪前的古构造图(图1.66)表明,新近纪前,黄龙组二段底界最大埋深为7000m,最小埋深为4100m,最大高差为2900m,最大埋深位于平昌县西北部,最小埋深位于研究区东北部。

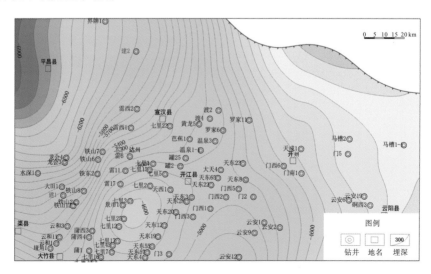

图1.66 川东北地区石炭系在新近纪前的古构造图

总体来看,川东北地区石炭系在七里峡—黄龙场一带从早二叠世—新近纪都位于构造高部位,继承性的构造高部位为油气运移的最有利区域。

据四川盆地烃源岩产烃能力研究,下志留统烃源岩有机质在早二叠世进入生油门限,镜质体反射率(R_o)≥0.6%;中三叠世进入生油高峰期,R_o>1%;侏罗纪演化为干气阶段,R_o>2.2%;现今已发展到过成熟阶段。在烃源岩有机质热演化过程中,烃类随烃源岩的压实排出,并运移到上覆石炭系地层中储集。

1)晚二叠世前古构造(东吴期)

晚二叠世前(东吴期)已进入生油门限期,主要以生成油为主,油气运移以近原地运移至早期形成的缝、洞、孔隙中。龙会—铁山一带埋藏最深,可达490m,烃源演化程度更高,是油气生成与就近保存的有利地区;同时由于受东吴运动影响,川东北地区整体抬升,早二叠世前(海西期)形成的古油藏将受到调整,埋藏最浅的温泉井一带将是此时期油气调整运移的最有利区域。

2)晚三叠世前古构造(印支I幕)

晚三叠世前(印支I幕)进入生油高峰期,油气充注首先进入早期形成的缝、洞、孔隙中,形成古油藏。同时不断改造早期残留的古油藏,被混合改造的重质、超重质油在缝洞型圈闭内再次调整,形成新的油气聚集,位于相对高部位的雷音铺—温泉井—罗家寨是油气调整、聚集的最有利区域。

3)侏罗纪前古构造(印支II幕)

侏罗纪前(印支II幕)已进入干气阶段,是原油裂解和高成熟气生成阶段,这一时期的古构造继承了晚三叠世前的构造形态,雷音铺—温泉井—罗家寨地区仍然是油气聚集的最有利区域。

4)白垩纪前古构造(燕山期)

白垩纪前古构造(燕山期)是高成熟气、过成熟气生成阶段,此时期雷音铺—七里北—黄龙场—温泉井—罗家寨地区仍然位于构造高部位,是油气聚集的最有利区域,龙会场—铁山坡位于斜坡部位,是油气聚集的次有利区域。

5)新近纪前古构造(喜马拉雅期)

新近纪前古构造(喜马拉雅期)为油气调整期,川东北地区石炭系古构造继承了白垩纪前古地貌,龙会—铁山—七里北地区为油气运移的有利区域。

综上,七里北—雷音铺—温泉井—罗家寨一带从早二叠世—新近纪都位于构造高部位,继承性的构造高部位为油气运移的最有利区域,龙会场—铁山坡位于斜坡部位,为次有利区域,勘探实践也证实了这些区域石炭系地层富含油气。

1.5 地 层 特 征

1.5.1 地层概况

川东地区缺失泥盆系、古近系和新近系地层，中志留统和石炭系部分地层缺失，其他层系基本齐全。地层具有沉积厚度大、旋回多、演化快和发育有多套生、储、盖组合的特点。其中，下古生界震旦系和寒武系主体为浅海碳酸盐沉积，奥陶系以浅海碳酸盐、陆源碎屑沉积为主，志留系浅海相泥质沉积是区域上最重要的烃源岩层系；上古生界石炭系、二叠系及中生界的三叠系中、下统主要为浅海相灰岩、云岩、膏岩及泥页岩互层组合，局部夹有滨海、浅海相碎屑岩、泥岩和海岸沼泽相的含煤层系；上三叠统主要为湖泊-三角洲-沼泽相的大套含煤碎屑岩和泥岩互层建造；侏罗系—白垩系为巨厚河流-湖泊相红层碎屑岩沉积（图 1.67）。

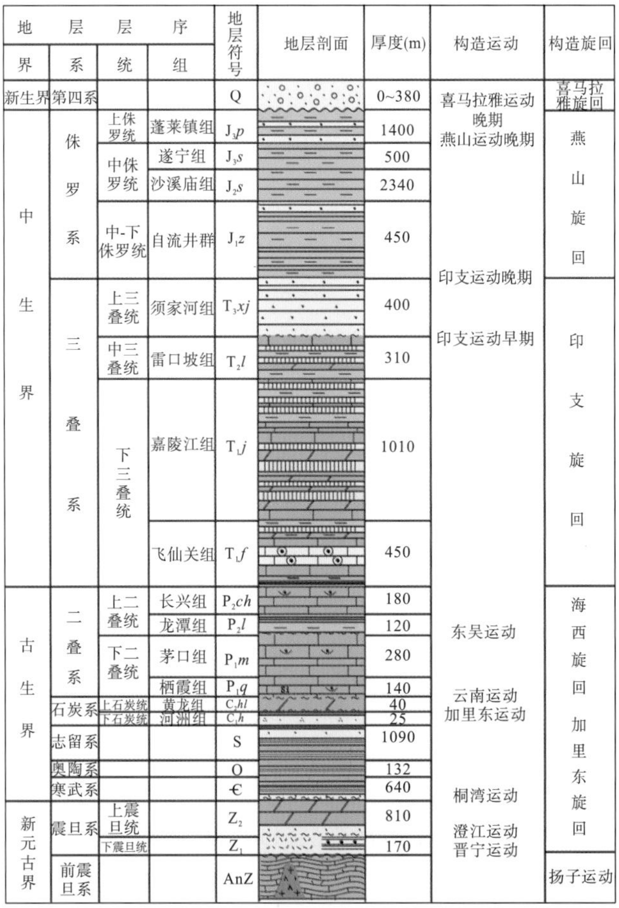

地 层			层 序		地层符号	地层剖面	厚度(m)	构造运动	构造旋回
界	系	统		组					
新生界	第四系				Q		0~380	喜马拉雅运动晚期	喜马拉雅旋回
中生界	侏罗系	上侏罗统		蓬莱镇组	J_3p		1400	燕山运动晚期	燕山旋回
		中侏罗统		遂宁组	J_3s		500		
				沙溪庙组	J_2s		2340		
		中-下侏罗统		自流井群	J_1z		450	印支运动晚期	
	三叠系	上三叠统		须家河组	T_3xj		400	印支运动早期	印支旋回
		中三叠统		雷口坡组	T_2l		310		
		下三叠统		嘉陵江组	T_1j		1010		
				飞仙关组	T_1f		450		
古生界	二叠系	上二叠统		长兴组	P_2ch		180	东吴运动	海西旋回
				龙潭组	P_2l		120		
		下二叠统		茅口组	P_1m		280	云南运动	加里东旋回
				栖霞组	P_1q		140		
	石炭系	上石炭统		黄龙组	C_2hl		40	加里东运动	
		下石炭统		河洲组	C_1h		25		
	志留系				S		1090		
	奥陶系				O		132		
	寒武系				€		640	桐湾运动	
新元古界	震旦系	上震旦统			Z_2		810	澄江运动	扬子运动
		下震旦统			Z_1		170	晋宁运动	
	前震旦系				AnZ				

图 1.67 川东北地区地层柱状图(据中石油川东北气矿内部资料修改)

1.5.2 地层划分

按照国际地层划分标准，我国石炭系采用两分方案，分别为下石炭统和上石炭统。四川盆地石炭系地层大部分地区缺失，仅在龙门山地区层序较为齐全，研究程度较高，几乎全部由石灰岩组成，厚度一般为 100～500m；盐源一带层序部分缺失，岩石组合特征相似，厚度约为 620m；华蓥山以东及川东南一带零星分布，层序极不完整，仍以灰岩为主，出露厚度一般仅为数米至 80 余米，相当于上石炭统下部地层，产珊瑚、腕足类等化石。根据《四川省岩石地层》中对石炭纪地层单位的划分，包括四川省盐源、龙门山、川东各区域分布的下石炭统马角坝组(C_1m)、总长沟组(C_1z)，上石炭统黄龙组(C_2hl)，以及九顶山一带分布的下石炭统长岩窝组(C_1ch)和上石炭统石喇嘛组(C_2sh)。

近几十年，在川东地区石炭系黄龙组油气勘探中发现，上石炭统黄龙组下部存在一套碎屑岩沉积，岩性主要为深灰色泥页岩、泥质砂岩、云质砂岩、石英砂岩，未见化石。对于这套地层的归属存在一定的争议。川东北气矿等(1980～1990年)将其归属于志留系顶部地层，建南气矿等(1989)将这套地层上部的砂岩、泥岩归属于下石炭统，下部石英砂岩归为上泥盆统云台观组，四川石油管理局宋文海(1998)和李爱国(2001)等将其归属为下石炭统河洲组，主要依据为黄龙组底部角砾状重结晶灰岩与河洲组之间为渐变过渡，无侵蚀面，为整合接触关系，河洲组与下伏灰绿色泥页岩间存在一个起伏不平的侵蚀面，为假整合接触关系，下伏灰绿色泥页岩中见三叶虫、笔石、腕足等化石，且页岩局部呈紫色和紫红色，认为其为志留系地层。在观察描述众多川东地区石炭系钻井岩心的基础上，研究其岩性和沉积序列后，根据区域地质剖面对比分析，本书倾向于宋文海(1998)和李爱国(2001)等的划分方案，将该套地层划归为下石炭统河洲组。综上所述，川东地区石炭系地层主要包括下石炭统河洲组(C_1h)和上石炭统黄龙组(C_2hl)。

1. 河洲组(C_1h)

川东绝大部分地区上石炭统黄龙组超覆于志留系不整合面之上，但在川东局限海向鄂西广海过渡的相对低洼地带，发育有与鄂西海连通的海水通道，入海口在硐村和三岔坪一带以东地区；下石炭统河洲组连续沉积，厚度一般小于 25m，岩性主要为灰色、深灰色白云质石英细砂岩、白云质粉砂岩、泥质粉砂岩、粉砂岩、粉砂质泥岩、泥岩，发育水平层理和各种潮汐层理，局部夹砾质的潮道相沉积，在巫峡剖面白云质细粒砂岩中可见燧石条带，主体属于受局限的海湾潟湖-潮坪沉积。

2. 黄龙组(C_2hl)

分布于龙门山北段及盐源地区，川东地区也有零星分布，层序多不完整。都江堰及汶川以北地区，岩性较为单一，以浅灰或灰白色块状灰岩为主，多夹鲕粒或砂屑灰岩，偶夹少量杂色页岩及白云岩，在江油一带厚 120～170m，向北至广元一带小于 20m，并逐渐尖灭；向南至都江堰、汶川一带厚度增大至 160～490m，向南逐渐缺失，平行不整合于总长沟组灰岩之上，上部为梁山组平行不整合超覆。盐源地区黄龙组为灰白色厚层-块状亮晶生物屑灰岩、微晶灰岩，偶见泥质条带，厚270～600m，下伏与干沟组鲕状灰岩呈平行不整合接触，局部超覆于灯影组白云岩之上。由于受海西早期强烈构造隆升和侵蚀作用影响，川东大部分地区残存了不完整的上石炭统黄龙组，零星分布于巫山、石柱、彭水、垫江及华蓥山中段，厚度为2～82m不等，常以平行不整合超覆于中志留统韩家店组暗色泥页岩之上，顶部被下二叠统梁山组煤系地层超覆。黄龙组中常见珊瑚类 *Bothrophyllum*、*Caninia*、*Lithostrotionellahe*，腕足类 *Dictyoclostus*、*Plicatifera*，蜓类 *Pseudoschwagerina*、*Triticites*、*Fusulina*、*Fusulinella*、*Profusulinella*、*Eostaffella*。

晚志留世，由于受加里东运动影响，川东地区隆升为陆，早古生代地层广泛暴露并遭受15～20Ma的风化剥蚀作用，形成坡度相对平缓但高低变化频繁的低矮丘陵地貌景观。至早石炭世海水逐渐向扬子板块内部侵进，但在川东地区海水入侵范围仍限于云阳以东地区，晚石炭世早期海水才开始大规模由北向南阶梯状侵进川东地区，形成向古陆超覆的上石炭统蒸发岩和碳酸盐岩地层。晚石炭世云南运动使川东地区再次隆升为陆，沉积物经短暂的浅埋藏成岩固结作用改造后，旋即进入古表生期，遭受风化剥蚀作用，形成黄龙组顶部高低不平的古岩溶地貌景观和各种岩溶岩系。黄龙组自下而上被划分为岩性和岩相特征各不相同的3个岩性段，清晰地反映随着海侵规模不断扩大的3个不同时期的沉积特征及石炭纪沉积垂向演化史。各岩性段的主要特征如下。

(1) 黄龙组一段(C_2hl^1)：沉积超覆于中志留统灰绿色或杂色泥岩之上，厚度一般小于20m。岩性以去膏化次生灰岩、次生灰质岩溶角砾岩为主，与微-粉晶云岩、纹层状云岩和干裂角砾云岩组合，生物罕见，部分地区底部出现薄层云质泥岩或云质砂岩。本段在硐村西一带变为以潟湖和潮坪沉积为主的砂屑微晶白云岩、微晶白云岩和泥晶白云岩，见少量有孔虫和棘屑类化石，底部以泥灰岩与下石炭统云质石英砂岩整合接触。本段的岩石类型和生物特征表明，黄龙组一段沉积期川东大部分地区处在气候炎热、水体盐度较大的潮上蒸发环境。

(2) 黄龙组二段(C_2hl^2)：该岩性段整合于一段之上。边缘地区超覆于中志留统之上，厚度一般小于50m。岩性由微晶白云岩、粉晶白云岩、含颗粒白云岩、颗粒微晶白云岩、微晶颗粒白云岩、亮晶颗粒白云岩以及干裂角砾白云岩、干裂破碎角砾白云岩和各类白云质岩溶角砾岩组成，局部夹次生灰岩和次生灰质岩溶角砾岩。粉晶云岩、各类颗粒云岩和云质岩溶角砾岩中各种溶蚀孔洞、溶蚀洞穴及溶蚀缝极其发育，且大部分无充填物或未完全充填，储集物性好，是石炭系极为重要的储集岩和储集层位。本段的岩性及生物组合特征表明，黄龙组二段时期海侵范围扩大，全区基本均接受沉积，但水体循环不通畅，盐度较大，属局限台地沉积环境。

(3) 黄龙组三段(C_2hl^3)：本段与下伏黄龙组二段呈整合接触，与上覆二叠系梁山组呈平行不整合接触。因晚石炭世末的抬升暴露，本段地层遭受严重剥蚀，残厚不等，部分地区该段地层被剥蚀殆尽，厚度一般小于40m。岩性以非常致密的微晶灰岩、颗粒微晶灰岩、微-亮晶颗粒灰岩以及各类灰质岩溶角砾岩为主，夹微-粉晶云岩、颗粒微晶云岩及云质岩溶角砾岩。本段灰岩中孔隙不发育，孔隙度一般小于2%，而白云岩中次生溶孔较灰岩发育，孔隙度为2%～6%，但厚度较薄，是区内的次要储集层段。本段的岩性及生物组合特征表明，晚石炭世海侵在黄龙组三段时期达到最大，全区均已接受沉积，并且与外海连通较好，水体盐度趋于正常，为开阔台地沉积环境。

1.5.3 地层对比

以单井地层划分为基础，在川东地区内选择资料相对齐全、能控制整个川东地区地层横向变化特征的单井编制对比剖面图。本书研究以下二叠统梁山组底界作为水平基准面进行石炭系地层对比，共建立了近 EW 向的 7 条对比剖面，其对比特征如下。

1. 镇巴兴隆场—建始弓箭崖—长阳石板滩—丰都狗子水村生物地层对比剖面(图 1.68)

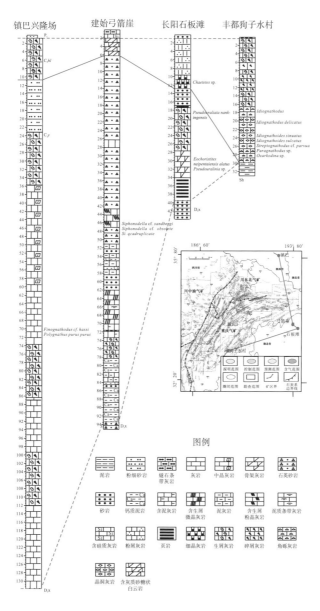

图 1.68 镇巴兴隆场—建始弓箭崖—长阳石板滩—丰都狗子水村生物地层对比剖面图

该生物地层对比剖面特征如下：

(1)除丰都狗子水村剖面发育上石炭统黄龙组外，其他剖面均发育上石炭统黄龙组和下石炭统岩关阶地层，与下伏泥盆系写经寺组(狗子水村为志留系韩家店组)和上覆下二叠统梁山组均为不整合接触关系。

(2)下石炭统岩关阶地层除丰都狗子水村剖面外，其他剖面均有分布，岩性主要为石英砂岩、板岩与灰岩组合，镇巴兴隆场剖面产 *Finognathodus* cf. *hassi* 和 *Polygnathus purus purus* 牙形石化石，建始弓箭崖剖面产 *Siphonodella* cf. *sandbergi*、*Siphonodella* cf. *obsolete*、*Si. qcadruplicate* 牙形石化石，长阳石板滩剖面产 *Eochoristites neipentaiensis alatus*、*Pseudouralinia* sp.、*Pseudouraliata nankingensts* 牙形石化石，时代可以判断为下石炭统岩关阶。从生物地层学和岩石地层学特征来看，3 条剖面下石炭统地层完全可以对比。

(3)上石炭统黄龙组地层各剖面均有分布，岩性主要为颗粒灰岩、灰质云岩、砂质灰岩、结晶灰岩组合，重庆市丰都县狗子水村剖面产 *Idiognathoides sinuatus*、*Idiognathoides sulcatus*、*Streptognathodus* cf. *parvua*、*Paragnathodus* sp.、*Idiognathodus delicatus* 牙形石化石，长阳石板滩剖面产 *Chaetetes* sp.牙形石化石，时代可以判断为上石炭统黄龙组。从生物地层学和岩石地层学特征来看，下石炭统黄龙组完全可以对比。

2. 铁山 6 井—雷 12 井—七里 11 井—大天 1 井—天东 2 井—天东 11 井—门西 6 井—门南 1 井—云安 6 井—碉西 3 井对比剖面(图 1.69)

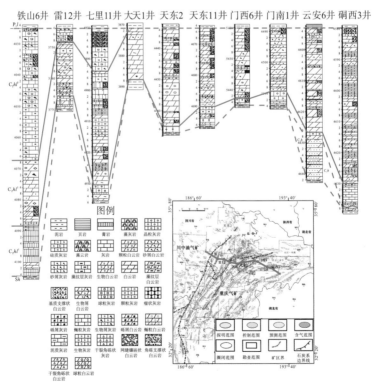

图 1.69　铁山 6 井—雷 12 井—七里 11 井—大天 1 井—天东 2 井—天东 11 井—门西 6 井—门南 1 井—云安 6 井—碉西 3 井地层对比剖面图

该地层对比剖面特征如下：

(1)黄龙组与下伏志留系韩家店组(东部云安 6 井和硐西 3 井为下石炭统河洲组)和上覆下二叠统梁山组均为不整合接触关系。

(2)黄龙组地层厚度变化较大，厚度较大的地层主要发育于剖面的西侧和东侧，中部较薄，特别是大天 1 井厚度只有约 18m，这与其处于地貌高点有关。

(3)从各段地层特征来看，黄龙组一段厚度东西向变化较大，西侧的铁山 6 井厚度最大，约为 16m，其他井均小于 6m，且大天 1 井不发育黄龙组一段；黄龙组二段在东侧云安 6 井和硐西 3 井厚度较大，最大可达约 50m，在中西部的大天 1 井和西侧的雷 12 井厚度较小，最小厚度为 17m；黄龙组三段在西侧发育，中东部缺失，西侧的铁山 6 井厚度可达 42m。

3. 新兴煤矿—仙鹤洞—华西 1 井—溪口—板 2 井—板东 6 井—月 1 井—苟 1 井—狗子水村—洋渡 3-1 井对比剖面(图 1.70)

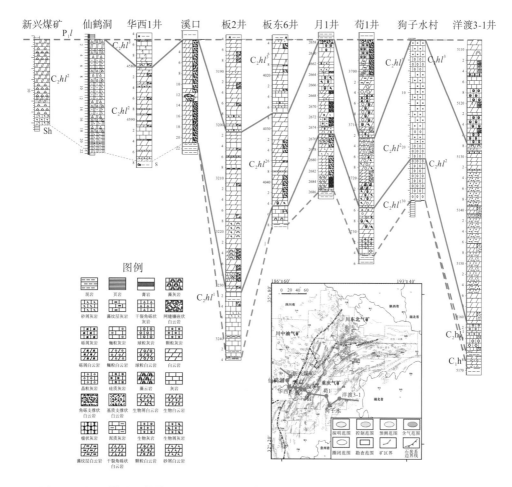

图 1.70 新兴煤矿—仙鹤洞—华西 1 井—溪口—板 2 井—板东 6 井—月 1 井—苟 1 井—
狗子水村—洋渡 3-1 井地层对比图

该地层对比剖面特征如下：

(1)黄龙组与下伏志留系韩家店组(东部洋渡 3-1 井为下石炭统河洲组)和上覆下二叠统梁山组均为不整合接触。

(2)黄龙组地层厚度变化较大，厚度较大的地层主要发育于剖面的中部和东侧，西侧较薄，新兴煤矿、仙鹤洞、华溪 1 井和溪口厚度小于 25m，这与其在古地貌中的位置有关。

(3)从各段地层特征来看，黄龙组一段在西侧新兴煤矿、仙鹤洞、华西 1 井和溪口缺失，其他井厚度变化较均匀，厚度最大在板 2 井，约为 13m；黄龙组二段在板 2 井和洋渡 3-1 井厚度较大，最大可达约 33m，其他井厚度均匀，约为 20m；黄龙组三段在西侧新兴煤矿、仙鹤洞、溪口、中部月 1 井和东部的狗子水村缺失，东侧的洋渡 3-1 井厚度最大，达 20m 左右，西侧华西 1 井厚度最小，约为 5m，其他井厚度相对均匀，为 15～20m。

4. 垭角 1 井—七里 24 井—天东 13 井—拔向 1 井—池 10 井对比剖面(图 1.71)

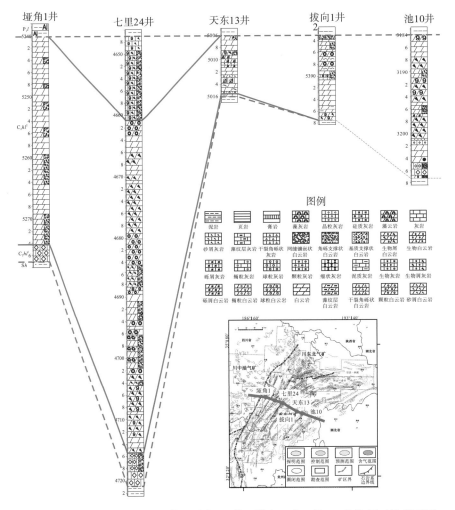

图 1.71 垭角 1 井—七里 24 井—天东 13 井—拔向 1 井—池 10 井地层对比剖面图

该地层对比剖面特征如下：

(1) 黄龙组与下伏志留系韩家店组和上覆下二叠统梁山组均为不整合接触。

(2) 黄龙组地层厚度变化较大，厚度最大的地层位于剖面西侧的七里 21 井，约为 75m，其他井厚度均较薄，天东 13 井厚度仅为 10m。

(3) 从各段地层特征来看，黄龙组一段仅在七里 21 井发育，其他井均缺失，厚度约为 6m；黄龙组二段在西侧垭角 1 井和七里 21 井厚度较大，最大可达约 45m，中部及东部的天东 13 井和拔向 1 井厚度较小，最小厚度为 10m；黄龙组三段仅在七里 21 井发育，其他井均缺失，厚度约为 14m。

5. 巫溪—马槽 1 井—硐西 3 井—轿 1 井—茨竹 1 井—池 16 井—拔向 1 井—池 34 井—池 33 井—狗子水村地层对比剖面(图 1.72)

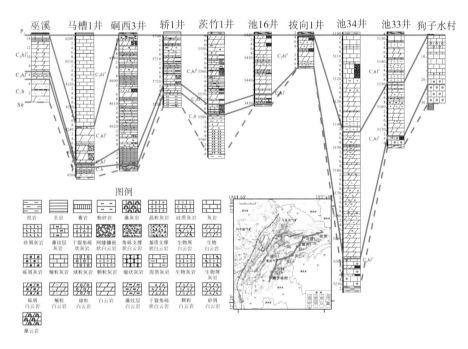

图 1.72　巫溪—马槽 1 井—硐西 3 井—轿 1 井—茨竹 1 井—池 16 井—拔向 1 井—
池 34 井—池 33 井—狗子水村地层对比图

该地层对比剖面特征如下：

(1) 黄龙组与下伏下石炭统河洲组为整合接触(与中部及南部池 16 井、池 34 井、池 33 井和狗子水村剖面的志留系韩家店组为不整合接触)，与上覆下二叠统梁山组均为不整合接触。

(2) 黄龙组地层厚度变化较大，差异明显，厚度较大的地层主要发育于剖面北侧的马槽 1 井、硐西 3 井，中部的茨竹 1 井以及南侧的池 34 井、池 33 井，厚度超过 45m，最厚地层位于池 34 井，厚度达 110 余米，其他井较薄，最薄地层为拔向 1 井，厚度为 14m，这与其在古地貌中的位置有关。

(3)从各段地层特征来看,黄龙组一段在南侧拔向 1 井缺失,其他井厚度变化较均匀,厚度最大在池 34 井,约为 13m;黄龙组二段在硐西 3 井和池 34 井厚度较大,最大可达约 55m,厚度最小在北侧的巫溪剖面,厚度约为 8m;黄龙组三段仅在北侧马槽 1 井和南侧池 34 井、池 33 井发育,其他井均缺失,北侧马槽 1 井和南侧池 34 井厚度均较大,最大厚度为 43m 左右。

6. 黄龙 5 井—罐 8 井—七里 11 井—天东 20 井—天东 12 井—天东 9 井—天东 13 井—天东 14 井—天东 26 井—天东 29 井—月东 1-1 井—月 1 井—铜 7 井—环 4 井—相 37 井地层对比剖面(图 1.73)

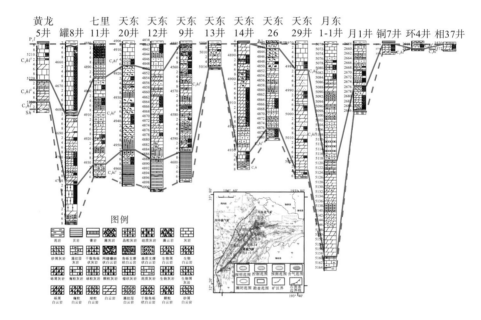

图 1.73　黄龙 5 井—罐 8 井—七里 11 井—天东 20 井—天东 12 井—天东 9 井—天东 13 井—天东 14 井—天东 26 井—天东 29 井—月东 1-1 井—月 1 井—铜 7 井—环 4 井—相 37 井地层对比图

该地层对比剖面特征如下:

(1)黄龙组与下伏志留系韩家店组(中部天东 14 井与下石炭统河洲组为整合接触)和上覆下二叠统梁山组均为不整合接触。

(2)黄龙组地层厚度变化较大,差异明显,厚度较大的地层主要发育于剖面北侧的罐 8 井、七里 11 井、天东 20 井、天东 12 井、天东 9 井,中部的天东 14 井、天东 29 井、月东 1-1 井,其中月东 1-1 井厚度最大,可达 92m;其他井厚度相对较小,南侧的环 4 井和相 37 井厚度仅为 2m 左右。

(3)从各段地层特征来看,黄龙组一段在中部天东 11 井和南侧环 4 井、相 37 井缺失,其他井厚度变化较均匀,厚度最大在北侧罐 8 井,约为 16m;黄龙组二段在环 4 井缺失,其他井均发育,厚度变化较均匀,天东 9 井厚度最大,最大可达约 46m,厚度最小在南侧铜 7 井和相 37 井,厚度约为 2m;黄龙组三段在中部天东 9 井、天东 13 井、天东 14 井和南侧铜 7 井、相 37 井缺失,其他井均有发育,南侧月东 1-1 井厚度大,约为 48m,环 4 井厚度最小,约为 2m。

7. 铁山 7 井—铁山 6 井—铁山 4 井—铁山 8 井—铁山 12 井—云和 3 井—垭角 1 井—邻北 3 井—邻北 5 井—溪口—相 12 井—相 10 井地层对比剖面(图 1.74)

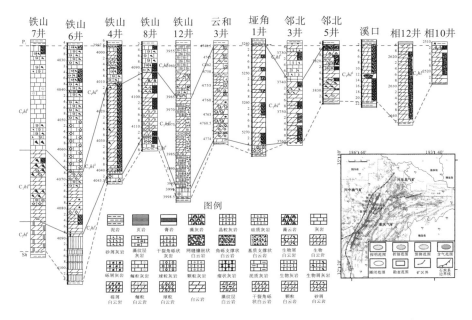

图 1.74　铁山 7 井—铁山 6 井—铁山 4 井—铁山 8 井—铁山 12 井—云和 3 井—垭角 1 井—
邻北 3 井—邻北 5 井—溪口—相 12 井—相 10 井地层连井对比图

该地层对比剖面特征如下:

(1)黄龙组与下伏志留系韩家店组和上覆下二叠统梁山组均为不整合接触。

(2)黄龙组地层厚度变化较大,差异明显,厚度较大的地层主要发育于剖面北侧的铁山 7 井、铁山 6 井、铁山 4 井和铁山 12 井,其中铁山 6 井厚度最大,可达 90m;南部钻井普遍厚度较小,相 10 井厚度最小,厚度约为 13m。

(3)从各段地层特征来看,黄龙组一段在南侧岭北 3 井、溪口、相 12 井和相 10 井缺失,其他井厚度变化较均匀,厚度最大在铁山 6 井,约为 16m;黄龙组二段均发育,在铁山 4 井、铁山 12 井、云和 3 井和垭角 1 井厚度较大,最大可达约 34m,厚度最小在南侧的相 10 井,厚度约为 13m;黄龙组三段在中部云和 3 井、垭角 1 井和南侧的溪口、相 12 井、相 10 井缺失,其他井均有发育,北侧钻井厚度均较大,铁山 6 井最大厚度在 42m 左右,铁山 8 井厚度最小,约为 10m。

1.5.4　地层分布特征

川东地区石炭系被划分为上石炭统和下石炭统,绝大部分地区仅发育上石炭统黄龙组而缺失下石炭统。经钻探证实，下石炭统河洲组仅发育在与鄂西连通的华南海入海口一带的云阳、忠县及鄂西、建南一带，呈零星分布。在川内广大地区及川东东部的广安、渠县一带的石炭系仅有上石炭统黄龙组。石炭系残厚 0～90m，大部分为 20～60m，主要残布于华蓥山及以东、重庆—涪陵以北、北达宣汉—开州、东南至石柱、东北至巫山—建始地区。石炭系较厚区域主要分布在开江古隆起以西的铁山—蒲包山—凉水井地区。

川东地区上石炭统黄龙组与上覆二叠系梁山组和下伏志留系均为假整合接触。下伏志留系地层的风化剥蚀形成表面凹凸不平的地形，使部分地区上石炭统地层受古地貌影响造成减薄或沉积缺失。总体来说，以开江—梁平古隆起为界的西部地区普遍高于东部。在石炭纪川东地区被乐山—龙女寺古陆、上扬子古陆及大巴山古陆所包围，整体上呈现出西厚东薄的残余地层厚度变化格局，除了在地层沉积周边存在剥蚀区，在沉积区域内也存在局部侵蚀窗，这些侵蚀窗边缘便是寻找地层-构造复合圈闭的有利区。

川东地区黄龙组地层残厚不一，平面上厚度分布范围为 0～90m，具"一薄三厚"的总体特点。按照地区划分，厚度大于 60m 的地区主要位于大竹东南侧和达州周边区域；其次为厚度大于 40m 的地区，主要分布在邻水—大竹—开江—达州地区、垫江—忠县地区、万州—开州地区（图 1.75）。

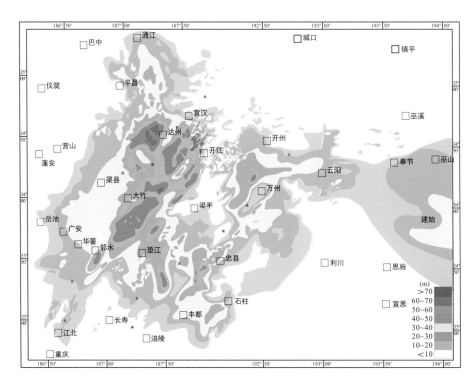

图 1.75 川东地区石炭系黄龙组残余厚度分布图

按照川东地区构造带划分，石炭系地层厚度较大的区域有 3 块，最厚区主要分布于西部洼陷，即华蓥山构造段北部、蒲包山及蒲西、福成寨、七里峡构造南段、张家场北段、大天池构造带沙坪场、龙门、天池铺等地区，地层厚度可以达到 50m 以上，面积约为

6000km^2；其次是分布在东部洼陷云安厂构造中段、高峰场—寨沟湾地区，地层厚度普遍在 40m 以上，分布面积约为 1500km^2；最后是洋渡溪和大池干井构造带南段一带，这些区域的地层厚度一般在 30m 以上，面积约为 1200km^2。石炭系地层厚度稍薄的区域主要在川东北部大巴山—平昌、黄金口、五宝场、黄龙场、马槽坝—黑楼门一带，总体上在 20m 以下。

1. 黄龙组一段(C_2hl^1)残余地层分布特征

该时期研究区由于受构造隆升剥蚀影响，残余地层厚度普遍很薄，一般都为 2~15m，在局部构造或井区相对较厚，如湖北建始细沙坝剖面厚度可达 20m 左右，工区西部厚度普遍较厚，工区南部的板 2 井—板东 1 井区厚度也可达 12m 以上(图 1.76)。

由于当时海侵规模很小，C_2hl^1 时期川东地区并非全区都已接受沉积，研究区除沿袭整个黄龙组沉积格局中的剥蚀古陆区以外，在靠近古陆附近还存在黄龙组一段无沉积缺失区，且分布范围较宽，主要位于工区建 15 井—盐 1 井—池 37 井—草 18 井—月 1 井—铜 1 井—相 13 井—华西 1 井以南和以西地区。在沉积区内部，C_2hl^1 地层厚度沉积时受古地貌影响。中部地区由于开江—梁平高地的存在，造成 C_2hl^1 地层较薄，并形成梁平—苟西北部的沉积缺失区。而在沙罐坪、雷音铺、张家场、高峰场等地区，由于不整合面上侵蚀洼地的存在，沉积厚度较大，并且都有石膏沉积。整体上 C_2hl^1 沉积期，沉积厚度呈现出铁山坡、西河口两个局部区域相对较大，而其余地区均较小的残余地层厚度变化格局。

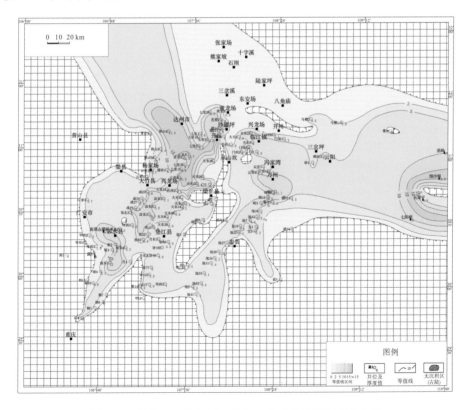

图 1.76 川东地区黄龙组一段(C_2hl^1)残余地层厚度分布图

2. 黄龙组二段(C_2hl^2)残余地层分布特征

此时期由于受鄂西海广泛海侵影响，海水向研究区西部和北部的古陆方向侵进，发生大面积的海侵沉积作用，C_2hl^2 沉积作用相对 C_2hl^1 明显加强，沉积厚度相对较大，变化范围一般为 10～50m（图 1.77），区域分布有如下特点。

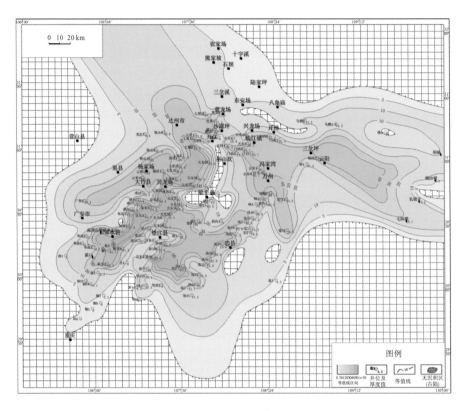

图 1.77   川东地区黄龙组二段(C_2hl^2)残余地层厚度分布图

（1）在川东地区西部，C_2hl^2 地层的厚度基本上继承了 C_2hl^1 地层的厚度特征，由中部向古陆边缘逐渐减薄，随着海侵规模扩大，C_2hl^2 地层逐渐向边缘超覆在 C_2hl^1 和中志留统之上。七里峡、凉东 5 井—板 2 井之间、苟 2 井周围为川东西部地区厚度最大的区域。

总体上，研究区西部由于受后期剥蚀影响小，地层普遍得以保存，所以 C_2hl^2 地层厚度为它的实际厚度，可以用来分析研究 C_2hl^2 时期的沉积特点。

（2）开江—梁平古地貌高地在 C_2hl^2 时期对沉积厚度仍有影响，如梁 6 井 C_2hl^1 时未接受沉积，C_2hl^2 厚度仅为 9.6m。

（3）川东地区东部，在建 12 井附近和楼 1 井区 C_2hl^2 依然存在地层缺失，可能与整个石炭系均处于构造高地而遭受后期剥蚀缺失有关。因此，在这 3 个井区附近存在沉积厚度低值区，仅为 0～10m。硐村西—冯家湾 C_2hl^2 地层虽也遭受后期剥蚀，但现残厚均在 25m 以上，其中硐西 3 井厚度高达 50.5m，为东部地区厚度最大的井区，而其以西的大部分钻井 C_2hl^2 实际厚度均在 24m 以下。

综合上述地区的 C_2hl^2 地层厚度变化趋势,不难得出 C_2hl^2 地层由东向西逐渐减薄和向古陆(或古隆起)超覆的沉积演化趋势,明显受 C_2hl^2 时鄂西海西侵的影响。

3. 黄龙组三段(C_2hl^3)残余地层分布特征

C_2hl^3 时期海侵规模继续扩大,川东与鄂西海的连通更好,海水畅通,水体盐度已接近正常。当时全区均已接受沉积。但石炭纪末的云南运动,使石炭系地层抬升暴露,遭受剥蚀,川东东部地区遭剥蚀程度较西部地区大,东部地区 C_2hl^3 地层被剥蚀殆尽,仅在马槽坝马槽 1-1 井区及三岔坪云安 6 井区见 C_2hl^3 地层以残丘形式存在。川东西部地区 C_2hl^3 地层残厚不一,大部分地区厚度为 5～30m,局部达 40m 以上(图 1.78)。云和寨—邻北的局部地区 C_2hl^3 地层被全部剥蚀,形成侵蚀窗。另外,在工区西南端靠近古陆边缘的相国寺构造相 10 井—相 14 井—相 9 井井区以及溪口一线地层也被全部剥蚀。

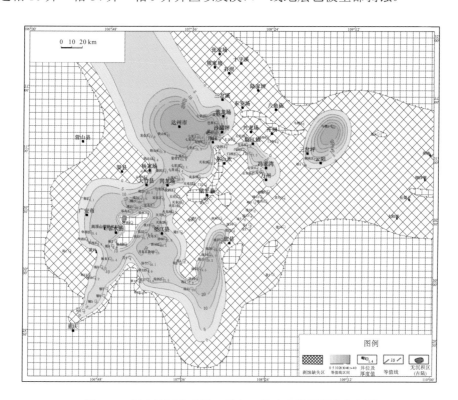

图 1.78　川东地区黄龙组三段(C_2hl^3)残余地层厚度分布图

4. 河洲组(C_1h)残余地层分布特征

川东地区石炭系下统河洲组地层分布范围局限于川东东部区域,地理上分布在开州—万州—忠县以东,主要在马槽坝—云安厂构造带东段三岔坪—方斗山构造带以东及建南构造一线(图 1.79)区域。其中,云安厂构造带硐村西潜伏硐西 3 井区沉积厚度最大,达23.0m 左右,其余地区厚度主要集中在 5.0～10.0m。石柱建南南部建 45 井区附近存在剥蚀区,造成该区域内河洲组地层缺失。

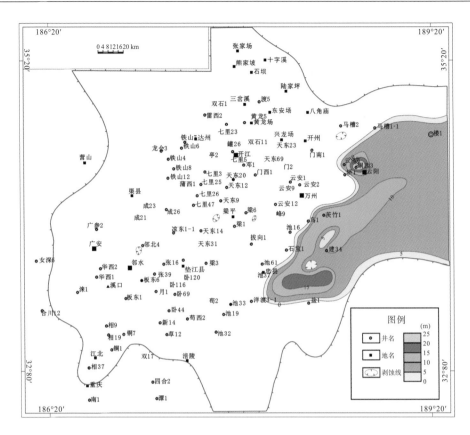

图 1.79　川东地区石炭系河洲组地层厚度分布图

第2章 沉积相特征

2.1 沉积相标志

2.1.1 岩石学特征

岩性是鉴别碳酸盐岩沉积相最基本和最有意义的标志之一，也是最易观察、最直接的环境参数。通过系统的野外剖面观察、钻井岩心描述及室内镜下薄片鉴定分析，川东地区下石炭统河洲组和上石炭统黄龙组岩性特征不同，各种岩性的组合反映出不同的沉积相类型。

1. 下石炭统河洲组岩性组合特征

川东地区上石炭统黄龙组在绝大部分地区直接超覆在志留系不整合面之上，但在川东局限海湾向鄂西广海过渡为相对低洼带，发育有与鄂西海连通的海水通道，入海口在硐村和三岔坪一带的以东地区，下石炭统河洲组连续沉积。钻探发现，区内广泛发育上石炭统河洲组，如门9井、复1井、梁8井、新14井、天东61井、七里15井、七里31井、温泉1井、茨竹1井、硐西3井、马槽1-1井和洋渡3-1井等井及巫峡和建始等多个野外剖面均有发育。岩性主要为灰色、深灰色白云质石英细砂岩[图2.1(a)～图2.1(c)]、白云质粉砂岩、褐灰色泥-粉晶砂质云岩、粉砂岩，上部含灰质、泥质，局部泥质较重，表现为以页岩出现(洋渡3-1井河洲组顶部见0.6m厚的深灰色含砂页岩)，发育水平层理和各种潮汐层理[图2.1(d)]，局部夹砾质的潮道沉积，在巫峡剖面白云质细粒砂岩中可见燧石条带。由北向东岩石颗粒粒度变细，由西向东、向北厚度增加，存在3个相对较厚分布区，东北部硐西3井—云安6井区厚度为13～25m，东部茨竹垭—龙驹坝厚度在20m左右，东南部建28井区厚度为18.5m；在建南构造中部及石宝1井—池22井区存在局部缺失现象。向NW厚度逐渐减薄，在门5井—天东21井—峰8井—拔向1井—池33井一线以西地区尖灭，中志留统韩家店组灰绿色泥页岩直接与黄龙组一段(C_2hl^1)深灰-褐灰色重结晶角砾灰岩呈假整合接触。河洲组泥-粉晶云质砂岩(砂质云岩)，胶结致密，坚硬，主要为泥质或云质胶结，孔隙极不发育，岩心中罕见裂缝。川东地区下石炭统河洲组主体属于受局限的海湾潟湖-潮坪沉积。

2. 上石炭统黄龙组岩性特征

黄龙组可分为3个岩性段，各段岩性特征不同，自下而上由以粉-细晶次生灰岩为主，逐渐过渡为以微-粉晶白云岩、颗粒白云岩和晶粒白云岩为主，至以泥-微晶灰岩为主的岩性变化，各种岩性组合也反映出不同的沉积相类型。

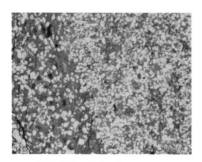

(a) 石英砂岩，方东1井，5209.35m，
C_1h，铸体薄片(−)

(b) 白云质石英细砂岩，渡4井，C_1h，
第52块，铸体薄片(+)

(c) 白云质粉-细砂岩，滨岸潮坪，
黄龙4井，C_1h，第3块，铸体薄片(+)

(d) 白云质细粒砂岩，夹泥质条带，见波
状层理和透镜状层理组合的潮汐层理，黄
龙2井，C_1h，第21块

图 2.1　川东地区石炭系河洲组岩性特征照片

1）黄龙组一段（C_2hl^1）

黄龙组一段在川东地区广泛分布，岩性特征在区域上具有一定的分带性，在西部各钻井及野外剖面中主要岩性为深灰色或褐灰色去膏化、去云化粉-细晶次生灰岩或次生灰质岩溶角砾岩、白云质灰岩和灰质白云岩、各种晶粒白云岩，东部的野外剖面中主要为微-粉晶白云岩。

（1）次生灰岩。一般为粉-细晶结构，其原岩主要为准同生微晶白云岩和膏盐岩类，在古表生期成岩阶段经淡水溶蚀（方解石）交代作用发生去膏化、去云化而形成次生灰岩，往往具有残余石膏假晶或白云石晶体形态［图 2.2(a)和图 2.2(b)］，并含有地下水携入的外来石英粉砂和泥［图 2.2(c)］、碳质物质，反映其原始沉积环境为干旱蒸发的潮坪环境或局限的膏岩湖环境，沉积物经大气水溶蚀去云化、去膏化的产物，部分次生灰岩受进一步的岩溶作用可形成岩溶角砾岩。

（2）白云质次生灰岩或次生灰质白云岩。白云质次生灰岩或次生灰质白云岩主要为古表生期大气淡水对原岩为膏岩和膏质微晶白云岩溶蚀交代不彻底而残余的岩石类型［图 2.2(d)］。

(a) 次生粉-细晶灰岩，雷11井，C_2hl^1，
3793.71m，普通薄片(-)

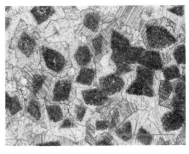

(b) 含云次生细-中晶灰岩中的白云石假晶结构，
峰12井，块号2-102，C_2hl^1，铸体薄片(-)

(c) 纹层状含砂云质次生灰岩，次生方解
石具白云石晶形，砂质组分为地下水携
入的外来物，显示次生灰岩是白云岩岩
溶作用的产物，乌1井，2866.63m，普通
薄片(-)，照片对角线长8mm

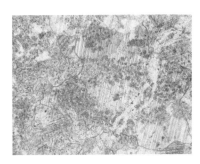

(d) 去白云石化硅化云质次生灰岩，乌1井，
编号8-28，普通薄片(-)，照片对角线长4mm

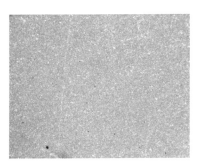

(e) 微-泥晶白云岩，轿1井，编号2-149，
普通薄片(-)，照片对角线长4mm

(f) 粉-细晶白云岩，细沙坝剖面，编号Z1，
普通薄片(-)，照片对角线长1.8mm

图 2.2　川东地区石炭系黄龙组一段典型岩性特征照片

　　(3)泥-微晶白云岩。该类岩石类型主要发育于研究区东部，由泥-微晶白云石组成，
偶含石膏斑块，形成于局限的咸化潟湖环境［图2.2(e)］。

　　(4)细晶白云岩。按照成因细分为重结晶和交代两种成因类型，研究区主要发育的是
重结晶成因的细晶白云岩，其晶形较差，晶体较细，呈他形-半自形的镶嵌状［图2.2(f)］，
往往具残余的微晶白云石基质和残余纹层层理，岩性较致密，往往分布于潟湖-潮坪环境
中；交代成因的粉晶白云石大部分具有残余颗粒结构，白云石晶形较好，晶体较粗，部分

可达细晶级，呈半自形-自形的晶粒支撑结构，常发育有针孔状溶孔，有利储层发育，往往分布于粒屑滩环境中。

(5) 变形灰岩类。该类灰岩主要见于茨竹 1 井黄龙组一段，原岩为亮晶藻屑灰岩，成因与岩石受构造应力作用使亮晶藻屑灰岩发生塑性变形有关，大多数藻屑呈拉长的定向分布。同时，在局部破裂缝密集发育的部位，形成雁行排列结构，后期被方解石充填而形成破裂状变形残余颗粒灰岩。

2) 黄龙组二段 (C_2hl^2)

黄龙组二段岩石类型以白云岩为主，包括浅灰色、褐灰色泥晶白云岩、微晶白云岩、粉-细晶白云岩、颗粒白云岩、白云质岩溶角砾岩等，在颗粒白云岩和粉-细晶白云岩中往往发育有丰富的溶蚀孔洞，为研究区石炭系最重要的储集岩类型。在巫峡、七阳坝、细沙坝、长梁子等剖面黄龙组二段以发育灰岩为主，尤以瘤状灰岩、生物屑灰岩和藻灰岩为典型岩石类型，而各类白云岩和岩溶角砾岩不发育。

(1) 微晶白云岩。由微晶白云石组成 [图 2.3(a)]，含有微-隐粒杂质或有机质，在一些微晶白云岩中发育水平藻纹层或具残余藻屑纹层 [图 2.3(b)]，含石膏或石膏假晶的微晶云岩，局部裂缝发育。该类岩石主要形成于潮坪或潟湖环境中，在一定的岩溶条件下可形成云质岩溶角砾岩 [图 2.3(c)]。

(2) 粉-细晶白云岩。按照成因细分为重结晶和交代两种成因类型，研究区这两类成因的粉-细晶白云岩均有发育，重结晶成因的粉晶白云石晶形较差，晶体较细，呈他形-半自形的镶嵌状 [图 2.3(d)]，往往具残余的微晶白云石基质和残余纹层层理，岩性较致密，往往分布于潟湖-潮坪环境中；交代成因的粉晶白云岩大部分具有残余颗粒结构，白云石晶形较好，晶体较粗，部分可达细晶级，呈半自形-自形的晶粒支撑结构，晶体间常充填有机质、方解石、泥质等，并且这种白云岩的晶间孔非常发育，有较好的储集层，往往分布于粒屑滩环境中。

(3) 颗粒白云岩。颗粒白云岩为黄龙组二段常见的岩石类型，此类型是成岩期埋藏白云石化作用的产物。根据颗粒类型，可分为潮坪-潟湖相的颗粒白云岩、粒屑滩相的颗粒白云岩和潮道高能带的颗粒白云岩，其中潮坪-潟湖相主要为藻屑藻迹白云岩、藻砂屑白云岩 [图 2.3(e)]、砂屑白云岩 [图 2.3(f)]、球粒白云岩等，粒屑滩相主要为 (含) 生物屑白云岩 [图 2.3(g)]、藻砂屑白云岩、虫屑白云岩 [图 2.3(h)] 等；潮道高能带的颗粒白云岩主要为砂砾屑灰岩 [图 2.3(i)] 和鲕粒灰岩。由于这几类颗粒白云岩溶蚀孔洞非常发育 [图 2.4(a)~图 2.4(c)]，往往呈溶蚀孔洞残余颗粒白云岩产出，部分受古表生期大气淡水溶蚀作用而转化为岩溶角砾岩。

(4) 生物礁灰岩。生物礁灰岩仅在七阳坝剖面、七里 45 井、天东 9 井发育，造礁生物以珊瑚为主 [图 2.3(j)]，其类型包括星珊瑚、刺毛珊瑚、四射珊瑚和群体珊瑚等，附礁生物可见腹足类。该生物礁类型属于浅水陆棚相珊瑚点礁。

(5) 瘤状灰岩。瘤状灰岩主要见于长梁子和七阳坝野外剖面 [图 2.3(k)]，黄龙组二段和三段均有发育，可见大、小两种，大者粒径为 5~6cm，小者为 2~3cm，反映水体较深的沉积环境，随瘤体变小而水体加深。其成因主要是原始沉积物为一种均匀的灰质-

黏土混合物，由于其中含有钙质介壳化石，在成岩压实过程中分散的 $CaCO_3$ 质点溶解并向钙质介壳集中沉淀形成。

（6）灰岩。研究区还发育有少量泥-粉晶灰岩、砂砾屑灰岩和生物屑灰岩。

（7）硅化及硅质岩类。硅化作用在研究区中普遍发育，几乎每口井或剖面均有硅化现象，既有成岩早期的硅质，也有成岩晚期的自生石英。大多数硅化表现为放射状微晶石英集合体［图 2.3(l)］，有交代生物碎屑的现象，岩石中可见残余生物碎屑，硅质可交代生物或粒间微晶方解石，构成硅质岩，在巫峡村剖面、七里 4 井、天东 9 井等多口井分别可见放射虫硅质岩和硅质岩。

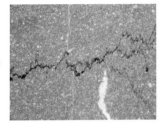

(a) 膏化微晶白云岩，缝合线充填沥青，轿1井，照片对角线长4mm，普通薄片(–)

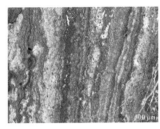

(b) 纹层状藻云岩，天东71井，4493.73m，普通薄片(–)

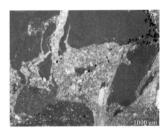

(c) 基质支撑云质岩溶角砾岩，角砾由微晶灰岩组成，角砾之间充填溶蚀碎屑，亭1井，5159.2m，普通薄片(–)

(d) 粉晶白云岩，晶间孔内多充填铁质，七里17井，4934.8m，铸体薄片(–)

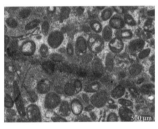

(e) 微亮晶藻砂屑白云岩，溶孔发育，七里9井，4905.5m，铸体薄片(–)

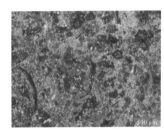

(f) 砂屑白云岩，铁山7井，4723.70m，普通薄片(–)

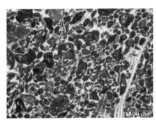

(g) 亮晶生屑白云岩，生屑以有孔虫为主，龙会3井，C_2hl^2，4759.4m，普通薄片(–)

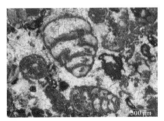

(h) 亮晶有孔虫白云岩，卧44井，4625.86m，普通薄片(–)

(i) 微晶砂砾屑灰岩，温泉2井，C_2hl^2，3943.38m，普通薄片(–)

 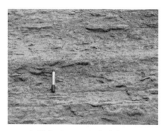 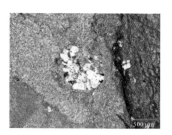

(j) 珊瑚，七里45井，4887.46m，
普通薄片(−)　　(k) 瘤状灰岩，七阳坝剖面，8层　　(l) 微晶角砾云岩，角砾内发育放射
状硅化斑块，七里4井，4839.43m，
普通薄片(+)

图 2.3　川东地区石炭系黄龙组二段典型岩性特征照片

(a) 溶孔藻砂屑白云岩，马槽1-1井，
4238.5m　　(b) 溶孔粉-细晶颗粒白云岩，
铁山12井，3963.22m　　(c) 角砾支撑云质岩溶角砾岩，
白云岩角砾内含有较多针孔，
铁山8井，4095.07m

图 2.4　川东地区石炭系黄龙组二段典型岩心照片

3) 黄龙组三段(C_2hl^3)

川东地区西部，如达州—兴龙—邻水一带和兴龙—垫江一带等，马槽 1-1 井、硐西 3 井等钻井剖面，以及七阳坝、长梁子等野测剖面中残留有不完整的黄龙组三段，岩性主要为正常浅海陆棚相泥-微晶(少量粉晶)灰岩，偶含少量有孔虫、棘皮等生物碎屑，局部夹有生物屑灰岩和瘤状灰岩。

(1)泥-微晶灰岩。该类岩石在研究区分布普遍，由泥-微晶方解石组成，占 90%以上 [图 2.5(a)]，一般为浅褐灰色-深灰色，以中-薄层致密块状为主，亦见厚层块状，含有少量介形虫、腹足、瓣鳃、棘皮、红藻等生物碎屑 [图 2.5(b)]，偶见鸟眼构造 [图 2.5(c)] 和缝合线构造 [图 2.5(d)]。该类灰岩一般形成于水体较安静的沉积环境中，在开阔海湾或正常碳酸盐陆棚相潮下低能环境中普遍分布。

(2)生物屑灰岩。生物屑灰岩的主要岩石类型有微晶生物屑灰岩、亮晶生物屑灰岩 [图 2.5(e)、图 2.5(f)]、藻屑灰岩、云质亮晶生物屑灰岩和含云泥-微晶生物屑灰岩等类型。一般为深灰色和褐灰色，泥-微晶结构，生物碎屑分布不均，局部密集。此类岩石在静水或水动力较强环境下均可形成，可以是原地的生物遗体被碳酸盐泥掩埋，也可以是漂入的外来介屑，不分大小，一起与灰泥掩埋而成，多发育在浅滩或潮下静水泥中。

（3）砂屑灰岩。岩石主要类型有亮晶砂屑灰岩[图 2.5（g）]、生物屑砂屑灰岩[图 2.5（h）]和藻砂屑灰岩，形成于较高能环境。

（4）微-粉晶白云岩。该类岩石 90%以上由微-粉晶白云石组成 [图 2.5（i）]，形成于局限环境。

除上述岩石类型外，晚石炭世由于受古表生期强烈岩溶作用改造而形成的岩溶角砾岩普遍分布于整个石炭系。川东地区岩溶角砾岩主要发育于黄龙组二段。按照岩溶角砾岩的结构-成因特征（表 2.1），划分为 4 种具有不同成因意义的角砾岩类型，分别为网缝镶嵌状白云质岩溶角砾岩 [图 2.6（a）]、角砾支撑状白云质岩溶角砾岩 [图 2.6（b）]、角砾支撑状次生灰质岩溶角砾岩 [图 2.6（b）] 和基质支撑状白云质岩溶角砾岩 [图 2.6（c）]。

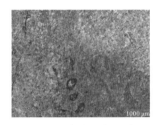

(a) 泥-微晶灰岩，铁山6井，4033.76m，普通薄片(-)

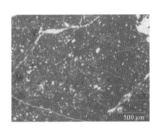

(b) 含生物屑微晶灰岩，裂缝发育且均被方解石充填，七里9井，4886.68m，普通薄片(-)

(c) 微晶白云质灰岩，发育鸟眼构造，潟湖，马槽1-1井，4024m，普通薄片(-)

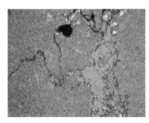

(d) 微晶灰岩，缝合线内充填白云石和铁泥质，马槽1-1井，4026m，普通薄片(-)

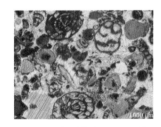

(e) 亮晶生物屑灰岩，七里1井，4814.18m，普通薄片(-)

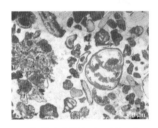

(f) 亮晶生物屑灰岩，卧69井，4210.85m，普通薄片(-)

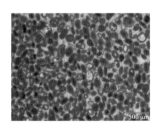

(g) 亮晶砂屑灰岩，砂屑滩，景市1井，4831.17m，普通薄片(-)

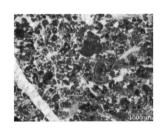

(h) 亮晶生物屑砂屑灰岩，铁东2井，5116.57m，普通薄片(-)

(i) 微-粉晶白云岩，马槽1井，4110m，普通薄片，照片对角线长1.6mm(-)

图 2.5 川东地区石炭系黄龙组三段典型岩性特征照片

(a) 网缝镶嵌状云质岩溶角砾岩，　　(b) 角砾支撑状白云质、次生灰质　　(c) 基质支撑状白云质岩溶
铁山8井，C_2hl^2，4086.67m　　　　　岩溶角砾岩，亭1井，C_2hl^1，　　　　角砾岩，茨竹1井，C_2hl^2，
　　　　　　　　　　　　　　　　　　　　5183.78m　　　　　　　　　　　　　　块号2-66

图 2.6　川东地区石炭系黄龙组主要岩溶角砾岩类型典型岩心照片

表 2.1　川东地区石炭系黄龙组岩溶角砾岩结构-成分分类和成因类型

角砾结构	角砾成分			成因类型
	灰岩 （层位：C_2hl^3）	白云岩 （层位：C_2hl^2）	次生灰岩 （层位：C_2hl^1）	
网缝镶嵌状	网缝镶嵌状灰质岩溶角砾岩	网缝镶嵌状白云质岩溶角砾岩	网缝镶嵌状次生灰岩岩溶角砾岩	沿裂缝原地溶蚀角砾化，角砾无明显位移
角砾支撑、基质填隙	角砾支撑状灰质溶角砾岩	角砾支撑状白云质岩溶角砾岩	角砾支撑状次生灰岩溶角砾岩	洞穴顶蚀垮塌的杂乱堆积物，缺乏地下潜流改造作用
角砾支撑、亮晶胶结	角砾支撑状亮晶胶结灰质溶角砾岩	角砾支撑状亮晶胶结白云质岩溶角砾岩	角砾支撑状亮晶胶结次生灰岩岩溶角砾岩	洞穴顶蚀垮塌的杂乱堆积物，有地下潜流改造作用
基质支撑	基质支撑状灰质岩溶角砾岩	基质支撑状云质岩溶角砾岩	基质支撑状次生灰岩溶角砾岩	地表残积物和暗河搬运的洞穴充填物，部分为洞穴顶蚀垮塌堆积物

2.1.2　古生物特征

研究区石炭系黄龙组总体上生物碎屑含量较多，以窄盐度生物组合为主。其中，黄龙组一段含生物相对较少，黄龙组二段较丰富，特别是在二段底部普遍发育有一层厚 0.1～0.3m 的生物屑微晶白云岩，含大量生物，以有孔虫［图 2.7(a)、图 2.7(b)］为主，见少量海百合［图 2.7(c)］、腕足［图 2.7(d)］、腹足碎片［图 2.7(e)］、蜓和红藻等，在卧69 井见少量双壳类［图 2.7(f)］，这种生物组合属于快速海侵沉积的产物，反映该时期曾发生水体突然加深的海侵作用。二段上部所含窄盐度生物属种增多，局部见苔藓虫和骨针化石，在景市 1 井、凉东 8 井、七里 45 井、卧 44 井、卧 66 井、天东 9 井等见珊瑚［图 2.3(j)］，显示水体进一步变深、循环变好的环境演化趋势，在七阳坝剖面黄龙组二段发育有珊瑚点礁，生物富集，生物扰动、钻孔和潜穴构造也很发育，显示海平面上升达

最高位置时海水循环良好、沉积速率相对较低的开阔陆棚环境。

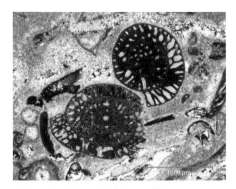

(a) 亮晶生物屑灰岩，保存完整的䗴、有孔虫、腹足和棘皮等，天东21井，块号1-78，C_2hl^2

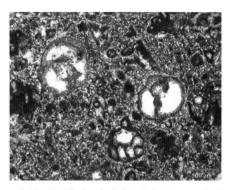

(b) 亮晶生物屑灰岩，保存完整的有孔虫，芭蕉1井，C_2hl^2，4649.00m

(c) 泥-细粉晶虫屑灰岩，海百合具共轴增生环边，卧44井，4624.54m，普通薄片(-)

(d) 亮晶腕足灰岩，七阳坝剖面，第9层，普通薄片(-)，照片对角线长4mm

(e) 微晶生物屑灰岩，腹足碎片，景市1井，4837.78m，C_2hl^2，铸体薄片(-)

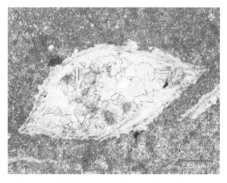

(f) 藻迹细-粉晶灰岩，双壳类，壳内充填细白云石，卧69井，4220.34m，普通薄片(-)

图 2.7　川东地区石炭系黄龙组古生物特征典型照片

2.1.3 测井相特征

1. 黄龙组各岩性段测井相特征

黄龙组岩性主要为白云岩、灰岩、含膏岩、砂岩、次生灰岩等，其不同类型的岩石测井变化特征见表 2.2。

依其石炭系沉积旋回特征、岩性组合，电性特征及储层发育情况，纵向上可划分为河洲组(C_1h)和黄龙组(C_2hl)，黄龙组可细分为 3 个岩性段，分别为 C_2hl^1、C_2hl^2、C_2hl^3，反映在岩性及电性上均表现出各自的特征及规律性。

表 2.2   川东地区石炭系地层主要岩性的测井特征

岩性	测井曲线				
	自然伽马（API）	密度（g/cm³）	声波时差（μs/ft①）	中子孔隙度（%）	视电阻率（Ω·m）
灰岩	低值	2.2～2.7	55～75	低值	中高值
次生灰岩	低-中值	约 2.5	50 以下	较低	高值
白云岩	低值	2.00～2.85	50～85	低值	中低值
含膏岩	最低	约 3.0	约 50	低值	比灰岩高
砂岩	低-中值	2.1～2.6	40～70	中等	低-中值

①1ft=0.3048m。

河洲组(C_1h)：灰色细粒石英砂岩、白云质细粒砂岩、粉砂岩和泥质粉砂岩。电性反映为自然伽马低-中值，视电阻率很小，一般在 1000Ω·m 以下，声波时差变化范围为 40～70μs/ft。

黄龙组一段(C_2hl^1)：原始沉积为薄层膏岩、含膏白云岩、膏质白云岩，常形成干裂(破碎)角砾，在古表生期间发生强烈去膏化、去云化作用而转变为粉-细晶次生灰岩。石膏自然伽马最低，视电阻率比灰岩高，密度约为 3.0g/cm³。

黄龙组二段(C_2hl^2)：为藻屑白云岩、砂屑白云岩、生物屑白云岩、泥-粉晶白云岩、白云质岩溶角砾岩等。白云质岩溶角砾岩中，各种溶蚀孔洞穴、溶缝极其发育，储渗性好，为石炭系主要储集层。储层段，视电阻率降低，一般为 100～1000Ω·m，双侧向差异值大，声波时差、中子孔隙度增大。非储层段致密白云岩视电阻率为中值，大约为 1000Ω·m，声波时差为 70μs/ft 左右。

黄龙组三段(C_2hl^3)：以沉积泥-微晶灰岩，微-粉晶白云岩为主，夹生物屑微晶灰岩或微-粉晶白云岩。电性反映为高视电阻率，在 1000Ω·m 以上，自然伽马为中值，一般小于 30API，声波时差、中子孔隙度为低值。白云岩段和含生物屑微晶灰岩段视电阻率明显降低。

2. 黄龙组储产层测井特征

根据对川东地区 100 多口井黄龙组测井曲线特征进行归纳并与储层物性进行对比分

析，黄龙组中几类储集岩电测曲线特征阐述如下。

(1)颗粒白云岩为石炭系的主要储集岩，其电测特征如下：低自然伽马值，一般低于 30API，密度呈相对低值，声波时差值较高，为 50～85μs/ft；双侧向视电阻率除呈相对低值外，正幅度差明显，说明为好的储层。

(2)晶粒白云岩也为石炭系主要的储集岩之一，其电测特征与颗粒白云岩相差较小，主要反映在双侧向视电阻率曲线上，一般视电阻率略偏高，而且负异常或正异常幅度差也较小。

(3)微晶炭岩或生物屑灰岩为非储层岩石，其电测特征如下：自然伽马值略偏高，密度值一般大于 $2.5g/cm^3$，声波时差呈低值，而视电阻率呈高值，一般大于 $1000\Omega\cdot m$，中子孔隙度一般小于 4%。

(4)风化角砾岩主要指黄龙组顶部因表生期风化作用形成的角砾岩，由于含有较多岩溶期带入的泥质物，其自然伽马呈高值，大于 50API；密度值在 $2.6g/cm^3$ 左右；声波时差呈低值，波动大，是风化裂隙造成的；双侧向视电阻率呈中高值，且呈负幅度差。

(5)次生灰岩主要由去膏化、去云化作用形成，也为非储集岩，其主要分布于黄龙组底部或石膏层上部(内部夹层)。电测特征为自然伽马低-中值，密度值在 $2.5g/cm^3$ 左右，视电阻率为中高值，一般在 $1000\Omega\cdot m$ 以上。

(6)石炭系地层黄龙组一段为典型的塞卜哈沉积，常出现石膏层。其电测特征为：自然伽马呈低值，一般小于 15API，密度出现高异常，中子孔隙度呈极低值。

3. 测井沉积微相特征

由于本区自然伽马(GR)测井曲线比较齐全，通过与多口钻井取心井段地质解释的对比标定，自然伽马曲线形态变化特征与沉积微相能较好地对应起来，因而，可以利用自然伽马测井曲线的幅度、形态、顶底接触关系、光滑度，以及曲线形态的组合特征，并结合岩性解释剖面，录井综合图的分析，划分出不同沉积微相类型，建立石炭系测井相识别模式(图 2.8)。根据此测井相模式，可以对未取心井，或未对岩心进行沉积微相划分的井，作出单井沉积微相识别与划分。在石炭系识别出以下 4 种测井相模式，其中箱型为最有利于储层发育的测井相模式。

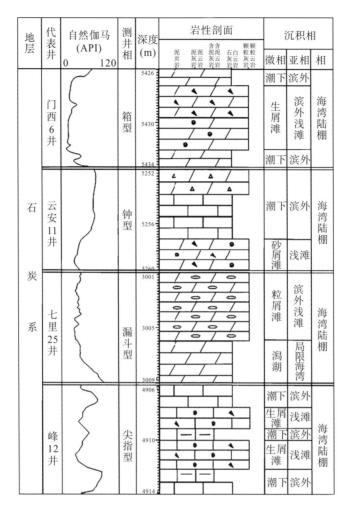

图 2.8 川东地区石炭系测井相模式图

2.2 沉积相划分

沉积相研究是石油地质分析的重要内容之一，其主要目的是预测油气生、储、盖的分布规律，为油气勘探及开发提供服务。此外，沉积相研究还是成岩作用和储层分析的基础。一般来说，不同沉积相带中所形成的产物在结构组分特征等方面有着明显的差异，这些差异又决定了后期成岩作用和储层的形成与演化，因此，沉积相研究是石油地质研究的基础与关键。结合川东地区石炭系地层的岩石学特征、古生物特征及岩心观察所取得的资料，进行沉积相划分，将下石炭统河洲组划分为滨岸相，上石炭统黄龙组根据沉积环境的局限程度划分为塞卜哈、有障壁海岸、海湾陆棚和仅限于细沙坝和长梁剖面一线及以东区域的碳酸盐岩陆棚等沉积相带。石炭系沉积相划分和基本特征见表 2.3。

表 2.3　川东地区石炭系沉积相划分类型及岩性特征

组(段)	沉积相	亚相	微相	岩性特征
黄龙组三段	开阔陆棚	深水陆棚	深水陆棚泥	瘤状灰岩，微晶灰岩
		浅水陆棚	潮下静水泥、珊瑚点礁、粒屑滩	含生物碎屑(大)瘤状灰岩，生物屑灰岩，砂屑灰岩，珊瑚礁灰岩，粉晶灰岩
	海湾陆棚	滨外浅滩	粒屑滩	含生物屑、砂砾屑灰岩，残余砂屑灰岩，藻砂屑灰岩
		开阔海湾	潮下静水泥	微-粉晶灰岩、白云岩，部分岩溶角砾化，生物屑泥-微晶灰岩
黄龙组二段	有障壁海岸	潮坪	藻坪、砂坪、云坪	溶孔状藻屑、藻迹白云岩，藻砂屑泥-粉晶白云岩，泥-粉晶白云岩
		潟湖	半局限潟湖	微-粉晶白云岩
		障壁滩	云质浅滩	微-粉晶白云质岩溶角砾岩，藻砂屑泥-粉晶白云岩，溶孔白云岩，亮晶生物屑白云岩
			生屑滩	泥晶藻屑白云岩，虫屑白云岩，溶孔生屑白云岩
	海湾陆棚	半局限海湾	潮下静水泥	泥-粉晶白云质岩溶角砾岩，泥-粉晶白云岩
		滨外浅滩	云质浅滩、生屑滩	砂砾屑白云岩，生物屑白云岩，藻砂屑白云岩，藻迹粉晶白云岩，泥晶虫屑白云岩
		局限海湾	潟湖	泥-粉晶白云岩，泥-粉晶含灰白云岩，细粉晶白云岩，泥晶白云岩
黄龙组一段	塞卜哈	蒸发潮坪	膏云坪、砂坪	次生晶粒灰岩和石盐假晶次生灰质云泥岩，粉晶砂屑白云岩
		蒸发潟湖	膏盐湖	石膏岩
	海湾陆棚	局限海湾	咸化潟湖	微-粉晶厚层白云岩(仅限于细沙坝、七阳坝剖面)
河洲组	无障壁海岸	潮坪	云砂坪、泥坪	石英粉砂岩，细粒石英砂岩，含云质粉砂岩，粉砂质泥岩，泥岩

2.3　沉积相特征

　　川东地区上石炭统河洲组(C_1h)主体为陆源碎屑沉积物超覆于中志留统韩家店组(局部为上泥盆统写经寺组/黄家磴组)之上的一套滨岸相沉积体系，主要在古地理低洼部位保存沉积，由潮坪亚相和泥坪、云砂坪等微相组成；晚石炭世黄龙期沉积相演化大致可以分为 3 个阶段：①早期(C_2hl^1)主要为以沉积石膏、膏质白云岩为主的一套典型的塞卜哈沉积和微-粉晶厚层白云岩为主的咸化潟湖沉积，除在近不整合面上底部局部出现腕足等化石外，一般不含生物；②中期(C_2hl^2)海侵扩大，区域沉积各类白云岩，开始出现较明显的沉积相分异，特别是中央古隆起区域相带分异明显，如在古隆起边缘之间为泥-微晶白云岩沉积区，隆起上则以沉积互层组合的泥-微晶白云岩和藻白云岩为主，并普遍出现膏盐质云岩夹层，垂向上，具有典型的局限海-开阔海沉积序列；③晚期(C_2hl^3)海域范围进一步扩大，整个陆棚海湾进入正常浅海沉积环境，以正常浪基面之下的微晶灰岩和浪基面之上的颗粒灰岩所组成的海侵-海退沉积旋回为主，富含各种底栖和浮游的窄盐度生物，显示典型的开阔海碳酸盐岩沉积特征。需要指出的是，工区东部细沙坝-七阳坝剖面一线已紧邻鄂西海槽，为一较深水海域，因而其沉积相划分不宜再用海湾陆棚相来定名，本书将该相命名为深水陆棚，具有沟通川东—渝北海湾陆棚与东部鄂西海槽的通道性质。

2.3.1 无障壁海岸相

滨岸沉积分为有障壁海岸和无障壁海岸，川东地区下石炭统河洲组主要发育无障壁海岸沉积，为一套陆源碎屑或陆源碎屑与碳酸盐混合沉积，进一步细分为潮坪亚相和砂坪、云砂坪微相，岩性以白云质细粒石英砂岩或与细粒石英砂岩互层为主要特征(图2.9)。

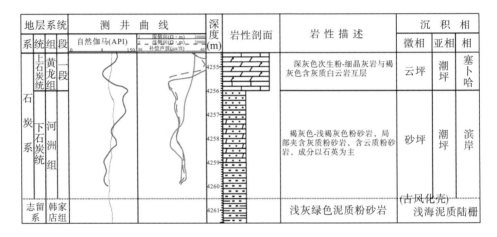

图 2.9　马槽1-1井河洲组无障壁海岸相剖面结构图

2.3.2 有障壁海岸相

有障壁海岸主要发育于黄龙组二段(C_2hl^2)海侵体系域，平面上有环绕沉积高地或近古陆边缘发育的特点；剖面上往往由韵律交替的障壁滩、潟湖和潮坪等沉积亚相和微相组成具有向上变浅的海侵-海退韵律旋回结构(图2.10)。

1. 障壁滩亚相

剖面上障壁滩位于有障壁海岸相的下部，平面上处于沉积高地外侧或近古陆边缘，处于海湾陆棚的低潮线与浪基面之间。由于该带能量较高，波浪和潮汐的颠选作用强烈，水体循环良好，因此以沉积富含各种生物骨粒或碎屑、内碎屑、鲕粒等颗粒组分为主，生物骨粒或碎屑为典型的窄盐度组合。障壁滩由于堆积速度快，常形成露出水面的正地形，剖面上往往由颗粒浅滩、潮道和潮坪等组成向上变细、变浅的序列。其中，颗粒浅滩为障壁滩的主体，岩性主要为各种颗粒灰岩或颗粒白云岩、晶粒白云岩，自下而上颗粒组分含量及种类增多变粗，显示能量向上增高，颗粒组分主要为砂屑、藻屑和藻团块，有时含有较多有孔虫、腹足等生物碎屑。

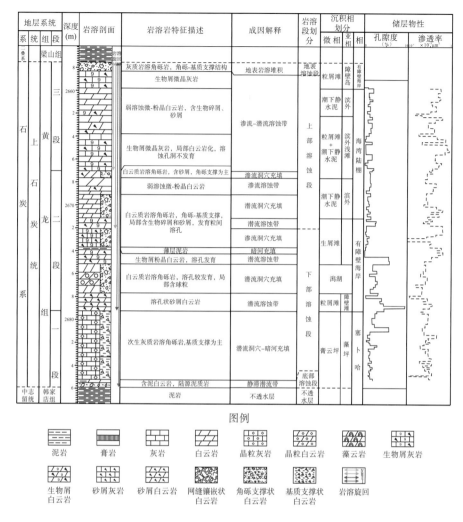

图 2.10　月 1 井石炭系黄龙组有障壁海岸相剖面结构图

2. 潟湖亚相

潟湖亚相位于障壁滩后受保护的潮下低能带，按水体循环状况可分为半咸化潟湖和咸化潟湖两类。其中，前者以沉积少量生物屑和泥、粉砂质泥-微晶云岩为主，次为颗粒微晶云岩、粉晶云岩等，颗粒组分以球粒和粉屑为主，生物稀少；后者以沉积暗色泥-微晶云岩和泥云岩为主，生物极少。

3. 潮坪亚相

潮坪亚相位于毗邻潟湖的沉积高地或古陆边缘，以及背迎陆棚的障壁滩后缘，以沉积分别代表砂坪、砂泥坪和藻坪微相的微-亮晶颗粒云岩、泥-微晶云岩及粉晶云岩为主，局部夹砂砾屑云岩，和显示间歇暴露干化作用的干裂角砾状云岩。底冲刷、干裂构造非常发育，特别是由潮汐控制的沉积作用分带性更加清楚和完整，且上部更为频繁地夹有膏（盐）假晶云岩和破碎角砾状云岩，显示受障壁滩保护的沉积高地周缘或古陆边缘的潮坪具有更为宽阔和平坦的沉积地貌，以及水循环受限、盐度变异和暴露指数偏高的环境特征。

2.3.3　塞卜哈相

塞卜哈是指被盐浸透的盐沼地，主要发育于气候炎热干旱和纯蒸发量很高的潮坪环境，具有海岸地势平坦、地下水面很浅等特点。研究区主要发育于黄龙组一段(C_2hl^1)，由潮上膏盐湖、蒸发潮坪等亚环境组成(图2.11)。由于黄龙组早期海侵规模比较小，仅限于相对低洼且间歇有海水侵入的局限区域。研究区东部由于毗邻广海，大部分地区处在鄂西海槽海水进入川东—渝北海湾的通道内，古地貌相对低洼，因此，研究区东部较西部黄龙组一段塞卜哈沉积环境更为发育。该沉积体系岩性主要为粉-细晶次生灰岩、次生灰质岩溶角砾岩、含膏含云次生灰岩等。通过薄片观察，可从次生方解石中识别出原始白云石结构，可见其原岩为白云岩，在古表生期大气水作用下发生去云化，即方解石化和岩溶角砾化，次生方解石不仅透明度好、晶形好，而且于岩溶角砾内及角砾间皆有分布。

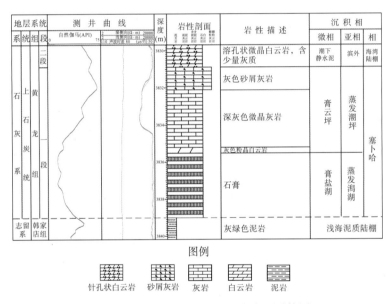

图2.11　雷11井黄龙组塞卜哈相剖面结构图

1. 蒸发潟湖亚相

蒸发潟湖亚相中膏盐湖微相沉积环境为一常年被水淹没，海水补给量和蒸发量大致保持均衡，水体中 $CaSO_4$ 始终处于过饱和状态的超盐度潟湖环境，以沉积具晶粒状结构的块状硬石膏为主，普遍含有稀疏的泥云岩纹层或薄的夹层，为膏盐湖受间歇注入海水稀释超盐度海水后的短暂沉积作用产物。较纯硬石膏岩沉积厚度与黄龙组一段厚度呈正相关关系，且通常出现在黄龙组一段地层厚度大于10m的地区，如天东9井、天东28井、天东20井、七里2井、七里3井、七里17井、天东30井、亭1井等，可以看出膏盐湖微相沉积主要发生在相对低洼的基底地形中。

2. 蒸发潮坪亚相

蒸发潮坪亚相位于盆地沉积高地的腹地或古陆边缘，为一强烈蒸发或盐化的，持续干化暴露的沉积环境，按岩性组合特征划分，腹地以沉积含膏盐斑晶或假晶的泥-微晶云岩和含泥粉砂质云岩为主，水平纹层、膏盐假晶和干裂构造极为发育，代表相对上突和平坦的微地貌；古陆边缘以沉积富含膏质或盐岩纹层或薄夹层的泥-微晶云岩为主，次为泥质云岩或泥云岩，底部具不明显的冲刷面或砾屑层，代表相对低平积水洼地微环境。需要指出的是，上述组成蒸发潮坪的膏质云岩或云质硬石膏岩在云南运动后发生的古岩溶作用中有强烈去膏化和去云化作用，大部分被次生晶粒灰岩或次生灰质岩溶角砾岩取代，次生灰岩中所保存的蒸发残余结构或构造，如残余石膏或盐岩微晶结构、残余结核状、肠状构造，为识别其原岩为蒸发岩的标志。

2.3.4　海湾陆棚相

海湾陆棚即浅海陆棚沉积体系，考虑到研究区古地理背景仍为一相对局限的海湾，又可称之为海湾陆棚沉积体系，由局限和开阔海湾、滨外浅滩等亚相组成。

1. 局限海湾陆棚亚相

局限海湾系指地理上或水动力上受到限制的一种潮下浅水低能碳酸盐沉积环境，主要发育于黄龙组二段底部，黄龙组一段仅在七阳坝、细沙坝野外剖面发育。川东地区主要为潟湖微相，发育于障壁岛后受保护的潮下低能带，以微晶白云岩和少量生物碎屑、颗粒白云岩为特征(图 2.12)。七阳坝、细沙坝剖面为咸化潟湖微相。

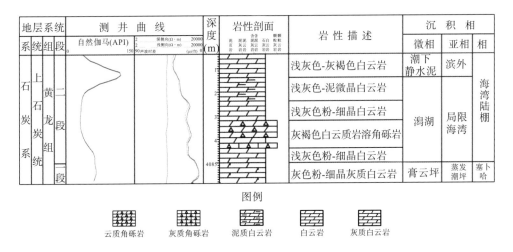

图 2.12　铁山 6 井石炭系黄龙组局限海湾陆棚亚相剖面结构图

2. 开阔海湾陆棚亚相

开阔海湾为远离沉积高地或古陆的正常浅海区域，是黄龙组三段高水位早期的主要沉积相类型。在开阔海湾中，浪基面以下为潮下静水沉积区-潮下静水泥微相(图 2.13)，主要发育微晶灰岩、(含)颗粒微晶灰岩，颗粒组分以球粒和少量生物碎屑为主。

3. 滨外浅滩亚相

滨外浅滩亚相系指浪基面之上为有波浪和潮汐作用的浅滩沉积，可细分为粒屑滩和滩间两个微相，分布于开阔海湾陆棚中。粒屑滩微相受原始基底或沉积高地控制的正地形微地貌影响，岩性以微-亮晶颗粒灰岩或白云岩为主，颗粒以窄盐度组合生物屑为主，如蜓、海百合、腕足、苔藓虫、海绵等，偶含鲕粒和砂、砾屑，藻团粒。粒屑滩之间为滩间沉积，往往由含生物屑微-粉晶灰岩或白云岩组成(图 2.13)。

2.3.5 开阔陆棚相

开阔陆棚沉积体系指相对于川东地区海湾陆棚水体更深和更开阔的、与鄂西海槽相通的广海水域，发育于巫峡—长梁子—茶山一带，可划分为浅水陆棚和深水陆棚亚相，在黄龙组二段与三段中发育。

1. 浅水陆棚亚相

进一步划分为点礁、粒屑滩和潮下静水泥 3 个微相。点礁微相仅见于七阳坝剖面(图2.14)，主要为珊瑚礁灰岩，造礁生物为以星珊瑚、刺毛珊瑚为主的群体珊瑚，附礁生物见四射珊瑚、海百合、腕足、苔藓虫和腹足类等；粒屑滩微相在细沙坝、长梁子和七阳坝剖面均有发育，岩性为生物屑灰岩和砂屑白云岩；潮下静水泥微相以微晶灰岩为主，其次为块状微-粉晶白云岩。

2. 深水陆棚亚相

细分为深水陆棚泥微相(图 2.14)，岩性以大个体或小个体的瘤状灰岩为主，在七阳坝和长梁子剖面均有发育，在七阳坝剖面中还发育有反映深水环境低沉积速率特征的硬底构造。

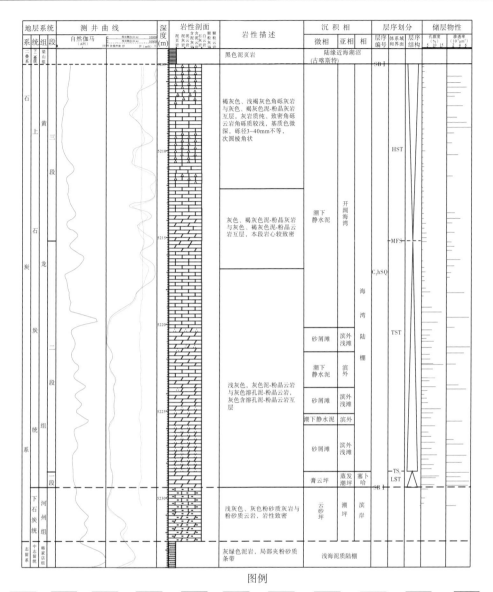

图例

页岩　灰岩　白云岩　白云质灰岩　泥质灰岩　泥灰岩　藻迹灰岩　生物屑灰岩　球粒灰岩　次生灰岩　针孔状白云岩

图 2.13 黄龙 5 井石炭系黄龙组开阔海湾陆棚和滨外浅滩亚相剖面结构图

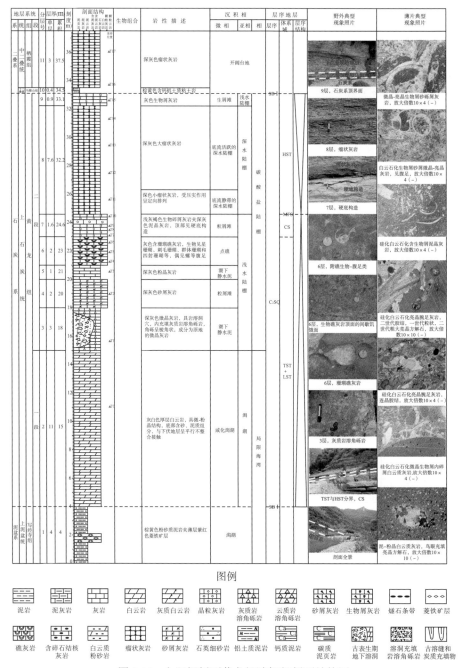

图 2.14　七阳坝剖面黄龙组陆棚相剖面结构图

2.4 沉积相剖面特征

2.4.1 标准剖面和典型井沉积相特征

本书研究观察描述了工区内黄龙场 11 条野外剖面和多口钻井，编制了剖面沉积相分析图，现从中选取最具有代表性的仙鹤洞剖面、狗子水村剖面和黄龙 5 井进行沉积相分析。

1. 华蓥山仙鹤洞石炭系剖面沉积相分析

该剖面位于四川省广安市华蓥山仙鹤洞，剖面起点坐标 GPS：N30°11′4.95″、E106°44′26.05″，终点坐标 GPS：N30°11′4″、E106°44′28″。

该剖面出露好，石炭系仅发育上石炭统黄龙组二段，底界清晰，顶界略有覆盖，但可识别，底界与志留系韩家店组、顶部与下二叠统梁山组均呈不整合接触。

剖面总体上主要为海湾陆棚沉积环境，纵向上表现为半局限海湾-潮下静水泥微相和滨外浅滩-粒屑滩微相交替发育(图 2.15)，上部见滨外浅滩-滩间沉积，岩性主要为灰色、灰-深灰色厚层块状晶粒白云岩、颗粒白云岩和云质岩溶角砾岩交替发育，见水平层理，局部裂缝和粒内溶孔、粒间溶孔发育，被方解石和沥青充填。

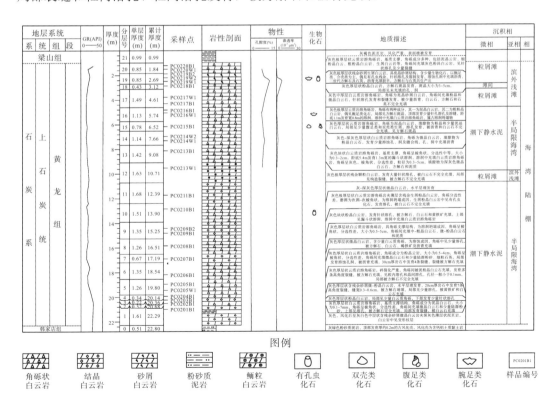

图 2.15 仙鹤洞剖面黄龙组沉积相剖面结构图

2. 丰都狗子水村石炭系剖面沉积相分析

该剖面位于重庆市丰都县狗子水村，剖面起点坐标 GPS：N29°39′46.45″、E107°54′01.792″，终点坐标 GPS：N 29°48′39.4″、E107°54′2.639″。

该剖面出露好，发育上石炭统黄龙组一段和二段，见 *Idiognathodus delicatus* 娇柔异颚牙形石、*Idiognathoides sinuatus* 弯曲拟异颚牙形石、*Idiognathoides sulcatus* 畦状拟异颚牙形石、*Streptognathodus* cf. *parvua* 微小曲颚牙形石相似种、*Paragnathodus* sp.拟颚齿牙形石未定种、*Ozarkodina* sp.奥扎克牙形石未定种等，底界清晰，顶界略有覆盖，但可识别，底界与志留系韩家店组、顶部与下二叠统梁山组均呈不整合接触。

剖面总体为开阔海湾陆棚沉积环境，识别出粒屑滩微相和静水泥微相(图2.16)。纵向上黄龙组下部主要为能量较低的半局限海湾-潮下静水泥沉积，岩性主要为晶粒灰岩和灰质岩溶角砾岩，向上逐渐过渡为能量较高的滨外浅滩-砂屑滩、生屑滩沉积，岩性以亮晶生屑灰岩、砂屑灰岩、生屑砂屑灰岩和砂屑生屑灰岩为主，局部夹灰质岩溶角砾岩，裂缝和粒内溶孔、粒间溶孔发育，被方解石和沥青充填。

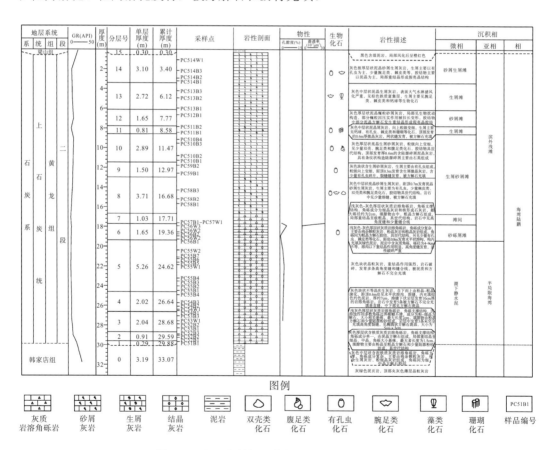

图2.16 狗子水村剖面黄龙组沉积相剖面结构图

3. 黄龙 5 井

黄龙 5 井位于川东北黄龙场地区，石炭系主要为滨岸、塞卜哈、海湾陆棚沉积环境。下石炭统河洲组与下伏中志留统韩家店组呈不整合接触，上石炭统黄龙组与上覆下二叠统梁山组呈不整合接触，河洲组与黄龙组连续沉积(图 2.17)。韩家店组岩性为灰绿色泥岩，局部夹粉砂岩，梁山组为一套陆源近海湖沼沉积环境，岩性主要为黑色泥页岩。石炭系具体特征如下。

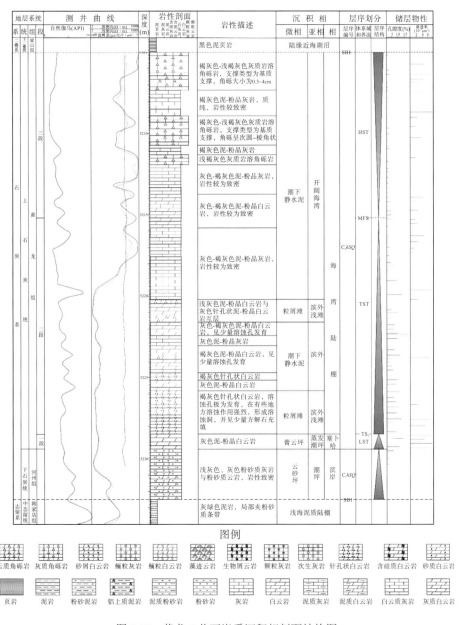

图 2.17　黄龙 5 井石炭系沉积相剖面结构图

下石炭统河洲组沉积时期，海平面较低，且有陆源碎屑供给，主要为滨岸沉积环境，发育潮坪亚相和云砂坪微相，岩性较致密，主要为浅灰色、灰色粉砂质灰岩和粉砂质云岩。黄龙组一段沉积时期海平面依旧较低，且处于闭塞环境，但是缺乏陆源碎屑，主要为塞卜哈-蒸发潮坪-膏云坪沉积，岩性主要为灰色含膏质白云岩；黄龙组二段沉积时期，随着海平面不断上升，沉积环境由一段塞卜哈演变为海湾陆棚，纵向上主要为滨外浅滩-粒屑滩和滨外-潮下静水泥交替发育，后期演变为开阔海湾-潮下静水泥沉积，岩性由褐灰色针孔状白云岩、泥-粉晶白云岩和泥-粉晶灰岩组成。黄龙组三段沉积时期，海平面下降，但此时期海平面整体较高，沉积环境继承了黄龙组二段后期开阔海湾-潮下静水泥沉积，岩性主要由致密的褐灰色-浅灰褐色泥-粉晶灰岩、泥-粉晶白云岩和灰质岩溶角砾岩组成。

2.4.2　连井剖面沉积相对比特征

以单井沉积相为基础，在工区内选择资料相对齐全并能控制整个研究区纵横向变化特征的单井编制沉积相对比剖面，对各井的沉积旋回从岩性、电性和沉积微相等特征进行详细对比分析。本书研究以川东地区石炭系黄龙组各井的沉积相进行对比，建立了6条横向连井对比剖面和5条纵向连井对比剖面(图2.18)，分析各对比剖面中滩体的展布规律。

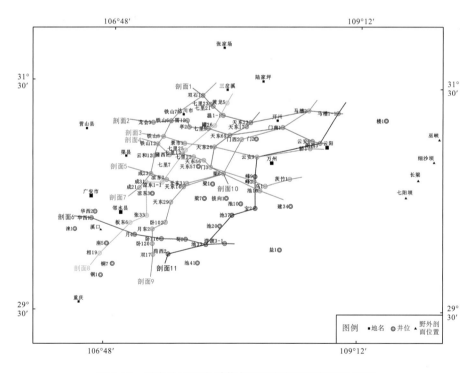

图2.18　川东地区石炭系黄龙组沉积相对比剖面位置图

1. 剖面 1: 双石 1 井—七里 23 井—七里 21 井—温泉 1-1 井—天东 23 井—马槽 2 井—马槽 1-1 井沉积相对比剖面

该对比剖面穿越双石庙、七里峡、温泉井、大天池、马槽坝构造带，呈近 EW 方向展布(图 2.19)，纵向上黄龙组一段为塞卜哈沉积，黄龙组二段和三段为海湾陆棚沉积。黄龙组二段沉积亚相以滨外、滨外浅滩和局限海湾为主，黄龙组三段沉积亚相为开阔海湾。黄龙组一段塞卜哈沉积环境除双石庙构造带和七里峡构造带部分区域外均有发育。黄龙组二段局限海湾亚相在大天池构造带、马槽坝构造带和七里峡构造带部分区域都有发育，滨外亚相在整条剖面均发育，滨外浅滩亚相在七里峡、大天池、马槽坝构造带发育，并且这些构造带的浅滩均为孤立的滩，浅滩之间为滨外间隔。黄龙组三段开阔海湾亚相除双石庙、大天池、马槽坝构造带部分区域外均有发育，而且七里峡和马槽坝构造带最为发育。

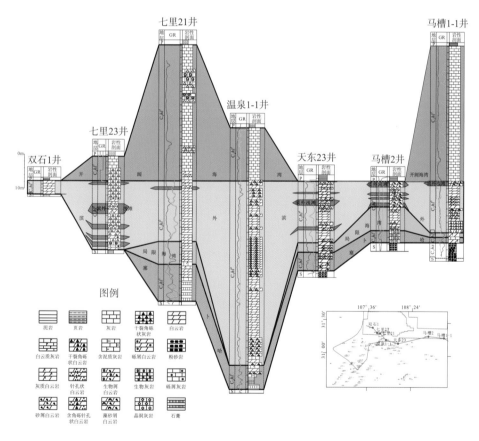

图 2.19　双石 1 井—七里 23 井—七里 21 井—温泉 1-1 井—
天东 23 井—马槽 2 井—马槽 1-1 井沉积相对比剖面

2. 剖面 2: 龙会 3 井—铁山 6 井—雷 12 井—亭 2 井—七里 5 井—天东 69 井—门南 1 井—云安 6 井—硐西 3 井沉积相对比剖面

该对比剖面穿越龙会场、铁山坡、雷音铺、亭子铺、七里峡、大天池、门南场、云安场和硐村西构造带，呈近 EW 方向展布（图 2.20），纵向上黄龙组一段为塞卜哈沉积，黄龙组二段和三段为海湾陆棚沉积。黄龙组二段沉积亚相以滨外、滨外浅滩和局限海湾为主，黄龙组三段沉积亚相以开阔海湾为主。黄龙组一段塞卜哈沉积在铁山坡、雷音铺、亭子铺、七里峡、大天池、门南场、云安场和硐村西构造带均发育，龙会场构造带不发育。黄龙组二段局限海湾亚相只在铁山坡和大天池构造带发育，滨外亚相在整条剖面均发育，滨外浅滩亚相在龙会场、雷音铺、亭子铺、七里峡、大天池、门南场、云安场和硐村西构造带均有发育，特别是在龙会场、雷音铺、亭子铺、大天池、门南场和硐村西构造带最为发育，在七里峡和云安场构造带零星发育，铁山坡构造带不发育，并且这些构造带的浅滩除雷音铺与亭子铺、大天池与门南场构造带外均为孤立的滩，浅滩之间为滨外间隔。黄龙组三段开阔海湾亚相除龙会场和门南场构造带外均发育，而且七里峡和铁山坡构造带最为发育，在七里峡构造带中滨外浅滩零星发育。

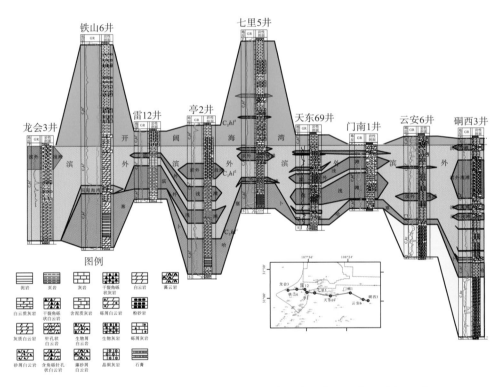

图 2.20　龙会 3 井—铁山 6 井—雷 12 井—亭 2 井—七里 5 井—天东 69 井—
门南 1 井—云安 6 井—硐西 3 井沉积相对比剖面图

3. 剖面 3：铁山 8 井—景市 1 井—天东 20 井—云安 9 井—轿 1 井沉积相对比剖面

该对比剖面穿越铁山坡、景市庙、大天池、云安场和轿顶山构造带，呈近 EW 方向展布（图 2.21），纵向上黄龙组一段为塞卜合沉积，黄龙组二段和三段为海湾陆棚沉积。黄龙组二段沉积亚相以滨外、滨外浅滩和局限海湾为主，黄龙组三段沉积亚相以开阔海湾为主。黄龙组一段塞卜哈沉积在整条剖面均发育，在景市庙、大天池和云安场构造带最发育。黄龙组二段局限海湾亚相除云安场构造外均有发育，滨外亚相在整条剖面均发育，滨外浅滩亚相在大天池和云安场构造带最发育，铁山坡、景市庙和轿顶山构造带零星发育，并且这些构造带的浅滩均为孤立的滩，浅滩之间为滨外间隔。黄龙组三段开阔海湾亚相除云安场和轿顶山构造带外均有发育，在景市庙构造带发育少量的生屑滩。

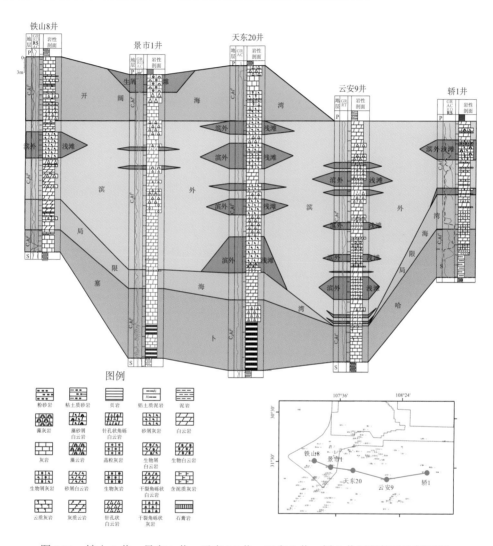

图 2.21　铁山 8 井—景市 1 井—天东 20 井—云安 9 井—轿 1 井沉积相对比剖面图

4. 剖面 4：铁山 12 井—蒲西 1 井—七里 12 井—七里 22 井—天东 56 井—门 3 井—峰 2 井—乌 1 井—茨竹 1 井沉积相对比剖面

该对比剖面穿越铁山坡、蒲包山、七里峡、大天池、南门场、高峰场、乌龙池和方斗山构造带，呈近 EW 方向展布(图 2.22)，纵向上黄龙组一段为塞卜哈沉积，黄龙组二段和三段为海湾陆棚沉积。黄龙组二段沉积亚相以滨外、滨外浅滩和局限海湾为主，黄龙组三段沉积亚相以开阔海湾为主。黄龙组一段塞卜哈沉积在整个剖面均发育，大天池构造带发育较少。黄龙组二段局限海湾和滨外亚相在各构造带均有发育，滨外浅滩亚相在蒲包山和七里峡构造带最发育，铁山坡、南门场、高峰场、乌龙池和方斗山构造带零星发育，大天池构造带不发育，这些构造带的浅滩除铁山坡、蒲包山、七里峡构造带外均为孤立的滩，浅滩之间为滨外间隔。黄龙组三段开阔海湾亚相除南门场、高峰场和方斗山构造带外均发育，蒲包山和七里峡构造带最发育，在蒲包山构造带发育少量砂屑滩和鲕滩。

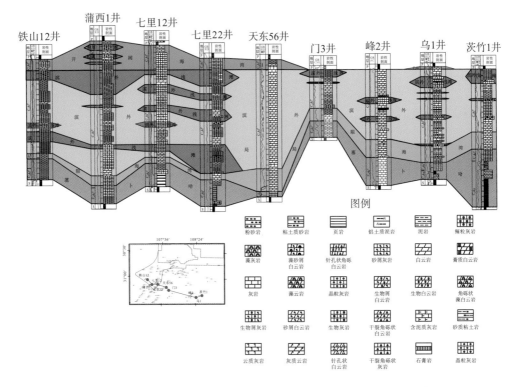

图 2.22　铁山 12 井—蒲西 1 井—七里 12 井—七里 22 井—天东 56 井—
门 3 井—峰 2 井—乌 1 井—茨竹 1 井沉积相对比剖面图

5. 剖面 5：成 23 井—凉东 2 井—天东 14 井—梁 6 井—池 16 井沉积相对比剖面

该对比剖面穿越福成寨、凉水东、大天池、大池干井构造带，呈近 EW 方向展布（图 2.23），纵向上黄龙组一段为塞卜哈沉积，黄龙组二段和三段为海湾陆棚沉积。黄龙组二段沉积亚相以滨外、滨外浅滩和局限海湾为主，黄龙组三段沉积亚相以开阔海湾为主。黄龙组一段塞卜哈沉积环境大都发育。黄龙组二段局限海湾和滨外亚相在各构造带均有发育，滨外浅滩亚相在凉水东和大天池构造带最发育，福成寨和大池干井构造带零星发育，这些构造带的浅滩除凉水东和大天池构造带外均为孤立的滩，浅滩之间为滨外间隔。黄龙组三段开阔海湾亚相只有福成寨和凉水东构造带发育，凉水东构造带最发育。

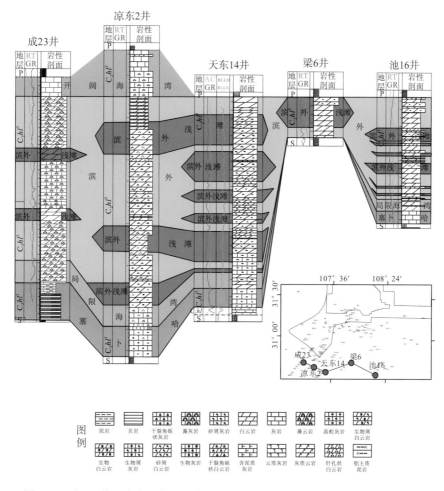

图 2.23　成 23 井—凉东 2 井—天东 14 井—梁 6 井—池 16 井沉积相对比剖面图

6. 剖面 6：华西 1 井—月 4 井—卧 116 井—苟 2 井—池 33 井—洋渡 3-1 井沉积相对比剖面

该对比剖面穿越华蓥西、明月峡、卧龙河、苟家场、大池干井和洋渡溪构造带，呈近 EW 方向展布 (图 2.24)，纵向上黄龙组一段为塞卜哈沉积，黄龙组二段和三段为海湾陆棚沉积。黄龙组二段沉积亚相以滨外、滨外浅滩和局限海湾为主，黄龙组三段沉积亚相以开阔海湾为主。黄龙组一段塞卜哈沉积在明月峡、卧龙河、大池干井和洋渡溪构造带发育，华蓥西、苟家场构造带不发育。黄龙组二段局限海湾亚相在明月峡、卧龙河和洋渡溪构造带发育，其余构造带不发育，滨外亚相在整条剖面均发育，滨外浅滩亚相在洋渡溪构造带最发育，在明月峡、苟家场、大池干井构造带较发育，在华蓥西、卧龙河构造带零星发育，并且这些构造带的浅滩均为孤立的滩，浅滩之间为滨外间隔。黄龙组三段开阔海湾亚相除苟家场构造带外均有发育，在大池干井和洋渡溪构造带发育少量滨外浅滩。

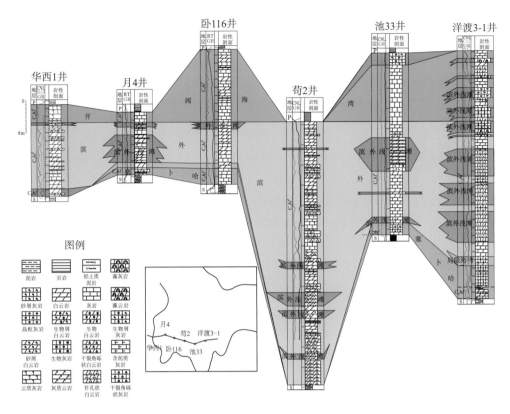

图2.24　华西1井—月4井—卧116井—苟2井—池33井—洋渡3-1井沉积相对比剖面图

7. 剖面7: 成21井—成23井—云和12井—铁山12井—铁山8井—铁山6井—铁山7井—双石1井沉积相对比剖面

该对比剖面穿越福成寨、云和寨、铁山坡和双石庙构造带，呈近 SN 方向展布（图2.25），纵向上黄龙组一段为塞卜哈沉积，黄龙组二段和三段为海湾陆棚沉积。黄龙组二段沉积亚相以滨外、滨外浅滩和局限海湾为主，黄龙组三段沉积亚相以开阔海湾为主。黄龙组一段塞卜哈沉积除双石庙构造带外均有发育，特别是在铁山坡构造带最为发育，黄龙组二段局限海湾亚相在福成寨、云和寨和铁山坡构造带部分区域发育，滨外浅滩亚相在福成寨构造带部分区域、云和寨、铁山坡构造带部分区域零星发育，在双石庙、福成寨构造带部分区域、铁山坡构造带部分区域不发育，这些构造带的浅滩除云和寨、铁山坡构造带部分区域外均为孤立的滩，彼此互不连通，浅滩之间为滨外间隔。黄龙组三段开阔海湾除云和寨构造带外均有发育，在铁山坡构造带部分区域发育少量砂屑滩、鲕滩和复合颗粒滩。

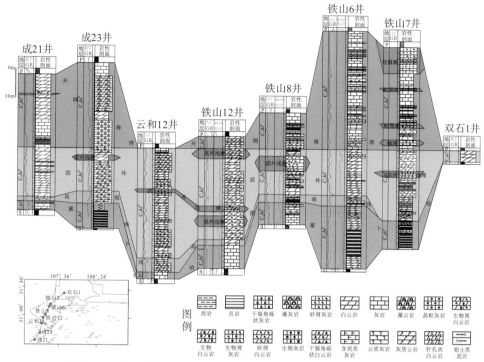

图 2.25　成 21 井—成 23 井—云和 12 井—铁山 12 井—铁山 8 井—
铁山 6 井—铁山 7 井—双石 1 井沉积相对比剖面图

8. 剖面 8：相 19 井—板东 6 井—张 33 井—成 31 井—凉东 1-1 井—七里 7 井—七里 25 井—罐 26 井—黄龙 5 井沉积相对比剖面

该对比剖面穿越相国寺、板桥、张家场、福成寨、凉水井、七里峡、沙罐坪和黄龙场构造带，呈近 SN 方向展布（图 2.26），纵向上黄龙组一段为塞卜哈沉积，黄龙组二段和三段为海湾陆棚沉积，其中黄龙组二段在凉水井构造带还发育有障壁海岸沉积。黄龙组二段沉积亚相以滨外、滨外浅滩和局限海湾为主，黄龙组三段沉积亚相为开阔海湾和滨外浅滩。

黄龙组一段塞卜哈沉积在整个剖面均有发育。黄龙组二段局限海湾亚相除凉水井、黄龙场构造带和七里峡构造带部分区域外均有发育，滨外亚相在整条剖面均发育，滨外浅滩亚相在该剖面均较发育，特别是在张家场、凉水井、七里峡构造带更为发育，凉水井构造带障壁滩、潮坪和潟湖发育，并且这些构造带的浅滩除七里峡构造带外均为孤立的滩，浅滩之间为滨外间隔。黄龙组三段开阔海湾亚相除板桥构造带外均有发育，而且凉水井和黄龙场构造带最为发育，在张家场、福成寨、凉水井和沙罐坪构造带发育少量滨外浅滩。

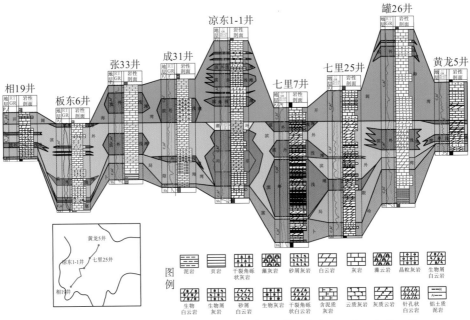

图 2.26　相 19 井—板东 6 井—张 33 井—成 31 井—凉东 1-1 井—七里 7 井—
七里 25 井—罐 26 井—黄龙 5 井沉积相对比剖面图

9. 剖面 9: 双 17 井—卧 102 井—月东 2 井—卧 120 井—天东 29 井—天东 31 井—梁 6 井—门西 2 井—门南 1 井—马槽 2 井沉积相对比剖面

该对比剖面穿越双龙、卧龙河、大天池、黄泥堂、南门场和马槽坝构造带, 呈 SN 方向展布 (图 2.27)。纵向上黄龙组一段为塞卜哈沉积, 黄龙组二段和三段为海湾陆棚沉积,

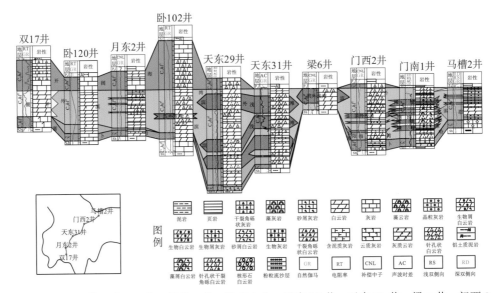

图 2.27　双 17 井—卧 102 井—月东 2 井—卧 120 井—天东 29 井—天东 31 井—梁 6 井—门西 2
井—门南 1 井—马槽 2 井沉积相对比剖面图

其中在双龙和南门场构造带黄龙组二段中还发育有障壁海岸沉积。黄龙组二段沉积亚相以滨外、滨外浅滩和局限海湾为主,局部发育潮坪、障壁滩和潟湖亚相,黄龙组三段沉积亚相以开阔海湾为主。黄龙组一段塞卜哈沉积除黄泥堂构造带外均有发育,黄龙组二段局限海湾亚相在大天池、卧龙河、南门场发育,滨外亚相除双龙构造带外均发育,滨外浅滩亚相在大天池、黄泥堂构造带发育,在南门场局部区域、卧龙河和马槽坝构造带零星发育,南门场构造带局部区域障壁滩发育,双龙、马槽坝和南门场局部区域发育潟湖、潮坪亚相。黄龙组三段开阔海湾亚相除大天池构造带局部区域、黄泥堂、南门场局部区域和马槽坝构造带外均有发育。

10. 剖面 10: 梁 6 井—门 3 井—天东 20 井—天东 69 井—天东 17 井—天东 23 井沉积相对比剖面

该对比剖面穿越大池干井、南门场和大天池构造带,呈近 SN 方向展布(图 2.28),纵向上黄龙组一段为塞卜哈沉积,黄龙组二段和三段为海湾陆棚沉积。黄龙组二段沉积亚相以滨外、滨外浅滩和局限海湾为主,黄龙组三段沉积亚相以开阔海湾为主。黄龙组一段塞卜哈沉积除大池干井构造带外均发育,大天池构造带发育最好。黄龙组二段局限海湾和滨外亚相在各构造带均有发育,滨外浅滩亚相在大天池构造带最发育,大池干井和南门场构造带零星发育,这些构造带的浅滩均为孤立的滩,浅滩之间为滨外间隔。黄龙组三段开阔海湾亚相只有大天池构造带部分发育。

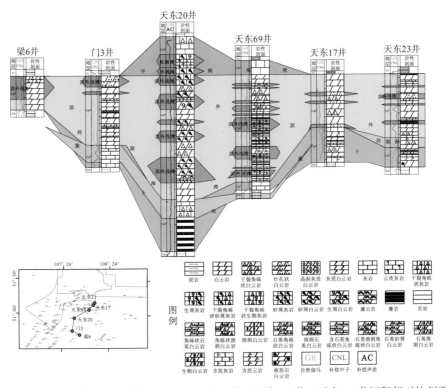

图 2.28　梁 6 井—门 3 井—天东 20 井—天东 69 井—天东 17 井—天东 23 井沉积相对比剖面图

11. 剖面 11：苟西 2 井—池 33 井—池 37 井—宝 2 井—峰 9 井—云安 9 井—硐西 3 井—马槽 1-1 井沉积相对比剖面

该对比剖面穿越苟家场、大池干井、石宝寨、高峰场、云安厂、硐村和马槽坝构造带，呈 SN 方向展布(图 2.29)。纵向上黄龙组一段为塞卜哈沉积，黄龙组二段和三段为海湾陆棚沉积。黄龙组二段沉积亚相以滨外、滨外浅滩和局限海湾为主，黄龙组三段沉积亚相以开阔海湾为主。黄龙组一段塞卜哈沉积除大池干井构造带部分区域外均有发育，黄龙组二段局限海湾亚相在苟家场、石宝寨、高峰场和硐村发育，滨外亚相除苟家场构造带外均发育，滨外浅滩亚相在苟家场、大池干井、云安厂和硐村构造带发育，在石宝寨和马槽坝构造带零星发育，高峰场构造带不发育。黄龙组三段开阔海湾亚相在苟家场、大池干井局部区域、硐村和马槽坝构造带均有发育。

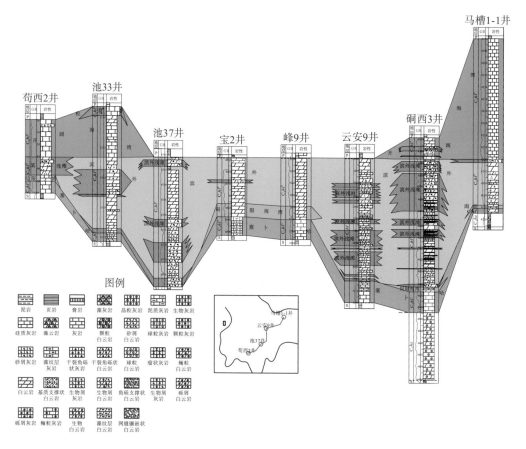

图 2.29　苟西 2 井—池 33 井—池 37 井—宝 2 井—峰 9 井—云安 9 井—
硐西 3 井—马槽 1-1 井沉积相对比剖面图

2.5　沉积相模式

有关川东地区石炭系沉积相特征前人已积累了大量资料，采用过多种沉积模式，主要有如下 5 种观点：①川东地区石炭系为潮坪相碳酸盐岩沉积环境，以潮间-潮上带沉积为主(陈宗清，1985)；②咸化潟湖-陆表海沉积环境(钱峥，1999)；③受障壁体系复杂化的海湾潮坪-开阔潮下沉积环境(李忠，2005)；④渝东石炭系发育蒸发台地相和局限台地相，其中主要以局限台地相沉积为主(李德江，2009)；⑤本书提出的是有障壁海岸-海湾陆棚沉积模式，其中黄龙组一段(C_2hl^1)为塞卜哈环境，黄龙组二段(C_2hl^2)为有障壁海岸-局限海湾陆棚环境，黄龙组三段(C_2hl^3)为开阔海湾陆棚环境。

在借鉴前人研究成果基础上，对川东地区石炭系普遍发育的层状碳酸盐质角砾岩成因进行了研究，认为其属于晚石炭世晚期的云南运动造成川东地区持续隆升而发生的古表生期岩溶作用形成的岩溶角砾岩，而并非早期研究中曾被确定为潮坪干化破碎成因，结合石炭系未见潮汐层理或双向交错层理等潮坪典型沉积构造等特征，对潮坪环境模式提出了质疑。通过 100 余口取心井岩心和 10 余条野外剖面的详细描述与单剖面沉积相特征和研究区所处的古地理背景，综合整个川东地区黄龙期沉积盆地由相对局限的海湾向正常开阔的浅海演化规律和潮汐作用模式，建立了适合川东地区石炭系的有障壁海岸-海湾陆棚沉积模式(图 2.30)，即黄龙组一段(C_2hl^1)为塞卜哈沉积；黄龙组二段(C_2hl^2)为有障壁海岸-海湾陆棚沉积；黄龙组三段(C_2hl^3)为开阔海湾陆棚沉积。

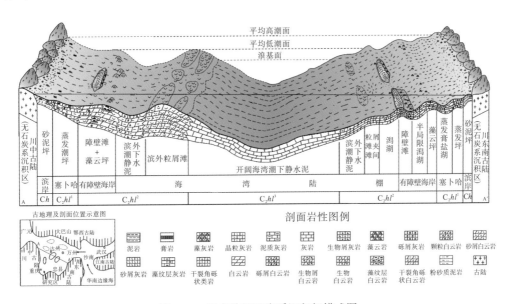

图 2.30　川东地区石炭系沉积相模式图

2.6　沉积相平面展布特征

2.6.1　黄龙组白云岩厚度分布特征

　　川东地区黄龙组白云石化作用较强，纵向上 3 个岩性段均有分布，但主要集中发育在黄龙组二段（C_2hl^2）。平面上，黄龙组白云岩厚度分布规律如同地层厚度分布规律一样（图 2.31），在川东地区西部白云岩厚度由中部向古陆边缘逐渐减薄，厚度变化范围一般为 5～40m，如天东 56 井—七里 8 井；七里 24 井—凉东 3 井一带可达 50m 以上；在研究区东部厚度普遍较薄，但较稳定，一般为 10～30m。关于川东地区黄龙组白云岩成因有较大的争议，包括塞卜哈环境的准同生泥-微晶白云岩、成岩期埋藏交代成因的粉-细晶颗粒白云岩和原始组构完全消失的晶粒白云岩，黄龙组二段白云岩主要为成岩期埋藏交代成因，白云石化过程中的减体积效应使大部分颗粒白云岩和晶粒白云岩具有较好的孔渗性，因此，白云岩厚度大的部位，都是有利储层发育部位。

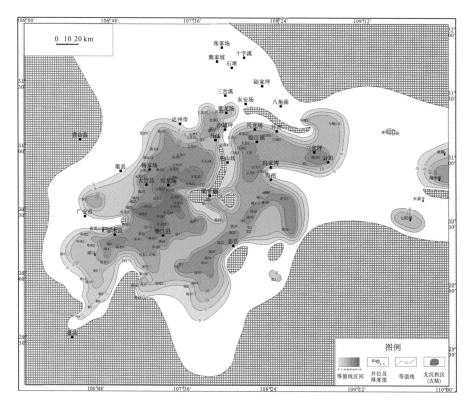

图 2.31　川东地区黄龙组白云岩厚度分布图

2.6.2 黄龙组沉积相平面展布特征

晚志留世川东地区受加里东运动影响隆升为陆，早古生代地层广泛暴露并遭受数十至近百个百万年的风化剥蚀作用，形成以中志留统泥质岩为沉积基底(川东东部地区为上泥盆统黄家磴组或写经寺组)，坡度相对较缓但高低变化频繁的低矮丘陵地貌景观。泥盆纪—石炭纪，华南大部因受古特提斯洋沿金沙江—哀牢山初始和洋盆及钦州—防城残余加里东海槽由西向东、自南而北的海侵影响，沦为广阔的华南边缘海，但泥盆纪海侵范围限于扬子板块周围的被动大陆边缘和云阳以东地区，包括川东在内的板块大部分地区仍为无沉积的古陆区。至早石炭世，以 NE 方向的云阳和 NW 方向的广元两地为自东向西和自西向东的两个海水入侵通道，来自古特提斯洋和华南边缘海的海水由北向南阶梯状向川东侵进和扩展海域，海水逐渐向板块内侵进，海水入侵范围早期仍限于云阳以东地区；晚石炭世，海水才开始大规模漫进川东地区并逐渐淹没该地区，形成北有大巴山古陆，西为乐山—龙女寺古陆(川中古陆)，南以利川—黔江半岛(川东南古陆)为华南边缘海西侵屏障的、具有海湾地貌特征的川东浅海陆棚，沉积盆地面积达 $3 \times 10^4 km^2$，同时发育了与海水入侵同方向的、向古陆超覆的上石炭统黄龙组蒸发岩和碳酸盐岩地层。该盆地构造上属于以稳定拗陷沉降运动为主的典型内克拉通盆地，海湾内的沉积作用和沉积相时空展布规律主要受加里东期—海西期继承性发展演化的基底构造控制，沉积基底由具有 NNE 向隆、拗相间的地形地貌控制。

晚石炭世末云南运动使川东地区再度隆升为陆，沉积物经短暂的浅埋藏成岩固结作用改造后，遭受了时限为 15～20Ma 的风化剥蚀作用，形成黄龙组顶部高低不平的古岩溶地貌景观和层内相应的溶蚀洞穴系统，以及充填洞穴的岩溶角砾岩系。在溶蚀作用强烈的部位不仅可造成黄龙组上部的 C_2hl^3 地层侵蚀缺失，局部可深切到 C_2hl^2 的中、下部，乃至整个黄龙组地层的侵蚀缺失。至早二叠世早期因受峨眉地裂运动影响，川东地区进入更为强烈的陆内断陷盆地构造运动阶段，接受早二叠世海侵沉积，形成下二叠统与上石炭统黄龙组之间的平行不整合界面。

综合石炭系黄龙组各段地层厚度分布特征、白云岩厚度分布特征，并结合黄龙组颗粒岩平面展布特征等各方面因素，编制了分别相当于黄龙组 3 个岩性段(C_2hl^1、C_2hl^2、C_2hl^3)的沉积相平面展布图。

1. 黄龙组一段(C_2hl^1)沉积相平面展布特征

黄龙组一段(C_2hl^1)沉积时期，整个工区古地形呈西高东低构造格局，受鄂西海由鄂西自东向西侵入影响，黄龙组一段为一套海侵初期的低水位体系域沉积相带。由于川东地区总体上为一相对局限的海湾环境，海水初始由东侵入区内相对低洼的区域，除川东地区北部大巴山古陆以及西部和南部的古陆外，在川东地区西部和南部靠近古陆边缘的华西 1 井—相 9 井—铜 8 井—月 1 井—草 18 井—池 37 井一带依然是黄龙组一段地层剥蚀缺失区。盆内大部分地区以发育向沉积高地和古陆上超的塞卜哈沉积体系为主(图 2.32)，沉积相展布有如下特点。

(1)石炭系大部分地区以发育蒸发潮坪为主。

(2)蒸发潮上带沿古隆起边界发育，在横向剖面上尖灭迅速。

(3)川东地区中部发育开江—梁平古隆起沉积缺失区，围绕古隆起发育蒸发潮上沉积。

(4)由于受到开江—梁平古隆起的控制作用，在川东地区西部，膏岩湖发育规模较大，可识别出七里6井—罐31井—七里2井—七里3井—七里8井—凉东2井—天东29井与板东1井—板2井—张22井—卧124井两个大型膏岩湖沉积区，和卧114井—双14井小型膏岩湖沉积区。

(5)川东地区东部七里6井—罐31井—七里2井—七里3井—七里8井—凉东2井—天东29井膏岩湖沉积区中还可识别出七里21井—天东20井—铁山6井、七里8井—天东55井、成23井3个膏岩湖深水区。

(6)在开江—梁平古隆起东部，发育门南1井、峰7井—寨沟1井—宝1井膏岩湖沉积区；已有钻孔资料和对整个四川盆地东部所做的详细研究成果分析表明，蒸发岩形成于海平面缓慢上升的初始海侵期，盆地内海水始终处于强烈蒸发的超盐度状态，致使在古陆或沉积高地(或孤岛)的边缘普遍出现潮下膏盐湖向云膏坪、膏云坪和潮上蒸发泥坪依次上超的沉积序列和剖面结构。至黄龙组一段沉积末期，沉积速率远高于盆地沉降或海平面上升速率所造成的反向快速堆积作用，是该时期沉积盆地被蒸发潮坪和潮上泥坪迅速充填补齐的主要因素，从而构成单一海侵-海退旋回的塞卜哈上超蒸发岩楔沉积古地理格局。

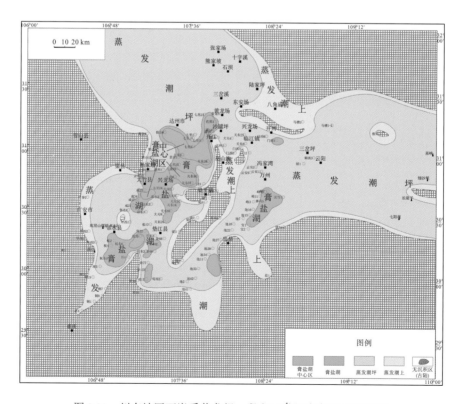

图 2.32   川东地区石炭系黄龙组一段(C_2hl^1)沉积相平面展布图

2. 黄龙组二段(C₂hl²) 沉积相平面展布特征

黄龙组二段(C_2hl^2)沉积时期为鄂西海海水广泛海侵时期,海水大面积向古陆退积,川东地区总体上处于淹没状态(图 2.33)。相对黄龙组一段沉积期,水体明显变深,区域上以沉积准同生和后生成因的泥-微晶云岩、颗粒云岩和晶粒云岩为主,并开始出现较明显的沉积相分异,如在古隆起边缘之间为泥-微晶云岩和泥云岩沉积区,发育有泥晶灰岩夹层,而隆起上则以沉积泥-微晶云岩、干裂角砾化云岩和藻云岩互层组合,并普遍出现膏盐质云岩夹层(或膏盐溶角砾岩、次生晶粒灰岩)。垂向上,大多数地区发育有 3 个从潮下开始(浅海陆棚、浅滩或潟湖),经潮间(潮道或潮坪)至潮上(蒸发泥坪或塞卜哈)结束的韵律性海侵-海退沉积旋回。每个旋回底部常出现分异度较高的窄盐度生物组合富集层,而中、上部生物稀少,具有典型的开阔-局限海沉积序列的白云岩建造特征。区域上沉积相展布有如下特点。

(1)北部大巴山古陆前缘由于处于构造高部位,水体浅,沉积厚度较薄,主要为潮坪沉积环境。

(2)由于海水从东部鄂西海槽以及西北部松潘海进入,在川东地区建 34 井—池 16 井—门 3 井—铁山 8 井以北发育滨外潮下静水泥。

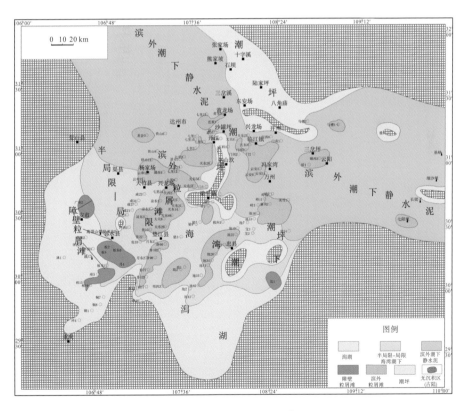

图 2.33　川东地区石炭系黄龙组二段(C_2hl^2)沉积相平面展布图

(3)34 井—池 16 井—门 3 井—铁山 8 井以南大部区域到古陆边缘前区域，主要发育半局限-局限海湾。

(4)川东地区西南部靠近古陆周围地区，主要发育潟湖。

(5)滨外粒屑滩相带呈朵状、不规则多边形状和椭球状分布在硐西 3 井—轿 1 井、天东 69—云安 9 井、黄龙 5—芭蕉 1 井、七里 12 井—天东 20 井、铁山 12 井—天东 57 井—天西 2 井—天东 31 井—天东 29 井—张 28 井、卧 66 井—双 20 井、池 30 井—池 62 井区域内。障壁粒屑滩和滨外粒屑滩岩性主要为褐灰色、浅灰色泥-粉晶白云质岩溶角砾岩，藻砂屑泥-粉晶白云岩，溶孔白云岩和亮晶生物屑白云岩。

3. 石炭系黄龙组三段(C_2hl^3)沉积相平面展布特征

黄龙组三段(C_2hl^3)沉积时期为高水位沉积体系域发育时期，海域范围进一步扩大和加深，整个川东地区海湾陆棚进入正常浅海沉积环境(图 2.34)，海湾内大部分地区以沉积正常浪基面之下的泥-微晶灰岩为主，富含各种浅水底栖和浮游的窄盐度生物化石，个体完整，显示典型开阔海潮下带碳酸盐沉积特征，相对隆起的沉积高地上，以发育颗粒灰岩组成的粒屑滩为主。垂向剖面上，由泥-微晶灰岩和颗粒灰岩组成韵律性海侵-海退沉积旋回。但在近古陆边缘地区，则仍出现较多由局限海滨岸相沉积的泥-微晶云岩与藻云岩和颗粒云岩互层组成的韵律旋回，局部出现蒸发岩夹层。该时期岩相古地理展布格局具有如下特点。

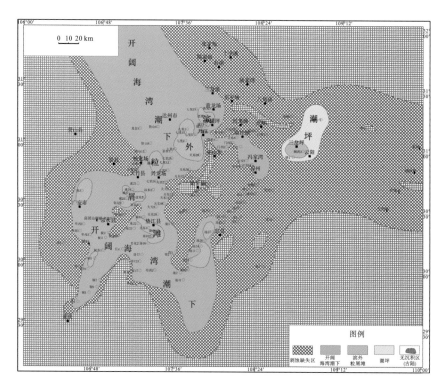

图 2.34　川东地区石炭系黄龙组三段(C_2hl^3)沉积相平面展布图

(1)受晚石炭世晚期构造隆升(或海平面大幅度下降)影响，黄龙组广泛出现大面积的剥蚀缺失区。例如，川东地区西部和南部于黄龙组二段海侵期时发育潮坪、潟湖沉积于该时期大部分被剥蚀而成为剥蚀缺失区，中东部于黄龙组二段广泛发育的开阔海湾潮下沉积区成为大面积连片分布剥蚀缺失区，处于构造高部位的门南 1 井—茨竹 1 井—宝 1 井一带仅黄龙组三段被剥蚀殆尽，而黄龙组二段地层有所保存。从总体上看，现今保存的黄龙组三段地层分布范围明显小于黄龙组二段分布范围。

(2)川东地区东部大面积区域以及古陆周围的区域完全被剥蚀。

(3)开阔海湾潮下相带在研究区西部延东西向，在七里 23 井—天西 2 井—天东 26 井—苟 2 井—池 41 井还保留有相当大的面积。

(4)滨外粒屑滩在研究区七里 21 井—罐 14 井、七里 1 井—天东 20 井、蒲西 1 井、成 27 井—凉东 5 井—邻北 3 井、广参 2 井、座 1 井—座 5 井、张 5 井—卧 75 井—卧 49 井、池 34 井—池 33 井、池 27 井—池 47 井、硐西 3 井地区零星分布。

(5)川东地区东部马槽 1-1 井—轿 1 井区，还保留有残留的潮坪沉积。

第3章　古岩溶相特征

3.1　岩溶作用类型

喀斯特作用一词于 1884 年由美国地貌学家戴维斯提出,指水与重力对以碳酸盐岩为主的可溶岩溶蚀与侵蚀作用、搬运与沉积作用之总体。1966 年,在我国第二次喀斯特会议上将喀斯特(Karst)更名为岩溶,将喀斯特作用(Karstification)更名为岩溶作用。岩溶作用是溶解作用的一种特殊类型,指不饱和富有溶蚀性和流动性的水对已固结成岩的碳酸盐岩等可溶岩产生的溶解作用。古岩溶作用是油气储层的重要形成机制之一(James and Choquette,1988;郑荣才等,1996;Breesch et al.,2009),古岩溶储层又是其中非常重要的一类,川东地区石炭系储层就是古岩溶储层。按成岩阶段和成岩环境拟将川东地区石炭系黄龙组古岩溶划分为 4 期溶蚀作用:同生期岩溶、准同生期岩溶、表生期岩溶和埋藏期岩溶。

3.1.1　同生期岩溶

同生期岩溶发生于沉积物形成之后不久,沉积物尚未完全脱离其沉积环境,多次遭受大气水淋滤,成岩阶段属于同生成岩阶段。主要发育粒间溶孔、粒内溶孔、铸模孔、膏模孔和小型溶洞等,以示底构造、铸模孔、膏模孔[图 3.1(a)]、粒间充填渗流粉砂等为显著特征。该岩溶形成于沉积物增生至海平面,通常与向上变浅序列的米级旋回有关,一般厚度 1～5m,横向延伸 1～10m,常发育于滩体或蒸发潮坪中上部。

3.1.2　准同生期岩溶

准同生期岩溶形成于沉积阶段的暴露期,成岩阶段属于准同生成岩阶段。以层间凹凸不平的侵蚀面为显著特征,发育细溶沟、溶芽、阶状溶坑,各种溶蚀刻痕幅度为 0～15cm[图 3.1(b)],华蓥山野外露头从北边的新兴剖面可追踪到南边的李子垭剖面,距离大于 18km,该岩溶又称层间岩溶。另外,区内还发育一种特殊的物理岩溶现象[图 3.1(c)],即通过潮汐、波浪、风暴等作用把半固结-固结状态的岩石打散、破碎,随海水一起在低洼处或水体能量变低的地方卸载沉积,形成底冲刷构造,向上发育一定序列的角砾岩,大部分呈基质支撑状,在充填物与围岩间发育一较明显的冲沟,横向岩性基本一致,但粒度变化可能较大。

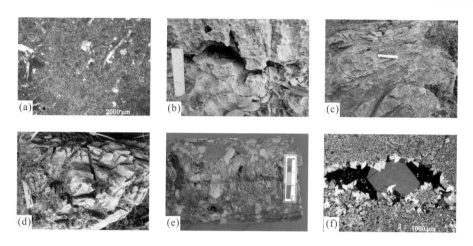

图 3.1 不同时期古岩溶作用特征

(a) 膏模孔, 峰 12 井, 块号 1-64; (b) 层间岩溶, 华蓥山新兴剖面; (c) 准同生期岩溶现象; (d) 古表生期岩溶, 华蓥山李子垭剖面石炭系顶面; (e) 埋藏期岩溶, 见大量溶孔, 天东 14 井, 块号 2-72; (f) 热液自生石英, 池 61 井, 块号 2-42

3.1.3 表生期岩溶

表生期岩溶是指由于海平面相对下降及区域构造运动抬升, 造成下伏碳酸盐岩地层隆升暴露, 形成表生成岩环境, 使碳酸盐岩地层遭受长期广泛的风化剥蚀和淋滤作用而形成的岩溶, 该期岩溶的成岩阶段属于表生期。以发育大型不整合面 [图 3.1 (d)]、扩溶缝、溶洞、地下暗河、岩溶角砾以及各种岩溶地貌等为显著特征, 其中岩溶角砾岩被认为是古岩溶作用的特征产物和直接识别标志。角砾成分多样化, 既有单一岩性也有复杂岩性组合, 所有的岩溶角砾都显示出沉积物经历了强烈的成岩固结后才发生溶蚀、破碎、堆积的成因特征, 如原岩为浅水陆棚、浅滩、潟湖和潮坪相沉积的各类碳酸盐岩角砾共存于同一岩溶角砾岩中。川东地区黄龙组碳酸盐岩受到古表生期大气水风化、剥蚀和溶蚀改造, 各种小型针孔和大型洞、缝都很发育, 大多数储层具有双重介质性。①岩溶角砾岩基质中除含有大量溶蚀成因的岩屑和晶屑外, 还有不溶残渣, 同时富含大量外来黏土物质和煤; ②充填洞穴的碳质泥岩和煤层中产有弓堤孢未定种 (Kyrtomisporis sp.)、条六壕环孢 (Canalispora canaliculete Li)、南六杪椤孢 (Cyathidites australis sp.)、苏铁粉未定种 (Cycadopites sp.) 和原始松粉未定种 (Protopinus sp.) 等与梁山组相同的陆相孢子花粉组合 (南古所孢粉室鉴定); ③微量元素, 稀土元素, 碳、氧、锶同位素, X 射线衍射, 阴极发光和包裹体测定等多种研究成果表明, 各类岩溶和胶结物都形成于古表生期无限制含水层的开放环境中。

3.1.4 埋藏期岩溶

埋藏期岩溶是指碳酸盐岩在中-深埋藏阶段, 主要与有机质成岩作用相联系的溶蚀作用现象及过程。石炭系黄龙组被上覆二叠系梁山组煤系地层沉积超覆后进入再埋藏成岩环境, 伴随埋藏深度不断加大, 由表生期开放成岩体系进入相当于中、晚成岩阶段的封闭成岩系统。该期次与储层发育密切相关, 成岩作用主要为深部溶蚀作用, 溶蚀流体主要来自上覆梁山组煤系地层或下伏中志留统泥质烃源岩地层的压释水,并伴随着有机质热演化过程中排出的脱羧基酸性热液运移到多孔的黄龙组地层中,对基岩中的孔、洞、缝进行溶扩和产生新的更大规模的溶蚀孔、洞、缝,因此,对储层发育非常有利。此期溶蚀作用主要表现为对表生期岩溶产物进行溶蚀和充填叠加改造,主要为酸性地层水溶蚀作用,在岩心观察中表现为岩溶缝、方解石脉上的溶洞、岩溶方解石脉、网状石膏脉、溶孔及针孔砂屑云岩、云质岩溶角砾岩[图 3.1(e)]等,在镜下观察粒屑岩在晚成岩阶段的溶蚀作用更为发育,表现为晶间溶孔、粒间溶孔等,部分早期粒间、粒内溶孔叠加溶蚀扩大,局部膏溶孔及部分溶蚀裂缝的形成;而深部热液溶蚀在区内不发育,主要表现为热液流体于孔隙中沉淀热液矿物,如萤石、天青石、热液石英[图 3.1(f)]以及鞍状白云石等。

　　识别标志主要有如下 3 个:①由再埋藏期形成的溶蚀孔、洞、缝较干净,一般无外来的砂、泥质充填物;②出现含铁方解石、铁白云石、异形白云石、石英、热液高岭石、天青石、萤石、黄铁矿和沥青等特征的热液矿物充填作用;③伴随热液溶蚀作用,局部发育有强烈的重结晶作用、硅化和钠长石化作用等。

3.2　石炭系古喀斯特相标志

3.2.1　物质组分标志

　　据已有资料统计,黄龙组岩溶岩系中含有大量溶蚀成因的岩屑、晶屑和不溶残渣,同时含大量来自梁山组的黏土物质、碳质物或煤和植物化石,偶见与基岩中硅化斑块特征完全一致、具玛瑙结构的硅质碎屑。各岩性段的岩溶洞穴中,一般堆积来自本层的溶蚀角砾、碎屑和残渣(泥、砂或有机质),但仍可见来自上覆地层的岩溶角砾、碎屑或残渣。阴极射线下,非岩溶成因角砾与基质发均一的暗红色光,岩溶成因角砾、基质和溶蚀孔、溶缝边缘具有很亮的橙色发光条带,而淡水白云石、方解石胶结物及去膏化、去云化成因的次生方解石具有明、暗相间的环带状阴极发光性,属于典型的渗流-潜流带沉淀物。

3.2.2　岩溶角砾岩标志

　　岩溶角砾岩是古岩溶作用最明显的识别标志,也是判断岩溶作用过程中古水文状况及恢复古地貌最有效和最直接的依据,因而对岩溶角砾岩进行合理分类和成因探讨,是研究古岩溶作用最重要的基础工作。本书研究按结构-成分特征对黄龙组岩溶角砾岩进行分类,以结构反映角砾成因、堆积方式和古水文条件,以成分反映岩溶发育层位和物质来源。从黄龙组中识别出多种岩溶角砾岩(图 3.2),证实了川东地区石炭系黄龙组古岩溶储集层属于区域性岩溶作用产物的结论(郑荣才等,2003)。

　　按照岩溶角砾岩的结构-成分特征(表 2.1),将其划分为 4 种具有不同成因意义的角砾岩类型,分别为网缝镶嵌状白云质岩溶角砾岩、角砾支撑状白云质岩溶角砾岩、角砾支撑状次生灰质岩溶角砾岩和基质支撑状白云质岩溶角砾岩。具体阐述如下。

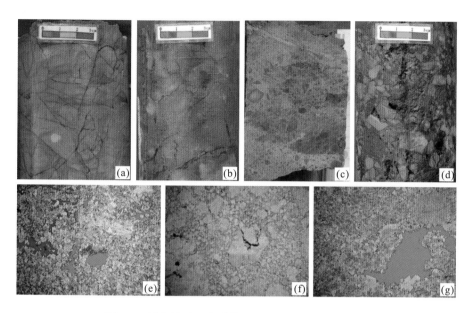

图 3.2 川东地区石炭系黄龙组主要岩溶角砾岩类型

(a)天东 14 井，样号 3-125，C_2hl^2，网缝镶嵌状白云质岩溶角砾岩；(b)天东 14 井，样号 3-125，C_2hl^2，网缝镶嵌状白云质岩溶角砾岩，见大量缝合线，充填碳泥质；(c)板 2 井，样号 3-74，C_2hl^2，基质支撑状白云质岩溶角砾岩；(d)天东 14 井，样号 2-72，C_2hl^2，角砾支撑状白云质溶角砾岩，见大量溶蚀孔洞；(e)板东 1 井，样号 3-82，C_2hl^2，网缝镶嵌状灰质溶角砾岩，白云石晶间孔及晶间溶孔发育(蓝色铸体)，部分溶孔被方解石充填(染红色)，染色铸体薄片(−)，10×4；(f)板 2 井，3222.86m，C_2hl^2，角砾支撑状白云质岩溶角砾岩，充填物主要为泥-微晶白云石，铸体薄片(−)，10×10；(g)乌 1 井，2863.16m，C_2hl^2，角砾支撑状灰质岩溶角砾岩，白云石晶间孔及晶间超大溶孔发育(蓝色铸体)，铸体薄片(−)，10×2

1. 网缝镶嵌状岩溶角砾岩

由极为发育的网状溶蚀缝分割岩石而成，因此角砾成分极为单一，角砾间无明显位移。砾间网状溶缝中主要充填物为碳酸盐岩溶蚀残渣，或为亮晶白云石、方解石胶结物充填。此类岩溶角砾岩主要形成于渗流带和深部的缓流带。

2. 角砾支撑状岩溶角砾岩

角砾支撑状岩溶角砾岩又可细分为角砾支撑状白云质岩溶角砾岩、角砾支撑状次生灰质岩溶角砾岩，角砾大小为 0.2～10cm，以棱角状为主，少量被溶蚀为次棱角-次圆状。成分较为单一，常为就近围岩的岩性组合。角砾间主要被就近围岩溶蚀供给的碳酸盐岩质碎屑、泥-微晶白云石和来自上覆二叠系梁山组的黑色泥质及石英粉砂充填，局部见少量粗晶方解石充填。此类岩溶角砾岩主要形成于渗流带与活跃潜流带，为顺层分布的层内洞穴或落水洞垮塌堆积作用产物。

3. 基质支撑状岩溶角砾岩

角砾大小不一，为数毫米至十余厘米，成分单一或复杂，以就近围岩的组合为主。支撑角砾的基质由溶蚀围岩或角砾产生的碳酸盐岩质碎屑和白云质灰泥及上覆二叠系梁山组黑色泥质、石英粉砂所组成，含量为 20%～40%。常见具砂泥垂直交替沉积构成的水平纹层层理，以及角砾坠入纹层形成的截切变形层理，或纹层延伸受限于角砾的堵截纹层和包绕披覆角砾的纹层构造。此类岩溶角砾岩通常为流量最大的，富含泥砂质和搬运作用较为强烈的管道流沉积，以充填地下河、层状溶蚀洞穴和落水洞为主。

3.2.3　碳、氧、锶同位素地球化学标志

古岩溶碳、氧、锶同位素地球化学特征对研究碳酸盐岩沉积环境、成岩作用、胶结充填物的起源和形成条件具有重要意义。研究区不同成因类型和溶蚀强度的碳酸盐岩和碳酸盐胶结物的碳、氧、锶同位素分布范围和平均值不同（表 3.1），显著特点是伴随溶蚀强度加大，δ^{13}C 和 δ^{18}O 平均值减小[表 3.2、图 3.3(a)]，其中以准同生成因的微晶白云岩 δ^{13}C 和 δ^{18}O 平均值最高，充填溶蚀孔、洞、缝的淡水方解石胶结物 δ^{13}C 和 δ^{18}O 平均值最低，反映了大气水溶蚀作用越强，碳酸盐岩碳、氧同位素分馏强度越高的演化特点。锶同位素分析结果表明，^{87}Sr / ^{86}Sr 值具有向 δ^{18}O 和 δ^{13}C 的负值加大方向正偏移的演化趋势[表 3.2、图 3.3(b)、图 3.3(c)]，进一步证明溶蚀作用形成于富 ^{12}C 和 ^{16}O 的大气源 CO_3^{2-} 与风化壳来源的 ^{87}Sr 丰度逐渐增大的大气水流体中。

表 3.1　各类碳酸盐岩、岩溶岩和胶结物碳、氧同位素特征

岩溶强度	岩石类型	样品数	分区	δ^{13}C (‰)		δ^{18}O (‰)		^{87}Sr / ^{86}Sr 值	
				变化范围	平均值	变化范围	平均值	变化范围	平均值
未溶蚀	准同生微晶白云岩	18	I	−1.77~4.24	1.585	−8.33~0.47	−3.050	0.707473~0.715714	0.712007
弱溶蚀	颗粒-粉晶白云岩	24	II	−2.27~3.96	0.971	−8.89~−0.20	−3.650	0.707525~0.716997	0.712371
强溶蚀	白云质岩溶角砾岩	13	III	−3.00~2.79	0.934	−9.02~−1.50	−3.920	0.709540~0.718976	0.713206
强烈溶蚀交代	次生晶粒灰岩	14	IV	−3.37~2.73	0.313	−9.26~−2.90	−6.169	0.709640~0.716584	0.713312
胶结物	淡水方解石	24	V	−5.98~0.52	1.714	−11.5~−5.40	−9.453	0.710717~0.718865	0.715165

注：C、O 同位素分析设备为 MAT252 气体同位素质谱仪，检测依据为 SY/T 6039—1994，工作标准为 TTB-2，由中国石油西南油气田公司勘探开发研究院地质实验室完成；Sr 同位素分析测试仪器为 MAT252 气体同位素质谱仪，实验温度为 22℃，湿度为 50%，检测标准为美国国家标准局标准样品 NBS987，由成都理工大学同位素实验室尹观教授完成。

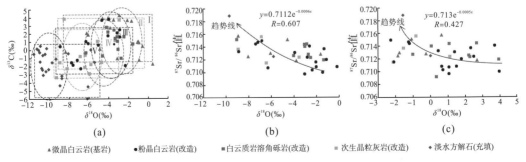

图 3.3　碳酸盐岩和胶结物 δ^{13}C、δ^{18}O、^{87}Sr/^{86}Sr 之间的关系

分区：I—未溶蚀；II—弱溶蚀；III—强溶蚀；IV—强烈溶蚀交代；V—胶结物

垂向剖面上，自上而下至少具有两个 δ^{13}C 与 δ^{18}O 组成由轻变重、变轻再变重的旋回。以马槽 1-1 井为例(图 3.4)，地表的岩溶残积带和深部的岩溶洞穴发育带均对应 δ^{13}C 与 δ^{18}O 组成强烈负偏移现象，表明黄龙组除经历了由上而下的大气淡水渗流溶蚀作用外，还经历了更为强烈的地表和地层水的水平潜流溶蚀作用。

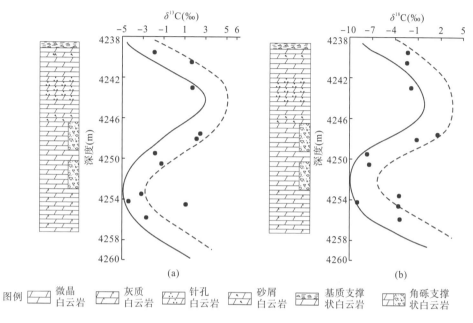

图例　微晶白云岩　灰质白云岩　针孔白云岩　砂屑白云岩　基质支撑状白云岩　角砾支撑状白云岩

图 3.4　马槽 1-1 井 δ^{13}C、δ^{18}O 与深度的关系

3.2.4　古岩溶测井识别标志

川东地区黄龙组碳酸盐岩遭受长期风化、剥蚀和溶蚀作用改造，小型针孔和大型洞、缝均非常发育，大多数储集层具有双重介质特征。因此，对应各种针孔型储集层与洞缝型储集层的测井响应特征和组合类型(图 3.5)已成为识别古岩溶作用和储集层的重要标志之一(张兵等，2011)。

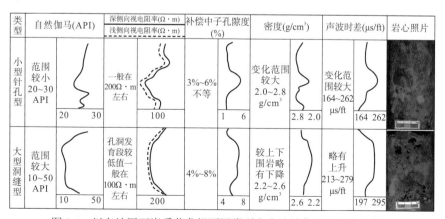

类型	自然伽马(API)	深侧向视电阻率(Ω·m) / 浅侧向视电阻率(Ω·m)	补偿中子孔隙度(%)	密度(g/cm³)	声波时差(μs/ft)	岩心照片
小型针孔型	范围较小 20~30 API　20　30	一般在 200Ω·m 左右　100	3%~6% 不等　1　6	变化范围较大 2.0~2.8 g/cm³　2.8　2.0	变化范围较大 164~262 μs/ft　164　262	
大型洞缝型	范围较大 10~50 API　10　50	孔洞发育段较低值一般在 100Ω·m 左右　200	4%~8%　4　8	较上下围岩略有下降 2.2~2.6 g/cm³　2.6　2.2	略有上升 213~279 μs/ft　197　295	

图 3.5　川东地区石炭系黄龙组不同类型古岩溶储集层测井响应模式

1. 针孔型储集层识别标志

小型针孔型储集层主要出现在颗粒白云岩、晶粒白云岩中，是最重要的储集层类型之一。针孔型储集层的测井响应特征如下：相对较高的自然伽马值，变化范围较小，一般为20～30API；相对较高的视电阻率值，一般为200Ω·m，曲线呈"左凸"形；孔隙测井曲线中，具有相对较高的密度值、较低的中子孔隙度和声波时差值。因此，针孔型储集层发育段可解释为基岩溶孔发育段。

2. 洞缝型储集层识别标志

洞缝型储集层主要出现在岩溶角砾岩中，具有非常好的储集性能，也是最重要的储集层类型。洞缝型储集层测井响应特征如下：自然伽马值较低，变化范围较大，一般为10～50API；较低的视电阻率值，仅为100Ω·m左右；双侧向视电阻率曲线一般呈具有一定幅度差的"弓"形；孔隙测井曲线中，中子孔隙度值较上下围岩出现相对高值，而密度曲线值下降，声波时差值升高，有较多的大型孔洞和裂缝。因此，洞缝型储集层发育段可解释为洞穴发育段。

3.3 古喀斯特相和岩溶旋回特征

晚石炭世晚期研究区受云南运动影响隆升为陆，黄龙组因遭受强烈的风化剥蚀而保存不全，黄龙组三段(C_2hl^3)被大面积剥蚀，部分古隆起上的黄龙组部分或全部剥蚀殆尽，形成了黄龙组顶部的古喀斯特地貌及层内的古岩溶体系，至早二叠世才重新接受梁山组陆缘近海湖沼相的含煤黑色泥页岩沉积。虽然，黄龙组的原始岩相特征和沉积序列保存不全，给沉积相研究和有利相带分析带来了一定困难，但古岩溶作用本身也是非常有利于储层发育的因素，受其影响可形成储集性能较好的古岩溶或古潜山气藏，应该引起足够重视。

3.3.1 古岩溶旋回的划分

以一次大气水潜水面较大幅度下降导致的溶蚀过程为一个岩溶旋回，自上而下由地表溶蚀段、上部渗流溶蚀段、下部活跃潜流溶蚀段和底部静滞潜流溶蚀-充填带组成，潜流带之下为地下水饱和带或不透水层(图3.6)。对应区域构造的脉动性隆升所引起的侵蚀基准面多期次下降，可造成多次潜水位下降和多期次岩溶旋回叠加发育。鉴于每一个岩溶旋回过程中各溶蚀带具有特定的发育位置和岩溶相组合，当不同期次的岩溶旋回向地层深处迁移时，又可造成相同的岩溶相在不同的深度多次出现。因此，对应构造活动的相对稳定期，活跃潜流带扩蚀形成的水平洞穴和静滞潜流胶结带的出现频率，可作为划分岩溶旋回和进行区域对比的重要标志。对应区域构造的脉动性隆升和侵蚀基准面的间歇性较大幅度下降，按自上而下、由新到老顺序，可从黄龙组古岩溶体系中依次划分出Ⅳ期至Ⅰ期的4期岩溶旋回(图3.7)，各岩溶旋回具有顶部地层被侵蚀削薄、老的岩溶记录渐渐消失以及渗流带不断扩大和潜流带逐渐向地层深处迁移的演化特点。不同岩溶地貌单元因地层遭受的侵蚀强度不同，所保存的岩溶旋回期次和地球化学特征也明显不同，如岩溶斜坡带中的坡地和残丘微地貌单元中的岩溶旋回保存相对较好，大多为 4 期，次为溶谷和浅洼微地貌单元，一般为 3～4 期，而周缘和坡内岩溶高地及岩溶槽地等微地貌单元保存较少，一般为 2～3 期，局部为 1 期或随地层剥蚀殆尽而消失。

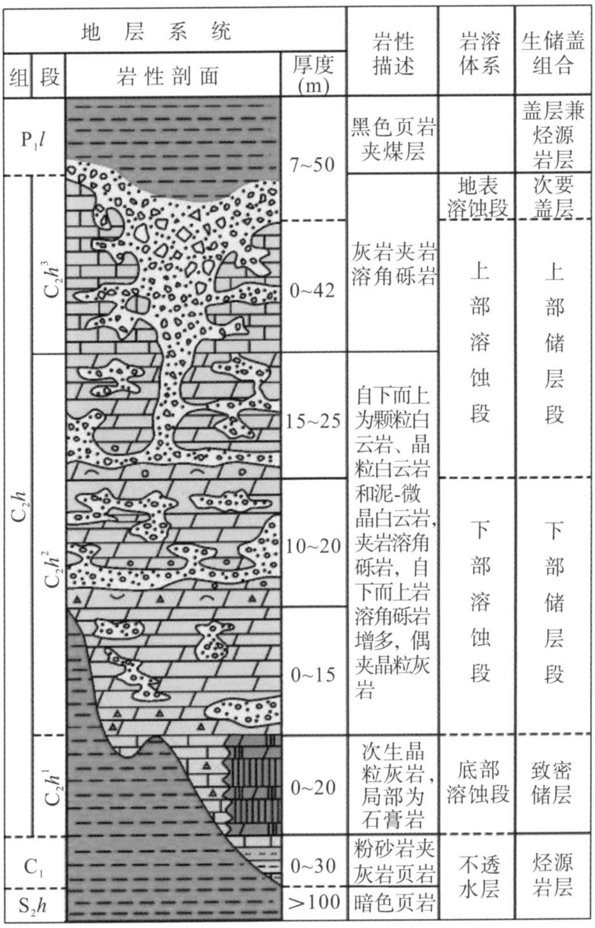

地层系统				岩性描述	岩溶体系	生储盖组合
组	段	岩性剖面	厚度(m)			
	P₁l		7~50	黑色页岩夹煤层		盖层兼烃源岩层
	C₂h³		0~42	灰岩夹岩溶角砾岩	地表溶蚀段 / 上部溶蚀段	次要盖层 / 上部储层段
C₂h	C₂h²		15~25	自下而上为颗粒白云岩、晶粒白云岩和泥-微晶白云岩，夹岩溶角砾岩，自下而上岩溶角砾岩增多，偶夹晶粒灰岩	下部溶蚀段	下部储层段
			10~20			
			0~15			
	C₂h¹		0~20	次生晶粒灰岩，局部为石膏岩	底部溶蚀段	致密储层
C₁			0~30	粉砂岩夹灰岩页岩	不透水层	烃源岩层
S₂h			>100	暗色页岩		

图 3.6　川东地区上石炭统古岩溶体系剖面图(郑荣才等，2003)

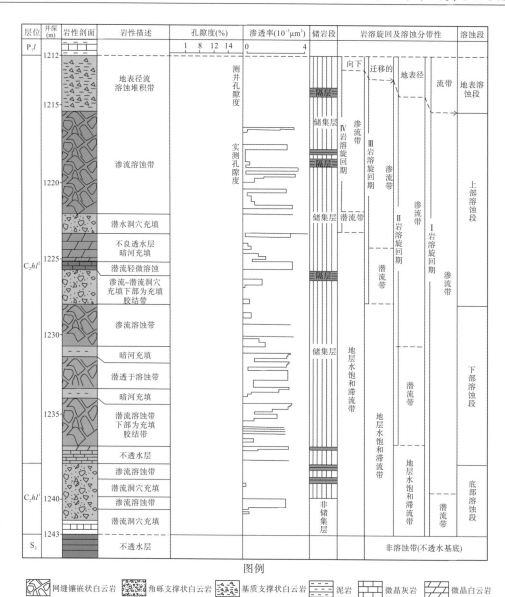

图 3.7　天东 1 井石炭系古岩溶旋回和溶蚀段划分示意图(郑荣才等，2003)

3.3.2　溶蚀段的划分

　　由于随时间推移的各期次岩溶旋回具有穿层位和穿期次叠加发育的特点，一个较晚期次的岩溶旋回可穿越一个或数个较老期次的岩溶旋回，因而以旋回为单位的古岩溶体系很难在区域上进行对比，难以建立相应的岩溶相模式。本书研究依据从老到新各岩溶旋回向地层深部迁移过程中于不同的地层深度依次留下的地质记录，采用以描述岩溶旋回叠加期次、溶蚀方式和溶蚀强度为重点内容的"溶蚀段"概念，将黄龙组古岩溶剖面划分为 4 个溶蚀段(图 3.7)，自上而下依次为地表溶蚀段、上部溶蚀段、下部溶蚀段和底部溶蚀段，其中上部溶蚀段和下部溶蚀段是古岩溶储集层的主要发育段,分别对应于生产实践中广泛应用的上部储集层发育段和下部储集层发育段。此4个溶蚀段的岩相和测井相有较大差别(表3.2),可作为划分溶蚀段地层单元和进行区域对比的标志,以及建立溶蚀段地层格架和古岩溶体系储集层发育模式的依据。

表3.2　川东地区石炭系黄龙组岩溶的垂向分带与特征

溶蚀段划分	岩溶深度	测井曲线响应			岩溶旋回的叠加发育特征	发育位置	岩溶充填物	储集层发育程度
		自然伽马	声波时差	视电阻率曲线				
地表溶蚀段	裸露的侵蚀面	较高值,锯齿状	较低值,变化不明显	低值,呈明显的锯齿状	Ⅳ旋回潜流带与Ⅲ、Ⅱ、Ⅰ旋回渗流带叠合组成	各地貌单元普遍发育	地表溶蚀残积物	不发育
上部溶蚀段	侵蚀面下0~30m	微锯齿状,与致密灰岩接近	变化较大,储集层段高值	双侧向视电阻率值较低,正异常	由Ⅲ旋回潜流带与Ⅱ、Ⅰ旋回渗流带叠合组成	主要发育在岩溶斜坡	外来的碳泥质、原地崩塌堆积物及淡水胶结物	较发育(上部储集层发育段)
下部溶蚀段	侵蚀面下10~50m	未充填泥质时为低值,充填后高值	变化大,储集层段高值	角砾岩呈剧烈的锯齿状,正异常	由Ⅱ旋回潜流带与Ⅰ旋回渗流带叠合组成	主要发育在岩溶斜坡	外来的碳泥质、原地崩塌堆积物及淡水胶结物	很发育(下部储集层发育段)
底部溶蚀段	侵蚀面下30~70m	一般较低,部分呈箱状	值较低,接近骨架值	视电阻率稍低,部分呈箱状	由Ⅰ旋回潜流带组成	各地貌单元普遍发育	外来的碳泥质和淡水胶结物	以发育裂缝型储集层为主

1. 地表溶蚀段

该溶蚀段位于石炭系顶部的侵蚀面上,属各岩溶旋回的地表溶蚀残积物和来自洋底的碳泥质混合堆积物组成的古风化壳。岩性主要为碳泥质支撑或填隙的各类灰质、云质或复成分碳酸盐岩溶角砾岩。区域分布较稳定,厚度在岩溶谷底和坡内浅洼中相对较大,次为坡内残丘和坡地,坡内岩溶高地和周缘岩溶高地及岩溶盆地中较薄(图3.8)。由于各类岩溶角砾岩、砂泥质和碳质等基质组分含量较高、可塑性强、压实和胶结作用强烈,因而岩性较致密,不仅很少形成储层,而且往往与梁山组碳质泥岩共同组成气藏较致密的盖层或可分割气藏侧向连通的遮挡体,如充填溶谷或浅洼的较致密碳泥质岩溶角砾岩和碳质泥岩,往往将发育在坡地或残丘中的气藏分割成相对独立气藏。

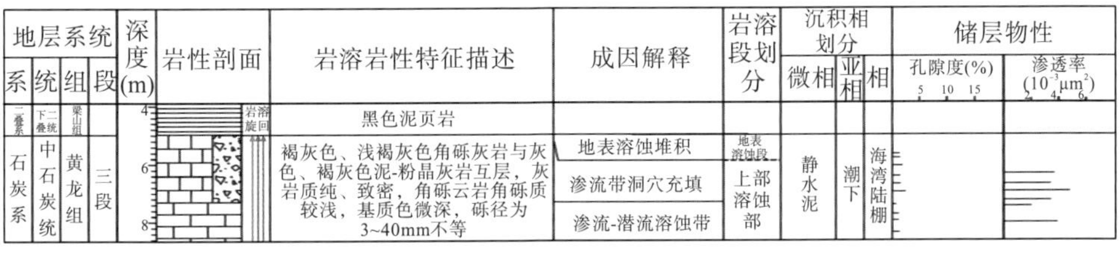

地层系统				深度(m)	岩性剖面	岩溶岩性特征描述	成因解释	岩溶段划分	沉积相划分		储层物性	
系	统	组	段						微相	亚相 相	孔隙度(%) 5 10 15	渗透率(10⁻³μm²)
石炭系	中石炭统	黄龙组	三段	4 6 8		黑色泥页岩		地表溶蚀段	静水泥	潮下 海湾陆棚		
						褐灰色、浅褐灰色角砾灰岩与灰色、褐灰色泥-粉晶灰岩互层,灰岩质纯、致密,角砾色岩云岩碳质较浅,基质色微深,砾径为3~40mm不等	地表溶蚀堆积 渗流带洞穴充填 渗流-潜流溶蚀带	上部溶蚀段				

图3.8　黄龙5井石炭系古岩溶综合柱状图

2. 上部溶蚀段

该溶蚀段位于残余石炭系地层中上部，主体由IV和III岩溶旋回组成，属于相对早期的岩溶作用产物，叠加有II和I岩溶旋回渗流带的强烈溶蚀改造。区域上，该溶蚀段主要发育在岩溶斜坡带，也为上储层段的主要产出位置，厚度由岩溶高地、斜坡上亚带向下亚带增厚，古岩溶储层厚度与各微地貌单元中该溶蚀段厚度呈正相关关系(图3.9)。水动力场的分带性在上亚带以发育较厚的渗流带和较薄的活跃潜流带为主，层间溶蚀作用强烈，所形成的储层孔渗性略下降，但储层厚度加大。显然，水动力场的分带性和溶蚀强度变化控制了储层物性由上亚带向下亚带略变差但增厚的趋势。在盆边岩溶高地和岩溶洼地等残余石炭系地层较薄的正地貌单元或潜水面较高的负地貌单元中，该溶蚀段保存不完整或缺失，因而在此岩溶地貌单元中的岩溶型储层也不甚发育。在垂向剖面上，对应IV和III岩溶旋回由活跃潜流扩蚀形成的水平洞穴很发育，各类洞穴岩溶角砾岩充填体有多层次产出的特点，同时因基岩先后遭受了4个期次的垂直渗流带强烈叠加溶蚀改造，基岩中各类溶蚀孔缝非常发育。然而又因近侵蚀面的上部往往被下渗水带入的碳泥质强烈充填，使上部物性变差，所以好的古岩溶储层主要产于外来充填物较少的中下部，层位相当于叠加在IV岩溶旋回上，并先后被II和I岩溶旋回渗流带强烈叠加溶蚀改造的III岩溶旋回渗流带中下部及潜流带中上部。储层岩性主要为溶孔颗粒或晶粒云岩，以及颗粒或晶粒云岩为基质岩的网缝镶嵌状或角砾支撑的云质岩溶角砾岩。

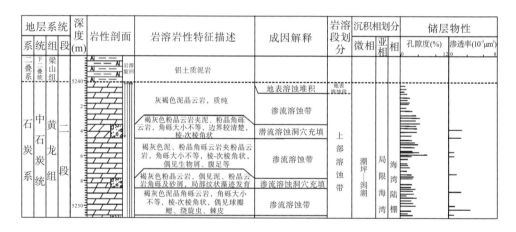

图 3.9 垭角 1 井石炭系古岩溶综合柱状图

3. 下部溶蚀段

该溶蚀段位于残余石炭系地层中下部，主体由II岩溶旋回组成，属中-晚期岩溶作用产物，叠加有I岩溶旋回渗流带的强烈溶蚀改造。区域上，该溶蚀段于各岩溶地貌单元普遍发育，但仍以岩溶斜坡带最发育，也是下储层段的主要产出位置(图3.10)，厚度由上亚段向下亚段增厚，两亚段各微地貌单元中的该溶蚀段厚度、水动力场的分带性和层间溶蚀强度，以及膏岩岩溶储层厚度、岩性和物性变化特征与上溶蚀段基本一致。在坡内及周边岩溶高地，该溶蚀段相对较薄，个别高地缺失。以发育渗流带为主，局部出现规模不大的水平洞穴，溶蚀作用相对较弱，古岩溶储层分布不均匀，厚度也较小，物性中偏差。在岩溶盆地中，该溶蚀段较稳定，以发育Ⅰ和Ⅱ岩溶旋回相重叠的、薄的活跃潜流和厚的静滞潜流带为主，渗流带和水平洞穴主要出现在岩溶盆地内的残丘和向岩溶斜坡过渡的上倾部位，古岩溶储层主要发育于盆内残丘和盆缘的渗流带，厚度一般较小，分布也不均匀，物性偏差。垂向剖面上，由活跃潜流扩蚀形成的水平洞穴和各类洞穴岩溶角砾岩充填体主要为Ⅱ岩溶旋回的产物，自上而下垂直渗流对基岩的溶蚀由Ⅰ和Ⅱ岩溶旋回的一次叠加过渡为以Ⅰ岩溶旋回的单一溶蚀为主，致使基岩中各类溶蚀孔缝的发育也自上而下逐渐减弱，物性也相应地由好变差。古岩溶好储层主要产于溶蚀强度较大的中上部，层位相当于被Ⅰ岩溶旋回渗流带叠加改造的Ⅱ岩溶旋回渗流带下部及潜流带。

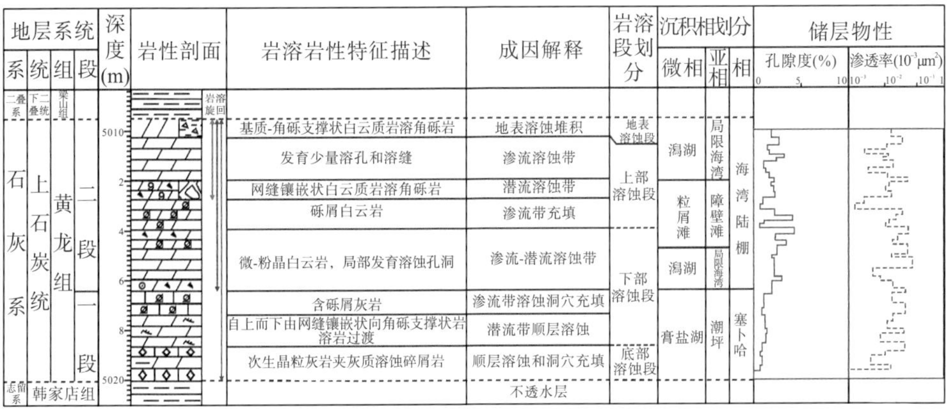

图 3.10　天东 13 井石炭系古岩溶综合柱状图

4. 底部溶蚀段

该溶蚀段发育于底部残余的黄龙组一段(C_2hl^1)，属上、下两个岩溶旋回发育时期的地下水共同排泄带，也为区域上汇水量最大、最深的承压水带，由Ⅰ岩溶旋回潜流带组成（图 3.11），局部包括渗流带下部，属晚期岩溶作用产物。在埋藏期叠加有梁山组碳质泥岩向下排出的压释水的溶蚀充填作用改造，因而又可视为表生期和埋藏期复合岩溶作用的产物。表生期岩溶产物主要为次生晶粒灰岩和各类次生灰质岩溶角砾岩，成因与黄龙组一段普遍发育的塞卜哈相膏质云岩、云质膏岩和硬石膏遭受地下水溶蚀时发生强烈去膏化、去

图 3.11　环 4 井石炭系古岩溶综合柱状图

云化有关。来自梁山组碳质泥岩的压释水对此溶蚀段叠加改造的同时,往往带入大量的富碳泥质物和块状淡水方解石胶结物,对各类溶蚀孔、洞、缝进行充填,并伴有强烈的黄铁矿化,因而对形成储层不利,目前尚未发现有价值的中-高孔渗性储层段。

3.3.3　岩溶旋回和溶蚀段的区域对比

以单井岩溶相为基础,在工区内选择资料相对齐全并能控制整个研究区纵横向变化岩溶特征的单井编制对比剖面。本书研究以梁山组的顶为水平基准面对石炭系河洲组和黄龙组进行岩溶旋回和溶蚀段区域对比(图3.12),对川东地区六大构造带建立了多条剖面,各剖面具有如下显著的相似性和差异性。

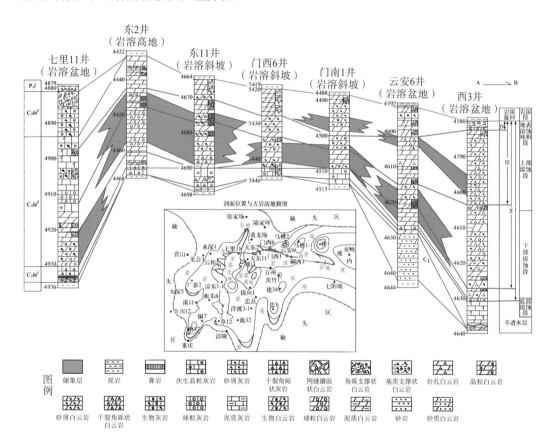

图3.12　川东地区石炭系黄龙组古岩溶体系溶蚀段格架和储集层分布与对比

1. 相似性

各构造带主体都位于岩溶斜坡带上,大多数发育可供对比的4个岩溶旋回和4个特征各异的溶蚀段,区域上均以发育岩溶坡地和残丘为主,次为溶谷和浅洼,为有利于古岩溶储层发育的微地貌单元;除南门场构造带仅发育下储层段外,另外5个构造带都发育上、下两个储层段,两个储层段发育位置可对比,分别位于以Ⅲ和Ⅱ岩溶旋回为主体的、叠加有后期岩溶旋回渗流带强烈溶蚀改造的上部和下部溶蚀段;层位上古岩溶储层均受黄龙组二段(C_2hl^2)控制,岩性以溶孔颗粒或晶粒云岩、网缝镶嵌状云质岩溶角砾岩为主,次为角砾支撑状云质岩溶角砾岩。

2. 差异性

从图 3.13 中可以看出,六大构造带所跨越的岩溶地貌和地理位置有明显差别,分别属于古水流系统特征各异的 7 个岩溶地貌单元分区,各构造带微地貌单元组合及优势岩溶相特征不同。由于所处的古岩溶地貌单元和微地貌单元组合特征不同,因而各岩溶旋回或溶蚀段的古地下水动力场分带性特征和溶蚀强度也有差别,并直接影响古岩溶储层的发育特征及展布规律,以及由储层形成条件的差异性所影响的非均质性特征和气藏产出规模。

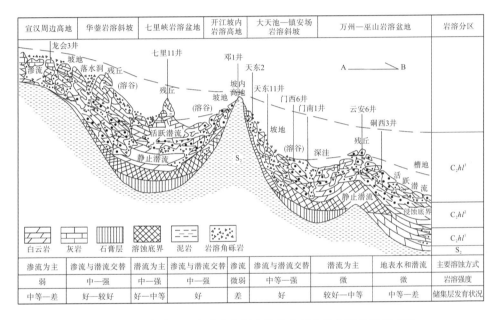

图 3.13　川东地区石炭系黄龙组古岩溶体系和储集层发育模式图

3.4　古岩溶地貌恢复

古地貌是岩溶作用与各类地质作用综合的结果,恢复古地貌是研究古岩溶储层分布的重要途径(郭旭升等,2012)。石炭系沉积时存在地貌上的起伏,这种地貌起伏主要反映在黄龙组一段岩性上,在达川凹陷,如七里峡构造带七里 3 井—七里 41 井区、七里 23 井—七里 5 井区、铁山—雷音铺—亭子铺构造带铁山 7 井—雷 11 井—亭 3 井,沉积了比较厚的石膏、灰岩。另外,龙会场—大田湾构造带、马槽坝构造的马槽 2 井、张家场构造的张 33 井区、高峰场—石宝寨的峰 7 井—宝 1 井区见有少量石膏分布;开江—梁平隆起带沉积了较多的白云岩。由于石炭系海侵影响以及准同生期潮汐或波浪作用把高能相带物质向低能相带转移的充填作用,在黄龙组二段和三段中这种岩性上的差别就较小。

石炭系沉积后，云南运动发生时，川东地区地貌的起伏还是存在，不同的地貌环境在岩溶作用时表现也不尽相同，隆起区张性缝发育，更易剥蚀，残余厚度小，逐渐演变为岩溶平原、盆地，发育残丘及侵蚀冲沟。低洼区域，先期作为汇水区，潜水面高，岩溶作用弱，随着隆起区的剥蚀及中后期石炭系整体突起，低洼区域演化为岩溶高地及坡地，发育石芽、溶洼、漏斗等地貌。

3.4.1 古地貌恢复

川东地区石炭系地层在二叠系沉积之前至少发生过两次构造抬升和风化剥蚀作用，石炭系古地貌应该是这两次作用叠加的结果。然而，由晚加里东运动造成的风化剥蚀及其岩溶古地貌已难以恢复，而由云南运动造成的研究区古风化剥蚀面凹凸不平的古地形，虽然在后期遭受强烈的褶皱变形作用，使其古岩溶地貌的恢复增加了难度，但可以进行恢复。

与不整合面相伴发育的古岩溶地貌恢复，有利于确定风化壳储层的分布范围和发育规律，是进行古岩溶储层预测和评价最重要的基础和依据。对古地貌恢复常用的方法是对古构造图、古地质图、古风化壳上下岩层厚度等地质资料进行分析，在有条件的情况下，还可借用高分辨率地震资料进行分析，大多采用残厚法、印模法以及回剥法等进行。本书研究基于川东地区石炭系沉积环境以及云南运动使川东地区整体抬升的总体认识，主要采用残厚法对黄龙组顶部侵蚀面进行古岩溶地貌恢复，其古地貌单元的划分既要考虑梁山组厚度（上覆地层）、分布趋势、底部岩石类型及沉积性质，又要考虑黄龙组的残留厚度及风化性质，同时也不能忽视古地貌本身的形态特点，这样才能比较准确地对古地貌进行划分，具体步骤如下。

（1）采用将今论古的原理，绝大部分碳酸盐岩地区主要以化学溶蚀为主，如广西桂林，地貌高处残余厚度大，低处由于溶蚀作用强残余厚度小。

（2）利用黄龙组残余地层等厚线图、黄龙组地层对比图和侵蚀面出露地层分区图等进行综合分析，判别相对溶蚀作用的强度和地形高差。

（3）利用对华蓥山石炭系野外露头及钻井岩心的直接观察，分析和判断古岩溶微地貌单元类型和组合特征（图 3.14）。其基本特点是岩溶高地区为峰丛、溶沟和落水洞组合，岩溶斜坡区为坡地、谷地、坡内浅洼和坡内高地（残丘）组合，岩溶盆地区为残丘、槽地和平原组合。

利用上述研究思路和技术方法，结合研究区石炭系黄龙组一段为低位体系域下低洼处填平补齐沉积、二段为海侵体系域下大范围的沉积背景，以及石炭纪末整体抬升的区域构造格局，将黄龙组二段拉平，拉平后的石炭系潜山顶面的面貌（图 3.15）恢复结果表明，研究区石炭系岩溶古地貌起伏变化较大，盆内古地势呈 SW 向 NE、NW 方向倾斜和降低的宽缓箕状，仅在万州—云阳一带为近东西向的宽缓槽状，具明显的"两高两低"特点，"两高"为盆边高地、岩溶高地，"两低"为东边方向低、北西方向低（图 3.15），继承了石炭系黄龙组沉积时期"三面环陆，海水由东和西北两个方向入侵"的古地貌格局，基本代表了海西末期岩溶发育的地貌特征。可见，石炭纪沉积时期的古陆，在云南运动后，这些地区仍然为地貌高地，具有继承性特征；而对于石炭系沉积在低洼的川东海湾，在云南运动使四川盆地整体抬升剥蚀时，特别是中后期，石炭系整体为古地貌突起。

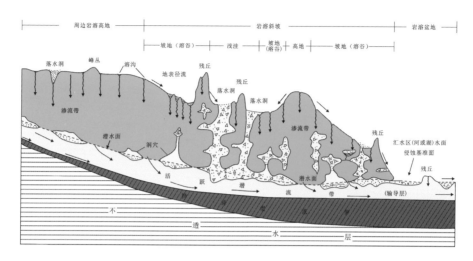

图 3.14　现代岩溶地貌分区和微地貌单元划分剖面示意图

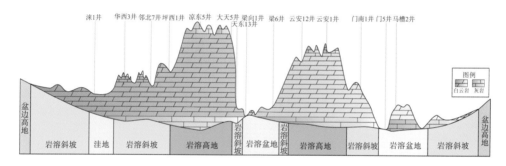

图 3.15　川东地区石炭系岩溶剖面图

3.4.2　古岩溶地貌单元划分

根据岩溶相和地形起伏变化特征，可将川东黄龙组古岩溶地貌划分为盆边高地、岩溶高地、岩溶斜坡和岩溶盆地 4 个 I 级岩溶地貌，并进一步划分出峰丛、溶沟水洞、坡地、残丘和坡内高地落水洞以及洼地和残丘等微地貌单元。各岩溶地貌单元的区域分布简述如下。

1. 盆边高地

盆边高地主要位于研究区西边、南边和北边，主要分布在石炭纪沉积时的古陆边缘地区（图 3.16），这些地区石炭系沉积缺失或许是由于超覆作用只沉积了部分石炭系，经历云南运动后，其古表生期长时间的岩溶作用，造成了石炭系缺失或残留薄层石炭系。本区虽然位于古隆起部位，但由于石炭系薄或缺失，勘探石炭系风险大，潜力小。

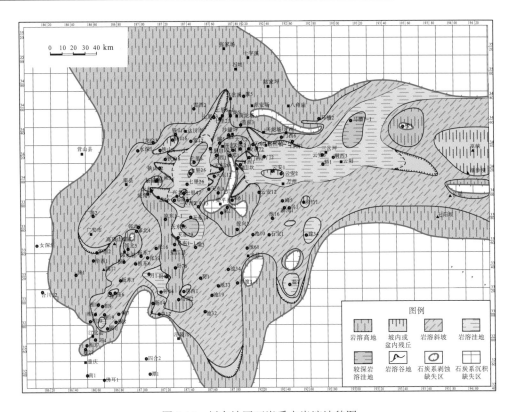

图 3.16　川东地区石炭系古岩溶地貌图

2. 岩溶高地和残丘

岩溶高地(或残丘)主要分布在古陆边缘地区或原始基底古隆起上(文华国等,2009a),岩溶高地主要分布在 4 个区块,第一个区块位于开江—梁平地区以西,也是石炭系残厚最大的区块,如达州—大竹地区铁山 6 井区—七里 21 井区—罐 14 井区—七里 2 井区—凉东 8 井区等;第二个岩溶高地位于开江—梁平地区以东的门 2 井—云安 11 井区块;第三个岩溶高地位于垫江地区;第四个岩溶高地位于池 37 井—池 20 井—洋渡 3-1 井区块。

这些区块是石炭系残厚最大的区域,多大于 40m,最厚可达 90m 以上。总体来说是现今残留的石炭系岩溶地貌较高的区域剥蚀程度相对较弱。但地貌上也不是平板一块,还分布有溶洼、漏斗及峰丛等地貌,导致钻探中局部变化也比较大,但普遍厚度较厚,储层稳定,是石炭系最有利的勘探区块,主要形成构造圈闭气藏及地层-构造复合圈闭气藏。

岩溶高地发育位置与黄龙组沉积期环古陆边缘发育的潮坪相带重合,而岩溶残丘往往与盆地内浅滩相带重合。按溶蚀微地貌特征可细分为高地上的峰丛、落水洞和溶沟 3 种微地貌单元。因受高地地形影响,各微地貌单元泄水通畅,中、上部以大气水垂直渗流溶蚀为主,下部为活跃潜流溶蚀带(图 3.14),水平溶蚀和充填胶结作用受层内潜水位变化控制,顺层溶蚀作用自上而下减弱,底部的不整合面为溶蚀底界,不整合面之下的中志留统泥岩为不透水层。

3. 岩溶盆地

岩溶盆地为接纳周围岩溶地貌单元的地表和地下水的主要汇水区,常发育有残余的小型岩溶高地-残丘和深溶的落水洞-漏斗,地形起伏变化较大。岩溶盆地为重要的汇水区和排泄区(图3.14),但因地形坡降和潜水位影响,由下蚀作用控制的地层保存状况有明显差别。岩溶盆地内的黄龙组溶蚀削薄作用相对较弱,C_2hl^2+C_2hl^3厚度相对较大,通常保存有C_2hl^3。而北东部的南门场至万州和云阳地区地势较低,虽然汇水量大,但为易于排水的、向东倾斜的槽状地形,因而潜水位较低,溶蚀和削薄作用较强,溶蚀残余的 C_2hl^1+C_2hl^2厚度明显小于西部和南部,C_2hl^3通常侵蚀缺失。岩溶盆地主要分布在4个区块(图3.16):第一个区块南起开江、梁平地区,向北西经开江—平昌一线,向东经开江—奉节县一带;第二个区块位于洋渡1井—洋渡2井—建27井—建45井一带;第三个区块位于华蓥山李子垭—相国寺西一带;第四个区带位于广安东—邻北3井以西一带。开江—梁平地区缺乏黄龙组一段沉积,而从黄龙组二段开始沉积,该地区黄龙组沉积时古构造稍高,张性缝发育,在隆起剥蚀时最先被剥蚀,形成低洼的槽沟;而华蓥山南段—相国寺以西一带、广安东—邻北3井以西、洋渡1井—洋渡2井—建27井—建45井一带,以及平昌—开江—奉节县一带,位于周边古陆向盆地的过渡带,处于汇水区,而平昌、奉节一带更是石炭纪海水入侵的两个方向,地理位置更低,溶蚀作用最为强烈,形成低洼的岩溶盆地,在盆地中局部发育残丘,如马槽1-1井、马槽2井等。根据钻井资料及地震预测,这些区域为石炭系剥蚀区或厚度小于10m的区域,如大天1井钻厚约1m的灰质溶蚀碎屑岩,为地表径流堆积,罐12井钻厚2.5m的砂质云岩、罐18井钻厚2m的含粉砂云岩、门西3井钻厚1.5m的粉晶云岩等。岩溶盆地中的残丘是岩性圈闭气藏有利发育部位,识别和寻找岩溶残丘将成为对该区块勘探的关键,总体而言,该分布区勘探风险较大。

4. 岩溶斜坡

岩溶坡地位于盆边高地、岩溶高地与岩溶洼地之间的过渡带,因此也有环绕古陆边缘和岩溶高地产出的特点,与海侵期海水超覆作用所显示的SW高而NE低的古地形特征相重合,并出现 C_2hl^2+C_2hl^3或单一的 C_2hl^2和P_1l厚度明显向岩溶盆地方向增厚,地势逐渐向盆内倾斜的坡状变化趋势,由一系列相间排列的小型残丘和坡内溶洼所组成,石炭系厚度一般小于40m,且岩溶角砾岩比较发育。地势分为平缓和陡坡两种地貌,大部分地区来说,总的地势较为平缓,宏观上具有逐渐向洼地倾斜状地形,由一系列相间排列的残丘正地形和小型溶洼负地形所组成,且在岩溶坡地中散布有若干具一定规模的岩溶洼地和小岩溶高地,但紧邻侵蚀冲沟地区,地势表现为陡坡地貌,地层厚度在短距离内就可能急剧变薄甚至消失,反映了剧烈冲蚀地貌,如紧临开江—梁平侵蚀冲沟地区,从罗家寨到沙罐坪,沙罐坪即处于该带,石炭系厚度为1.9~96m,构造东翼的罐12井与罐3井相距约2km,石炭系厚度为1.9~55.5m,厚度变化剧烈,向东迅速减薄,向西迅速增厚,处于石炭系由薄向厚急剧变化的过渡陡带。据现代类似的岩溶地貌水文条件和具体剖面结构分析,在具缓倾斜地势的岩溶斜坡地区是大气降水下渗溶蚀和顺层潜流水平溶蚀最为强烈的地区,渗流带和潜流带厚,且由垂直或水平溶蚀造成的洞穴系统和地下暗河也最为发育,系岩溶地貌单元中对形成溶蚀孔、洞、缝系统和相应的古岩溶储层最为有利的单元。因此，这些地区是寻找构造圈闭气藏、岩性圈闭气藏和地层-构造复合圈闭气藏的有利区带。

3.4.3 微地貌组合特征

研究区石炭纪古岩溶微地貌单元可分为地表岩溶地貌和地下岩溶地貌，其中地表岩溶地貌包括石芽、溶沟、石林、岩溶漏斗、峰林、峰丛、溶蚀洼地、孤峰或残丘与岩溶平原等，地下岩溶地貌包括落水洞、溶洞和地下河等。

其中，峰丛是一种基部相连的峰林，峰与峰之间常形成 U 形的马鞍地形，基座厚度大于峰顶厚度。峰丛之间常发育岩溶洼地、漏斗和落水洞。这类石山的生成是因石灰岩区内洼地扩大，而洼地之间蚀余的岩石就成为峰顶。

峰林是成群分布的山体基部分离的石灰岩山峰群。

溶蚀洼地是与峰林、峰丛同期形成的一种负地貌类型；与漏斗的主要区别在于：规模较大，底部平坦，并覆盖有溶蚀残余物，可以耕种，底部长度大于 100m。

残丘或孤峰是兀立在岩溶平原或盆地上孤立的灰岩山峰，峰体低矮，相对高度由数十米到百余米不等，进一步受溶蚀、侵蚀，相对高度更小，被称为石丘。

岩溶平原亦称坡立谷，是比溶蚀洼地更为宽广的地面平坦的岩溶地形，其特点如下：①宽度自数百米至数千米，长度可达几十千米；②盆地的边坡陡峭，底部平坦；③常覆盖着溶蚀残留的黄棕色黏土或红色黏土，有些地方还有河流冲积物，岩溶盆地中的河流常从某一端流出到另一端经落水洞汇入地下河流走；④在许多岩溶盆地中还耸立着一些岩溶丘。

根据不同的微地貌组合特征，可将研究区古地貌分为盆边高地、峰丛洼地、峰林平原和峰林谷地 4 种组合类型(图 3.17)，这种古岩溶地貌特征与广西现代岩溶地貌极其相似。

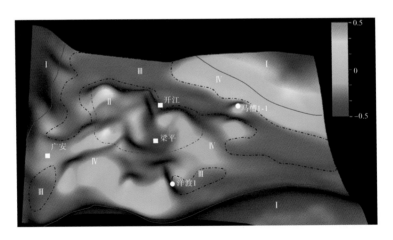

图 3.17　川东地区石炭系古地貌图

I—盆边高地；II—峰丛洼地；III—峰林平原；IV—峰林谷地

盆边高地主要指石炭系沉积时其北边、西边和南边古陆继承性发展的区域。

峰丛洼地地貌主要分布在铁山—凉东以东，开江以南，天东 8 井—门 2 井以西，梁平以北，总体表现为山峰海拔比较高，由多个山峰围绕开江—梁平石炭系侵蚀洼地，地势起伏大。开江—梁平地区石炭系侵蚀洼地面积比较大，洼地里局部发育残丘，峰洼比低；而开江—梁平以西、以东地区以峰丛为主，峰洼比高，其中又以开江—梁平以西地区山峰整体高于以东地区。

峰林平原地貌区包括盆边高地岩溶低洼地区以及研究区往 NW 方向和 NE 方向的泄水区，以平昌—渡 2 井—马槽坝—云阳一线呈 SE—NW 向展布的峰林平原面积最广，总体表现为地势低洼，山峰较少，多呈孤立存在，多条河流汇向该区。峰林平原地貌区内以岩溶洼地和岩溶残丘等岩溶微地貌为主，残丘厚度为几米到数十米，峰洼比低。

峰林谷地地貌区位于峰丛与峰林平原之间的过渡地带，如华西 3 井—坪西 1 井以及门南 1 井—门 5 井区域之间(图 3.16)，其地貌特点是明河发育，沿河谷两侧多山峰。

3.4.4　各构造带古岩溶地貌分区特征

川东地区各构造带古岩溶地貌分区所处的地理位置及微地貌单元组成特征有明显差别。

(1)铁山—云和寨构造带古岩溶地貌分区。该构造带呈 NNE 向展布，长 140～150km，北端跨越在宣汉—开州周边岩溶高地上，主体位于达州—渠县岩溶斜坡东侧下部，自北向南由铁山北残丘、新场溶谷、铁山南溶谷、清河场坡地、回龙场溶谷、云和寨残丘、渠县—广安坡地和华西溶谷组成，以岩溶坡地最发育，其次为溶谷和残丘。古地形呈北高南低和向 SE 方向箕状倾斜，具有溶谷强烈截切斜坡的特点，因而沿 NE 向构造带走向地形起伏大，其中残丘有与构造高点相重合的产出规律。此构造带中已知的气藏大多数发育于坡内残丘和被溶谷截切的岩溶坡地等微地貌单元中。

(2)七里峡构造带古岩溶地貌分区。该构造带也呈 NNE 向展布，长 130～150km，北段略偏向东。北段跨越在宣汉—开州周边岩溶高地上，主体位于亭子铺—西河口岩溶盆地内，自北向南由分割雷音铺和沙罐坪岩溶坡地的七里峡北溶谷与岩溶盆地内的白洋滩残丘、五灵山残丘、双家坝残丘和胡家坝残丘组成，残丘被岩溶盆地内的浅洼分隔。古岩溶地貌具有沿构造带走向地形起伏变化大，横切构造带则在平缓地形背景上呈异峰突起的峰丛状地貌特征，其中作为正地形突起的残丘长轴呈 NNE 向线状展布，位置大多数与构造带中的高点相重合，且每一个与高点相重合的残丘基本上都是一个独立的天然气藏。

(3)大天池构造带古岩溶地貌分区。该构造带自北向南呈 NE 向至 NEE 向弱弧形展布，长 100～120km，以安仁为界，北段位于开江坡内岩溶高地东侧的五百梯斜坡带，与沙罐坪—镇安场岩溶斜坡带之间以 NW 向的川主庙溶谷相分隔，并毗邻东侧的南门场构造带。中段东侧属于连接开江与梁平两坡内岩溶高地的脊梁，向西和南分别过渡为安仁—龙门场—沙坪场岩溶斜坡带。天东 14 井—天东 29 井区南段主体属于该构造带西侧的亭子铺—西河口岩溶盆地向南延伸部分，再向南延伸则过渡为毗邻的明月峡构造带。该构造带主体由岩溶高地、坡地、溶谷、浅盆交替发育组成，岩溶微地貌单元组合和地形起伏变化都很复杂，如北段东倾的五百梯岩溶斜坡带被 2 个 NW 向溶谷分割成 3 个相对独立的溶蚀块体，中段西倾的安仁—龙门场岩溶斜坡带被 2 个近 EW 向的溶谷分割成 3 个相对独立的溶蚀块体，而南倾的沙坪场岩溶斜坡带与亭子铺—西河口岩溶盆地呈过渡关系。与沉积期相带展布特征对比，五百梯和文家坝两个岩溶斜坡带分别与开江盆内古隆起东侧和梁平盆内古隆起西侧的障壁滩重合，而安仁—龙门场岩溶斜坡带则与两古隆起之间的障壁滩和滨外浅滩重合，都具有继承性发展演化的正地貌特征，此条件也是控制大天池构造带岩溶微地貌单元组合和天然气藏发育位置的主要因素。

(4) 明月峡—相国寺构造带古岩溶地貌分区。该构造带呈与大天池构造带毗邻发育的 NNE 向展布，长 110～120km，北段属于垫江坡内岩溶高地和月 1 井区坡内浅洼带，中段为座洞崖—铜锣峡岩溶斜坡，南段跨越了相国寺岩溶斜坡带和江北坡内浅洼带，最南段为相 37 井—相 22 井区岩溶谷地带，并接近重庆岩溶高地北端。该构造带古岩溶地貌具有南高北低和正、负地形落差变化较大的特点，主体呈西倾平缓坡状，坡内大部分正型的岩溶微地貌单元与沉积期的障壁滩重合，也是控制该构造带气藏发育位置的主要因素。

(5) 南门场构造带古岩溶地貌分区。该构造带自北向南呈 NEE 至 NE 向弧形展布，长150～160km，古岩溶地貌围绕万州—云阳岩溶盆地西缘展布，北段和南段地形较高而中段较低，主体向岩溶盆地方向呈弧形平缓坡状倾斜。其北段位于开州周边岩溶高地南侧的沙罐坪—镇安场岩溶斜坡带，跨越马槽坝坡内岩溶高地；中段横跨川主庙溶谷，五百梯岩溶斜坡带下部和万州—云阳岩溶盆地西段，并包含了云安 2 井区盆内残丘相；南段跨越了巫山坎岩溶斜坡带和连接开江与梁平两岩溶高地的脊梁，并包含了桥亭溶谷相。各古岩溶地貌中，以盆内残丘和被溶谷截切的岩溶坡地等微地貌单元为有利储层和气藏的发育位置。

(6) 温泉井构造带古岩溶地貌分区。该构造带呈 NEE 向展布，长 60～75km，主体位于开州周边岩溶高地 SW 侧的沙罐坪斜坡带北段和黄龙场—八角庙岩溶高地带，西段毗邻开江坡内岩溶高地，中段部分被 NW 向的川主庙溶谷截切，中东段延伸至开州周边岩溶高地内。古岩溶地貌具有西段呈向 SE 倾斜的平缓坡状，中段为一谷状负地形，东段呈向 SW 倾斜的平缓坡状。地貌分区中大部分被岩溶高地微地貌单元所占据，其中被溶谷截切的岩溶坡地等微地貌单元为有利储层和气藏发育的位置。

(7) 大池干构造带古岩溶地貌分区。该构造带自北而南呈 NE 向展布，长 140～150km，主体位于万顺场—麦子山岩溶斜坡带，以池 34 井为界，北段位于高峰场—万顺场—老湾—吊钟坝岩溶斜坡带，跨越忠县构造带，与开江—梁平坡内岩溶高地南段及方斗山岩溶高地西段毗邻发育；南段也为岩溶斜坡带，跨越龙头和麦子山构造带，与研究区南缘涪陵岩溶高地毗邻，整体具有 SW 段地形高而 NE 段地形低的特点。整个构造带由单一的岩溶斜坡地貌单元组成，与沉积期地形比较，南段龙头—麦子山岩溶斜坡带与构造高部位的滨外粒屑滩重合，具有明显继承性发展演化的正地形特点，为气藏最有利聚集部位，而北段万顺场—吊钟坝岩溶斜坡带占据了沉积期地势相对较低的潮坪带，为较有利储层发育位置。

3.5　古岩溶控制因素分析

过去，人们在研究与油气储层有关的碳酸盐岩古岩溶时，更多地关注影响或控制风化壳岩溶(亦称表生期岩溶)发育的诸多因素，指出岩溶发育程度受多种内外因素及其相互作用的控制。本书针对川东地区碳酸盐岩岩溶作用特点，既讨论了影响或控制风化壳岩溶发育的诸多因素，又对其他不同岩溶时期的岩溶发育控制因素做了简要探讨，分别讨论同生期岩溶、准同生期岩溶、表生期岩溶和埋藏期岩溶发育的控制因素。

3.5.1　同生期岩溶发育的控制因素

碳酸盐沉积物形成的碳酸盐岩层系及潮湿的气候条件为研究区同生期岩溶发育提供了基本条件。川东地区石炭系黄龙组沉积环境以碳酸盐岩局限-开阔的海湾陆棚沉积为主，其中黄龙组一段主要为蒸发台地相的塞卜哈沉积，黄龙组二段为局限-半局限障壁滩发育的海湾陆棚沉积，黄龙组三段为开阔海湾陆棚沉积。总体来说，研究区气候干燥炎热，陆表海地势平缓、海水较浅、盐度较高，呈相对封闭环境。岩性以微晶白云岩、颗粒白云岩、微粉晶灰岩和含泥质、含石膏的次生灰岩为主，受研究区南、西、北侧古陆以及区内相对高地等次级古地貌的控制，发育蒸发潮坪潮上带和滩相沉积的粒屑滩，出露于海平面之上，接受了大气水成岩作用改造，从而导致了同生期岩溶作用的进行。

3.5.2　准同生期岩溶发育的控制因素

受控于盆地同沉积断块活动、高频海平面下降和湿热古气候条件，川东地区部分区域黄龙组内部或顶部长时间暴露于地表，受大气淡水淋滤，发育层间凹凸不平的侵蚀面，暴露时间越长，各种溶蚀刻痕幅度也越大。另外，此时期发育的物理溶蚀作用，主要受控于海水进退的路径、海水能量的高低等。

1. 沉积环境控制岩溶作用

该类岩溶作用往往以小型岛屿或者海岸环境的形式暴露并遭受喀斯特化。岛屿环境的大气淡水补给完全是原地补给，而海岸环境除原地补给外，还有来自大陆方向的异源补给，因此海岸环境中的大气淡水补给量大，喀斯特化影响的范围及规模较岛屿环境也相对大得多(谭秀成等，2015)。

2. 大气淡水透镜体控制发育

岛屿、海岸环境下的喀斯特化模式都可归纳为与大气淡水透镜体有关。大气淡水透镜体往往可比作一个水平潜流带，其内部水体往往类似于层流流动，其上部发育垂直渗流带以及表层岩溶带，在大气淡水透镜体顶部和底部分别存在一个所谓的混合溶蚀区，顶部的混合溶蚀区是指上部垂直渗流大气水与下部水平潜流大气水的混合。这两种不同方向流体的混合会造成对碳酸盐不饱和并产生溶蚀作用（Bögli，1980），因而可形成层状孔洞；而底部的混合溶蚀区是指大气淡水与海水的混合，这两种不同性质的流体混合同样会造成碳酸盐岩的溶蚀作用（Plummer，1975；Smart et al.，1988a，1988b；Stoessel et al.，1993；Socki et al.，2002），尤其是在海岸环境，可形成似层状孔洞（Smart et al.，2006；Baceta et al.，2007）。海岛环境由于淡水补给量相对有限，仅在透镜体边缘的泄水区发育这类溶蚀孔洞（Mylroie and Carew，1995）。

3. 大气淡水透镜体边缘混合带控制发育

在大气淡水透镜体的边缘由于两种混合溶蚀区的叠加效应，往往会形成所谓的边缘侧翼溶洞，这是海岸、岛屿环境中喀斯特化最具识别意义的现象（Mylroie and Carew，1990，1995）。

此外，在半干旱气候下的海岸环境中，由于蒸发作用较强导致淡水透镜体上部的垂直渗流大气水补给不足，因而透镜体顶部无法形成混合溶蚀效应，从而不发育孔洞，仅在底部的混合溶蚀区发育孔洞系统。在靠近海岸带的区域可能由于混合溶蚀效应以及潮汐泵作用更强，因此以发育大型溶洞为特征，溶洞周缘过渡为相对较小的海绵状孔洞，而向内陆方面则以海绵状溶蚀带发育为特征（Baceta et al.，2007）。这种环境下遭受暴露淋滤的时间往往为短—中长期，且目前已有报道的海岸型溶蚀最大可从海岸向内陆影响 7～12km（Beddows，2004；Smart et al.，2006）。

3.5.3 表生期岩溶发育的控制因素

控制和影响海相碳酸盐岩表生期岩溶发育的因素很多，多种多样的岩溶形态是内因和外因交互作用的结果。内因是指可溶岩层本身的性质，外因是指气候条件、水的溶蚀力、植被、暴露时间等外部因素。内因中最重要的是岩性、层内渗透性、是否存在裂缝或其他可能的地下水通道。虽然外因中植被情况、最初暴露于大气中的地形起伏与成岩作用基准面间的关系和暴露持续时间等因素都非常重要，但最关键的外因是气候条件。另外，岩溶地貌还受构造运动和岩溶发育阶段的控制：在地壳强烈上升区，水流运动转变以垂直渗流为主，岩溶形态的转化方向是古溶原—溶盆—溶洼；在地壳长期稳定地区，流水作用方向是剥蚀夷平作用，演化方向是溶洼—溶盆—溶原（袁道先，1994）。总的来说，岩溶作用能否进行及其溶蚀速度大小主要受水的溶蚀力、岩石可溶性、岩石透水性及地质构造等因素影响。

这里主要探讨古构造、岩性和古水文条件等因素对研究区黄龙组碳酸盐岩表生期岩溶发育的影响与控制。

1. 岩溶盆地构造和气候对岩溶的控制

稳定的构造抬升和持续暴露以及湿热气候环境是岩溶必不可少的条件，川东地区晚古生代属川鄂内部克拉通盆地西部主体，晚石炭世中-晚期于云南运动中发生稳定的整体构造抬升，石炭系碳酸盐岩地层持续暴露时间长达 20Ma。来自地表的岩溶岩系内部沉积物和上覆梁山组都富含碳质和煤组分，以及陆相植物化石的泥岩，表明暴露于植物繁盛的湿热气候条件。显而易见，上述诸条件均有利于川东地区石炭系碳酸盐岩发生广泛的区域性岩溶作用，为岩溶型储层发育提供了必不可少的背景条件。

岩层产状和破裂可控制岩溶作用的方向和程度，褶皱背斜轴部，纵向张节理发育，有利于水的垂直流动，常形成开口竖井；两组节理交叉部位，有利于发生岩溶作用；近于水平或略微倾斜的岩层，如有隔水层阻挡，地下水常沿岩层层面流动，发生近于水平方向的溶蚀；断层发育位置，尤其是张性断裂发育部位，结构松散，空隙大，利于岩溶作用的增强，常沿这些断裂发育溶洞。

2. 岩性对岩溶的控制

岩性是控制古岩溶发育最重要的内在因素。岩溶作用包括化学溶解和物理破坏，影响化学溶解量的主要因素是岩石成分（康玉柱，2008）。据 James 和 Choquette (1988) 研究，基质岩的原始可渗透性是影响岩溶和储层发育特征的主要元素，通常可以分为两种情况：①在渗透性较差的基岩中以管流溶蚀作用为主 [图 3.18(a)]，管流以裂缝和层面为主要运移通道和溶蚀空间，沿裂缝或层面常形成规模很大的洞穴，但洞穴同时被溶蚀碎屑和角砾，以及来自地表的沉积物强烈充填，而裂缝和层面两侧的低渗基岩因难以被地下水渗透而溶蚀作用很弱，常保持其低孔、低渗特征，因而对形成储层不利，这和川东地区石炭系岩心观察特征极为吻合，黄龙组三段沿裂缝、溶缝充填了较多的深灰色或黑色泥炭质，储层不发育；②在渗透性较好的基岩中以散流的均匀溶蚀作用为主 [图 3.18(b)]，粒间和晶间孔为散流的主要运移通道和溶蚀空间，因而各类细小但密布的溶蚀孔、洞、缝极发育，并往往伴生有众多大、小规模不等的洞穴。由于多孔岩层的天然过渡筛效应，地表沉积物难以随下渗水向深处迁移，因而外来充填作用弱，对形成储层有利。显而易见，在同等溶蚀条件下，一般多孔的滩相颗粒或晶粒云岩比致密的陆棚或潟湖相灰岩或微晶云岩更易被溶蚀改造而形成孔渗良好的储层，此特征即为所谓的相控制条件。

川东地区石炭系岩性对岩溶和储层发育的控制有如下 3 个主要特点：①岩性致密的灰岩和微晶云岩以管流溶蚀作用为主，基岩和同类岩性的岩溶角砾中溶蚀孔洞发育较差，如灰岩或微晶云岩孔隙度一般小于 2%，以这两类岩性为主的岩溶角砾岩孔隙度为 2%～6%，物性明显偏差；②原始孔渗性较好的颗粒或晶粒云岩以散流溶蚀作用为主，基岩和同类岩性的岩溶角砾中溶蚀孔、洞、缝也都很发育，孔隙度一般为 4%～8%，部分可达 10%～20%，物性普遍较好；③次生晶粒灰岩和次生灰岩岩溶角砾岩为蒸发岩系在散溶和管流复合溶蚀作用下发生强烈去膏化作用的产物，外来碳泥质和岩溶水沉淀的方解石胶结物，以及成岩期黄铁矿结核充填作用极为强烈，孔隙度一般小于 2%，物性最差。由于川东地区石炭系由 3 个各以灰岩 (C_2hl^3)、云岩 (C_2hl^2) 和蒸发岩 (C_2hl^1) 为主的岩性段组成，因而由岩性的差异溶蚀构成了层位对储层发育的控制，以及储层主要产于 C_2hl^2 白云岩中的基本特征。

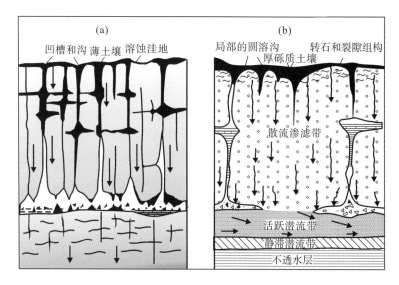

图 3.18　川东地区石炭系黄龙组基岩渗透性对岩溶作用的影响

(a)低渗基岩裂隙型管流溶蚀；(b)高渗基岩孔隙型散流溶蚀

3. 古岩溶地貌对岩溶的控制

川东地区石炭系不同的岩溶地貌单元具有不同的古水文地质条件，并对岩溶和储层发育起着重要控制作用。

(1)岩溶高地对储层发育的控制。岩溶高地因溶蚀底界远高于潜水面，因而以渗流溶蚀为主，不同类型的岩溶高地溶蚀特征有显著差别：①坡内岩溶高地，因受水面积小和地形陡峻，以接受地表水下渗溶蚀作用为主，为较有利于储层发育的微地貌单元，但往往因 C_2hl^2 被强烈剥蚀，所保存的储层厚度较薄；②与古陆相毗邻的周边岩溶高地，因接受大气降水面积大，地形平坦，因而下渗水量相对较大，渗流溶蚀作用更为强烈，在 C_2hl^2 中白云岩保存厚度较大和颗粒或晶粒白云岩较发育的部位，抑或裂缝相对密集的部位均有利于储层发育。

(2)岩溶上斜坡对储层发育的控制。岩溶上斜坡微地貌单元以坡地为主，次为残丘，其中坡地具有较陡地形，一般以底部不整合面为侵蚀底界面，位置仍高于潜水面，有利于周边或坡内岩溶高地的地表水快速下渗和侧向运移排泄，溶蚀作用强烈而充填作用较弱。由于地下水的补给量受季节性降水量变化影响大，岩溶旋回的潜水面位置不稳定，因此以发育较厚的渗流带和较薄的活跃潜流带为主，很少出现静滞潜流带。又由于各岩溶旋回之间的潜水面间断性下降幅度小，各岩溶旋回的叠加溶蚀作用最为强烈，甚至上部和下部溶蚀段可发育于相重叠的同一位置，因而岩溶上斜坡是各岩溶地貌单元中储层最发育的部位。

(3)岩溶下斜坡对储层发育的控制。岩溶下斜坡微地貌单元最复杂，包括坡地、坡内残丘、溶谷和浅洼、浅洼内残丘等组合类型，各微地貌单元的溶蚀特征差异很大：①溶谷，具很陡的地形，在近谷口部位活跃潜流带发育厚度相对较大，为有利于古岩溶型储层发育部位；②坡内残丘，在平缓下倾的坡地中呈广泛分布的峰丛状，如同坡内岩溶高地，也为有利于储层发育的微地貌单元，但规模要小得多；③浅洼，呈自上而下由陡变缓和底部平坦的盆状地形，地下水补给量和聚集量大于其他微地貌单元，但运移速度缓慢，潜水面较稳定，溶蚀作用相对较弱而胶结充填作用较强，属于不太有利于储层发育的微地貌单元；④浅洼内残丘，在平坦的盆状地形中呈异峰突起状，地下水动力场分带性明显，自上而下具有渗流带趋于减薄而活跃潜流带和静滞潜流带同步加厚的特点。岩溶过程中各旋回之间的潜水面间隔幅度较大，明显受间歇性下降的区域性侵蚀基准面控制，因而浅洼内残丘的上部和下部具有相对独立的储层发育位置。从总体上看，该地貌单元储层发育的优劣状况依次为坡内残丘、浅洼内残丘、溶谷和浅洼。

(4) 岩溶盆地对储层发育的控制。岩溶盆地由岩溶槽地和盆内残丘微地貌单元组成：①岩溶槽地由于地形平坦，地表长年被水淹没而不发育渗流带，地下水流动缓慢，$CaCO_3$易于过饱和，化学胶结物的沉淀作用较强，因此，对形成古岩溶型储层不利，仅在岩溶谷口的边缘，或围绕残丘和漏斗边缘，因受到侧向运动的潜流溶蚀影响，可形成范围有限的水平溶蚀带而有利于储层发育；②盆内残丘，特征类似于浅洼内残丘，但规模要大得多，残丘主体处于较厚的上部渗流带及下部活跃至静滞潜流带和叠置部位，因此对储层发育较为有利。

3.5.4　埋藏期岩溶发育的控制因素

影响研究区黄龙组碳酸盐岩埋藏期岩溶作用的因素很多，包括矿物成分、岩石组构、有机质组分及成熟度、孔隙流体性质及变化、流体运动量和通道、与埋深有关的温度和压力、构造作用等都是影响埋藏期岩溶发育的因素。这里主要探讨流体运移通道和构造作用两个方面对埋藏期岩溶发育的影响。

1. 流体运移通道

埋藏期岩溶作用发生的前提是要有由先期同生期岩溶作用、准同生期岩溶作用及表生期岩溶作用遗留下来的未被充填完全的孔、缝系统，这既是保证大量对碳酸盐矿物欠饱和的、具腐蚀性的活性流体运移的需要，也是保证已被溶解进入溶液的 Ca^{2+}、Mg^{2+} 等离子不断迁离溶解场所的需要。可成为研究区埋藏流体运移通道的主要有断层、先期岩溶作用形成孔、缝和不整合面。川东地区石炭系经历了云南运动、东吴运动、印支运动、燕山运动和喜山拉雅运动。其中，云南运动、东吴运动、印支运动和燕山运动在川东地区主要表现为地壳升降，所形成的有限构造裂缝大多被充填成无效缝，而喜山拉雅运动为强烈的水平挤压运动，形成的褶皱、断层和伴生的张开缝，成为了石炭系的渗滤通道之一；准同生期、古表生期形成的不整合面则是埋藏期酸性流体和热液横向运移的最主要通道。

2. 构造运动

本区构造运动对埋藏期岩溶发育的影响与控制主要表现在：①构造运动形成的断层、裂缝和不整合面为酸性流体和腐蚀性热水运移提供良好通道。海西期运动使四川盆地整体抬升，研究区黄龙组长期暴露于地表，进入了长达 20Ma 的风化剥蚀过程，从而与上覆二叠系梁山组之间形成不整合面；东吴运动、印支运动、燕山运动和喜山拉雅运动使本区发育断层及裂缝，为有机演化形成的酸性流体及地下热液的上移提供了通道；②构造运动导致热液流体产生，发生于晚二叠世早期的火山活动，可为埋藏溶蚀提供热液流体，但在研究区主要以热液矿物的充填作用为主。

3. 古水文条件对岩溶的控制

水的溶蚀力取决于水的化学成分、温度、气压、水的流动性及流量等方面。

1) 水的化学成分

水含酸类是岩石溶蚀的关键，而酸的含量则影响岩石的溶蚀速度，酸的含量越高，溶蚀力也就越强。

2) 水的温度

水中 CO_2 的含量与温度成反比，一般温度越高，CO_2 含量越少；温度越低，CO_2 含量越多。温度高的水，CO_2 含量虽然减少了，但水分子的离解速度加快，水中 H^+ 和 OH^- 离子增多，溶蚀力反而得到加强。据测验，气温每增加 10℃，水的化学反应速度增加一倍，故高温地区的岩溶速度较快。

3) 水的气压

气压会影响水中 CO_2 的含量，一般大气中 CO_2 含量约为空气体积的 0.03%，在空气中，当温度相同时，P_{CO_2} 越高，$CaCO_3$ 在水中的溶解度越大。

4) 水的流动性

滞流的水，由于不能及时补给 CO_2，其溶解力是有限的，$CaCO_3$ 很容易饱和。流动的水，由于水温、水量及气压条件的不断改变，可保持水的溶解性能，特别是不同 CO_2 浓度地下水的混合，会大大提高水的溶解力。

地下水的流动性，一方面取决于岩石的透水性，另一方面取决于降水量，即与气候相关：湿热地区，降水量大，地下水丰富，有较高的溶蚀力；干旱地区，降水量小，地下水得不到补充，易饱和，溶蚀力低；寒冷地区，以固体降水为主并发育冻土，阻碍了地下水的流动。

川东地区石炭系在云南运动中隆升成陆后，古水流系统从盆边高地经斜坡向亭子铺—西河口、平昌以北和万州—云阳盆地方向流动、汇集和排泄，不同的岩溶地貌单元具有不同的古水文地质条件，并对岩溶和储层发育起着重要的控制作用。横向上，按照地势由高到低是岩溶高地(主要为大气水补给区)、岩溶斜坡(主要为地下径流区)和岩溶盆地(主要为地下水排泄区)。垂向上，潜水面之上为垂直渗流带，之下为水平潜流带；混合水带之上为水平潜流带，之下为深部缓流带。古水流对碳酸盐岩地区溶蚀强弱对储层发育起到重要的作用，因此对溶蚀强度的研究具有重要意义。

第4章 古岩溶储层特征

4.1 储层岩石学特征

对于川东地区储层的研究，有学者从物性特征、储集空间类型等方面总结了川东地区黄龙组储层的基本特点，也有学者从成岩作用、沉积环境和类型等方面分析川东地区黄龙组的储层主控因素。黄龙组储层孔隙类型以次生孔隙为主，原生孔隙较少，储层物性受到成岩作用，尤其是白云石化作用和古岩溶作用的影响较为显著（王一刚等，1996；张兵等，2010；文华国等，2011，2014；胡忠贵等，2008；Wen et al.，2014；Chen et al.，2014）；部分学者对白云石成因和白云石化流体进行了深入研究，根据岩石学特征和各种地化指标，结合研究区古地理背景，建立了黄龙组准同生、埋藏、淡水、热液白云石化模式（胡忠贵等，2008；刘诗宇等，2015），认为各成岩流体来源和性质具有继承性发展演化特点，且水-岩反应机理、产物和组合特征各不相同，对储层发育的控制和影响也不同：①准同生阶段海源孔隙水白云石化不能形成有效储层；②早成岩阶段地层封存的热卤水埋藏白云石化是储层发育的基础；③古表生期强氧化性低温大气水溶蚀作用扩大了储层分布范围和规模；④再埋藏成岩阶段的深部溶蚀和构造破裂作用进一步改善了储层的孔渗性，提高了储层质量（Wen et al.，2014）。部分学者认为古岩溶作用具有对储层分带控制的特征，与岩溶作用有关的岩溶角砾岩为研究区主要储层岩石类型之一（郑荣才等，1996，2008），认为各成岩流体对古岩溶储层发育具有重要的控制和影响作用，其中经强氧化性低温大气水淋滤溶蚀形成孔、洞、缝非常发育的古风化壳型岩溶储层叠加后期的酸性压释水溶蚀再改造，可大大改善储层的孔渗性，并在喜马拉雅期构造破裂作用下，最终形成川地区东石炭系规模性裂缝-孔隙型古岩溶储层（文华国等，2014；胡明毅等，2015）。

古岩溶储层是川东地区黄龙组最重要的储层类型，特别是黄龙组二段的白云岩经岩溶作用改造后储渗性得到明显改善，对储层发育和油气聚集成藏特别有利。岩石学特征为古岩溶储层的分类依据，按溶蚀强度，可划分为非岩溶岩类储层和岩溶岩类储层两种类型，其中黄龙组岩溶岩类进一步细分为弱溶蚀岩溶岩、中等溶蚀多孔状岩溶岩、强烈溶蚀角砾状岩溶岩和溶蚀交代的次生灰质岩溶岩4类储层岩性。

4.1.1 弱溶蚀岩溶岩

此类型是较致密的微晶灰岩、颗粒灰岩和白云岩遭受早期渗流带大气水轻微溶蚀作用的产物，以粉晶白云岩为主[图 4.1(a)]，物性较差，仅发育少量溶孔和溶缝，孔隙度为

2%～5%，渗透率为 $0.1\times10^{-3}\sim1\times10^{-3}\mu m^2$，为裂缝型低孔、低渗储集岩，主要发育于黄龙组三段，多数为差储层。

4.1.2 中等溶蚀多孔状岩溶岩

此类型为各种溶孔、溶洞和溶缝都较发育的颗粒白云岩[图 4.1(b)]和晶粒白云岩[图 4.1(c)]，是多孔基质岩遭受渗流带下部-活跃潜流带早-中期连续溶蚀作用的产物。孔隙度为 6%～16%，渗透率为 $10\times10^{-3}\sim100\times10^{-3}\mu m^2$，连通性和物性普遍较好，多数属于裂缝-孔隙型中-高孔、中-高渗的好储层，川东地区黄龙组气藏主力产层的储层大多数为此类型，主要发育于黄龙组二段。

4.1.3 强溶蚀角砾状岩溶岩

充填洞穴的岩溶角砾岩，是基质岩在活跃潜流带经中-晚期大气水连续强烈溶蚀垮塌后的洞穴原地堆积体，或为经暗河搬运堆积的产物。角砾成分视溶蚀层位基质岩的岩性而定，细分为灰质岩溶角砾岩、白云质岩溶角砾岩、次生灰质岩溶角砾岩和复成分岩溶角砾岩。角砾中常发育较多溶孔和溶缝，一般以白云质角砾中的溶蚀孔、缝更发育[图 4.1(d)～图 4.1(f)]。因此，以白云质岩溶角砾岩的储集物性较好，孔隙度为 6%～12%，渗透率为 $1\times10^{-3}\sim10\times10^{-3}\mu m^2$，以裂缝-孔隙型中孔、中-低渗储层为主，为黄龙组气藏中等—较好的储层类型，于各岩性段均有发育，但以黄龙组二段的白云质岩溶角砾岩最为发育。

4.1.4 强溶蚀交代的次生灰质岩溶岩

为膏云岩或云膏岩在活跃-静滞潜流带经晚期大气水强烈溶蚀过程中发生连续去膏化、去云化和原地角砾化、垮塌及充填洞穴的系列岩溶产物，次生晶粒灰岩中方解石保留有原始白云石晶形[图 4.1(g)]，且往往发育有残余斑马构造和铁丝鸡笼构造，其原岩是塞卜哈环境沉积的蒸发岩的重要标志。由于这两类岩溶岩的溶蚀孔、洞、缝大多数被晚期方解石强烈充填，孔隙度仅为 1%～4%，渗透率 $\leqslant0.1\times10^{-3}\mu m^2$，物性普遍很差，以裂缝型低孔、特低渗储层为主，主要发育于黄龙组一段，偶见于黄龙组二段。

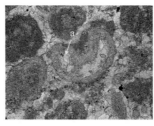

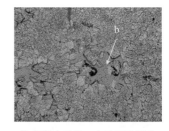

(a) 粉晶白云岩，马槽1-1井，$C_2hl_1^2$，4110m，染色薄片(+)，对角线长1.6mm

(b) 亮晶藻砂屑白云岩，粒间及粒内溶孔发育，并充填自生白云石(a)，门南1井，$C_2hl_1^2$，4507.7m，铸体薄片(-)，对角线长1.6mm

(c) 粉-细晶白云岩，白云石晶间孔(b)较发育，云安6井，$C_2hl_1^2$，4612.3m，铸体薄片(-)，对角线长4mm

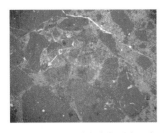 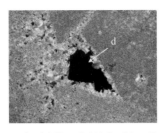 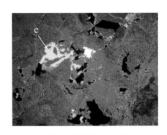

(d) 角砾支撑云质岩溶角砾岩，角砾大小不等，角砾间充填微-粉晶白云石，局部溶孔内充填方解石(c)，微裂缝发育，乌1井，C_2hl^2，2859.21m，染色薄片(–)，对角线长8mm

(e) 角砾支撑云质岩溶角砾岩，粒间孔(d)发育，云安6井，C_2hl^2，4598.3m，染色薄片(+)，对角线长8mm

(f) 角砾支撑云质岩溶角砾岩，粒内、粒间孔隙发育，并见硅质(e)、白云石和方解石充填，马槽1-1井，C_2hl^2，4243.31m，染色薄片(+)，对角线长8mm(+)

  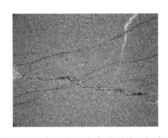

(g) 纹层状含砂泥质次生灰质岩溶岩，强溶蚀交代成因的次生方解石具白云石晶形，见地下水携入的外来石英砂(f)和泥质组分(g)，乌1井，2866.63m，C_2hl^1，染色薄片(–)，对角线长8mm

(h) 微晶灰岩，见压溶缝合线，马槽1-1井，C_2hl^3，4067m，染色薄片(+)，对角线长1.6mm

(i) 微晶白云岩，发育微裂缝，门南1井，C_2hl^3，4509.6m，染色薄片(–)，对角线长4mm

图 4.1　川东地区不同类型碳酸盐岩和岩溶岩显微照片

4.2　储层空间特征

　　川东地区黄龙组储集空间类型有粒间孔、粒内溶孔、铸模孔、晶间孔、超大溶孔及破裂缝。而有效的储集空间更多的是粒间孔、晶间孔，其次为铸模孔和粒内溶孔。

　　储层中原生孔隙发育程度，埋藏期溶蚀作用对孔隙改造以及孔隙之间的连通程度，构造裂缝的发育，对有效储层的形成起着至关重要作用。以我国目前推荐的碳酸盐岩孔隙成因分类为依据，大多数储层属于以次生孔隙为主的裂缝-孔隙型储层。

4.2.1　孔隙

1. 粒间孔

　　粒间孔是指由于在颗粒堆积时，颗粒间相互支撑形成的孔隙。粒间孔的发育程度与粒屑的丰富程度、分选性、粒度排列方式有关，但大多都被后期胶结、压实等成岩作用破坏，剩余粒间孔较少。

2. 粒内溶孔

粒内溶孔是指形成于粒内的溶蚀孔，通常与碳酸盐选择性溶蚀作用有关。粒内溶孔主要分布于部分生物碎屑内[图 4.2(a)]，形态不规则，大小不等，孔径一般为 1～15mm，是较为常见的孔隙类型。

3. 粒间溶孔

粒间溶孔是川东地区石炭系重要的孔隙类型，是储层发育的关键。粒间溶孔是选择性溶蚀作用的产物，以中孔、大孔为主，与碳酸盐组构有明显的相关关系[图 4.2(b)]。

4. 铸模孔

由各种生物被选择性全部溶蚀形成。镜下观察所见，螺壳和双壳类多形成粒内溶孔，当溶蚀作用继续进行时，粒内溶孔进一步扩大，直到颗粒全部被溶蚀，形成铸模孔[图 4.2(c)]。而棘屑、腕足等基本不发生溶蚀。不同的岩石中铸模孔数量不同，通常在 0～15%，对储层的贡献较大。

5. 晶间溶孔

晶间溶孔是碳酸盐岩矿物晶粒之间的孔隙，主要是成岩交代白云石作用过程中，减体积效应产生的。通常白云石化程度越高，孔隙度将越大。晶间溶孔呈规则的多面体状[图 4.2(d)]，以中、小孔为主。但伴有溶蚀作用形成扩大的晶间超大溶孔，多为中孔和大孔，部分为溶洞，镜下测量孔径为 2～10mm，面孔率为 5%～18%。

6. 砾间溶孔

砾间溶孔是川东地区石炭系黄龙组特有的孔隙类型，它是岩溶角砾岩成岩固结之后，由于基质和角砾的成分差异，造成的选择性溶蚀产物[图 4.2(e)]。

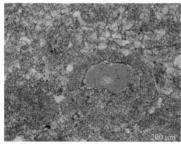
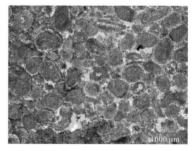

(a) 残余砂屑白云岩，砂屑粒内溶孔形成示底构造，七里9井，4922m，C_1hl^2，铸体薄片(−)

(b) 亮晶鲕粒白云岩，粒间溶孔发育，天东14井，306号，C_1hl^2，铸体薄片(−)

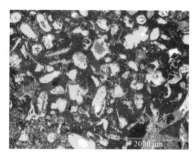

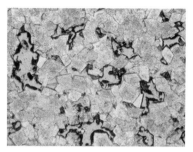

(c) 针孔状白云岩，铸模孔发育，凉东2井，4-229号，C_1hl^2，铸体薄片(-)

(d) 具溶蚀孔粉晶砂屑白云岩，晶间溶孔，天东14井，3-120号，对角线长1.6mm，C_1hl^2，铸体薄片(-)

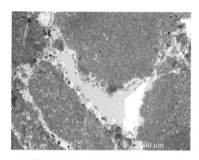

(e) 砂屑白云岩，粒间孔环壁向心生长有淡水白云石晶簇和后期的热液自生石英，池61井，2-42号，C_1hl^2，铸体薄片(-)

(f) 残余藻团块粉晶白云岩，X形破裂缝发育，池62井，5-334号，C_1hl^2，铸体薄片(-)

图 4.2　川东地区黄龙组溶孔类型

4.2.2　裂缝

裂缝是影响低孔、低渗碳酸盐岩油气藏开发的重要地质因素，它不但加剧了地层的非均质性，而且随着油气藏的开发，不断对油藏的生产产生影响。因此，储层裂缝的研究日益受到重视，储层裂缝的早期识别和储层裂缝的准确描述和预测是裂缝型储层有效开发的关键。

根据油田勘探开发需要，储层裂缝的研究需要解决如下几个方面问题：①储层裂缝的发育层段及发育程度；②储层裂缝的主要参数［走向、倾角、延伸长度、切层深度、张开度、间距(密度)、充填性、孔隙度、渗透率］；③储层裂缝的控制因素和分布规律；④储层裂缝的有效性和主渗流方位。

目前，国内外对地下储层裂缝研究主要采用以下方法。

(1)直接观测和探测方法，包括：①露头和岩心裂缝的宏观、微观观测；②裂缝方位和现今主压应力方位(有效裂缝方位)的地球物理测定方法；③测井识别方法；④地震检测方法；⑤动态观测。

测井识别评价裂缝的方法包括利用常规测井资料识别和解释裂缝的方法，以及利用新型和特殊测井识别和解释裂缝的方法。其中，常用的测井识别评价裂缝的方法有微电阻率成像测井(FMI)、微电阻率扫描测井(FMS)、声波成像测井(UBI)、纵横波裂缝声波识别测井(DTCS)、电磁波裂缝识别测井(EPT)、微电导异常识别测井(SHDT)、倾角测井资料裂缝识别(DCA)等。近年来强调多种测井方法的综合利用。

裂缝的地震检测方法在最近十年刚刚起步,目前主要有横波探测方法、多波多分量探测方法、三维纵波裂缝检测方法等。利用油田动态资料进行裂缝参数分析,主要用来确定有效裂缝的方位、推算裂缝的渗透率及裂缝的延伸长度和方位等。

(2)实验研究方法。

(3)间接分析和预测方法,包括各种地质分析方法、概率统计方法、分形方法、物理模拟、数值模拟等。

裂缝型储层研究的关键,就是在储层裂缝定量描述的基础上,利用各种技术方法确定储层裂缝成因机制和分布规律,并预测未知区裂缝的分布。

储层裂缝研究技术方法可归纳为 3 个方面:①裂缝描述;②裂缝探测;③裂缝预测。裂缝描述就是利用一定的技术手段和数学方法,对直接或间接的裂缝信息进行描述和归纳,确定储层裂缝的有关参数[裂缝的产状、方位、性质、密度(间距)、延伸长度、切层深度、开度(宽度)、充填程度、裂缝孔隙度和渗透率等],并建立各裂缝参数的相互关系、裂缝参数与地质要素的相关关系,最终确定储层裂缝的成因机制和分布规律。

根据能否提供量化结果,裂缝预测分为定性预测和定量预测。定性预测主要是通过裂缝形成的控制和影响因素分析和认识裂缝的分布规律来预测裂缝的发育程度,如根据断层的性质和分布、不同的构造部位、岩性的分布等预测裂缝。裂缝的定量预测是在确定裂缝的成因机制和分布规律基础上,根据岩石的破裂理论,用量化参数来预测裂缝发育程度。裂缝定量预测根据出发点不同分为形变分析法和应力分析法两大类。形变分析法中包括曲率法和应变定量分析法等;应力分析法最主要的是有限单元古应力场数值模拟法(简称裂缝数值模拟)。下面主要介绍川东地区石炭系裂缝预测研究成果。

1. 川东地区石炭系裂缝特征

通过对川东地区 12 口钻井石炭系黄龙组岩心的观察和描述,主要对天然裂缝产状、发育规模、充填性、有效性以及力学性质进行了描述、鉴定和统计。

1)裂缝产状

根据裂缝产状的分类(表 4.1),本书研究主要见有垂直裂缝 [图 4.3(a)]、高角度斜交裂缝 [图 4.3(b)]、低角度斜交裂缝 [图 4.3(c)]、水平裂缝 [图 4.3(d)]。统计结果表明,川东地区石炭系黄龙组天然裂缝主要以低角度斜交裂缝和高角度斜交裂缝为主,其次为垂直裂缝,水平裂缝少见(图 4.4、图 4.5)。

2)川东地区石炭系裂缝发育程度及规模

岩心天然裂缝统计表明,川东地区天然裂缝总体发育程度高。总的天然裂缝线密度为 1~64.2 条/m,平均为 9.5 条/m,其中黄龙组一段总的天然裂缝线密度为 0~45 条/m,平均为 4.9 条/m,黄龙组二段总的天然裂缝线密度为 0.6~82.4 条/m,平均为 13.9 条/m,黄龙组三段总的天然裂缝线密度为 0~61.1 条/m,平均为 7.4 条/m(图 4.6)。而有效天然裂缝线密度为 0.1～12.6 条/m，平均为 3.3 条/m，其中黄龙组一段总的天然裂缝线密度为 0～7.8 条/m，平均为 1.4 条/m，黄龙组二段总的天然裂缝线密度为 0.3～18.2 条/m，平均为4.7 条/m，黄龙组三段总的天然裂缝线密度为 0～9.7 条/m，平均为 2.2 条/m(图 4.7)。从单井上和层段上统计天然裂缝的发育程度非均质性强烈，纵向上从层段来看，黄龙组二段裂缝发育程度相对高，其次为黄龙组三段，黄龙组一段发育程度相对较低；平面上井之间裂缝发育程度差异大，全井段裂缝线密度最小为 1 条/m，最大可以达到 64.2 条/m(图 4.6)，部分岩心出现大段的破碎段，为裂缝异常发育所致。在岩心观察尺度范围内对所观察裂缝的长度进行了测量和统计，岩心上观察裂缝长度以小于 10cm 为主(图 4.8、图 4.9)，但裂缝密度大，裂缝之间交错和叠置程度高。另外，在一些井段也发育长度大于 10cm，甚至超过数米的高角度或垂直裂缝。

表 4.1　依据天然裂缝产状的类型划分(据周文，2006)

裂缝倾角	小于 5°	5°～45°	45°～85°	大于 85°
裂缝分类	水平裂缝	低角度斜交裂缝	高角度斜交裂缝	垂直裂缝

(a) 雷11井，第4回次84块，发育一条垂直裂缝，缝长26cm，缝面平直，方解石半充填，为剪性破裂

(b) 芭蕉1井，第11回次527块，发育3条呈平行组系的高角度斜交裂缝，倾角约为75°，岩心裂缝长为7~9cm，裂缝张开度为0.5~1mm，缝面无充填

(c) 温泉1-1井，第2回次716块，裂缝交错呈网状，其中发育两条低角度斜交裂缝，倾角为45°左右，缝面被方解石充填

(d) 雷11井，第6回次258块，发育低角度剖面型剪切裂缝，缝面方解石半充填，见擦痕

图 4.3　岩心裂缝发育特征典型照片

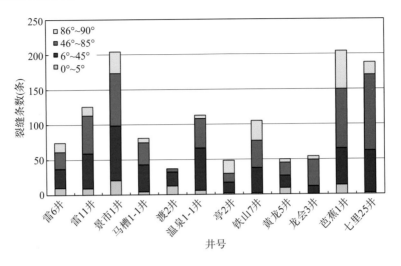

图 4.4　川东地区石炭系黄龙组天然裂缝产状分布统计图

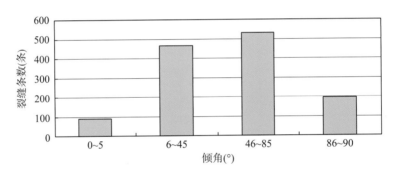

图 4.5　川东地区石炭系黄龙组天然裂缝倾角分布统计图

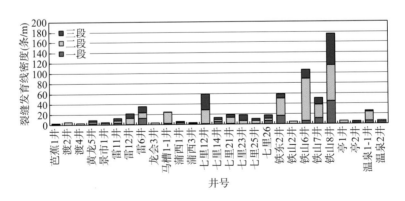

图 4.6　川东地区石炭系黄龙组各段天然裂缝发育线密度分布统计图

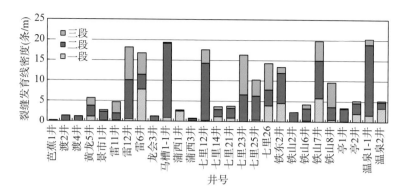

图 4.7　川东地区石炭系黄龙组各段有效天然裂缝发育线密度分布统计图

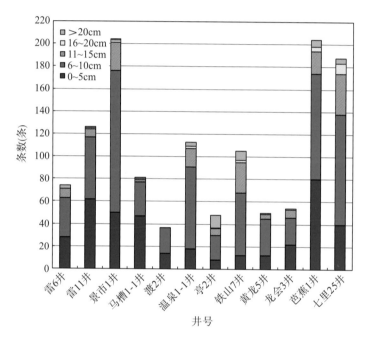

图 4.8　川东地区石炭系黄龙组裂缝长度统计分布图

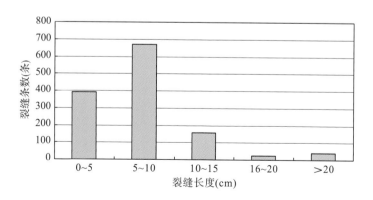

图 4.9　川东地区石炭系黄龙组天然裂缝长度分布统计图

图 4.10 和图 4.11 统计表明，裂缝发育程度与岩性有一定关系，其中在白云岩中发育程度最高，裂缝线密度可以达到 7.4 条/m，其次为角砾灰岩和角砾白云岩，裂缝线密度分别为 3.5 条/m、3.1 条/m。

根据岩心裂缝张开度的统计，裂缝张开度主要分布在 0.1～0.2mm，其次为大于 0.5mm 和 0.2～0.3mm 两个区间，裂缝的张开程度总体上比较高，在裂缝形成至今的过程中具有一定的有效性(图 4.12、图 4.13)。钻井岩心上裂缝有效的总体统计结果表明，未充填裂缝占 57%，半充填裂缝占 16%，完全充填裂缝占 27%，现今工区目的层中天然裂缝仍然具有比较高的有效性(图 4.14)。

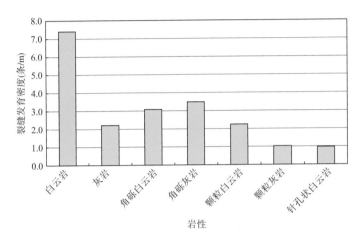

图 4.10　川东地区石炭系黄龙组不同岩性段天然裂缝线密度分布统计图

(a) 七里25井，第1回次39号，发育多组裂缝，相互交错，呈网状，且被方解石完全充填，受断层控制，主要组系可能与断层产状一致

(b) 温泉1-1井，块号716号，发育低角度斜交裂缝，缝面见碳质、沥青充填

(c) 雷11井，第6回次216号，发育近垂直裂缝，缝面方解石不完全充填，充填率在60%左右

(d) 雷11井，第6回次217号，发育高角度斜交裂缝，倾角为81°，缝长为13cm，缝面粗糙不平，无充填

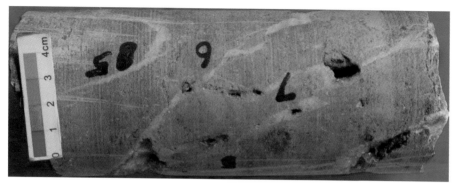

(e) 七里25井，第1回次28号，多组裂缝相互交错，呈网状，方解石完全充填，沿着裂缝局部发育直
径为0.3~0.8cm的溶洞，为裂缝充填后的溶蚀所致，与断层活动有关

图 4.11 川东地区石炭系黄龙组裂缝充填特征典型照片

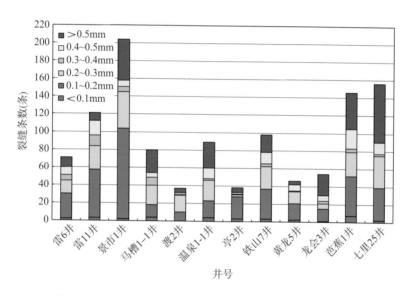

图 4.12 川东地区石炭系黄龙组天然裂缝张开度分布统计图

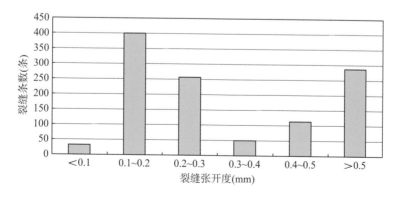

图 4.13 川东地区石炭系黄龙组天然裂缝张开度分布统计图

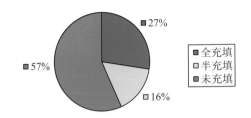

图 4.14　川东地区石炭系黄龙组天然裂缝充填性分布图

3) 裂缝力学性质

通过岩心中裂缝的缝面、组系、形态等特征可以对裂缝形成的力学性质进行判断。其中，剪性裂缝类型主要表现出如下特征：①缝面见不同类型擦痕、阶步等特征 [图 4.15 (a) 和图 4.15 (b)]；②缝面光滑平整，偶见充填物 [图 4.15 (c)]；③存在 X 形共轭组系 [图 4.15 (c)]。张性裂缝类型主要表现出如下特征：①缝面粗糙、凹凸不平、呈弯曲状等特征 [图 4.15 (d)]；②往往呈不共轭平行组系发育 [图 4.15 (e)]；③缝面往往充填程度高，切割岩石颗粒 [图 4.15 (f) 和图 4.15 (g)]。

(a) 雷11井，第6回次258号，
发育低角度剪性裂缝，缝面
见擦痕

(b) 亭2井，第2回次54号，发育一条近垂直剪性裂缝，缝面局部充填方解石，充填程度低，缝面见阶步

(c) 芭蕉1井，第10回次513号，发育一组张性垂直裂缝(缝面无充填)和一组共轭剪性垂直充填裂缝(剪切角约为40°)

(d) 雷11井，第6回次229号，发育一组张性垂直裂缝，岩心观察裂缝长度为3~12cm

(e) 雷6井，第1回次64号，发育一组平行垂直裂缝(3条互相平行)，其中一条为泥质充填，另外两条
为方解石半充填，缝长大于38cm

(f) 芭蕉1井，裂缝被方解石完全充填　　　　　　　(g) 铁山12井，裂缝切割颗粒

图 4.15　川东地区石炭系黄龙组裂缝缝面特征典型照片

2. 川东地区石炭系钻井剖面裂缝识别

1) 井剖面裂缝响应特征分析

钻井过程中遇到裂缝发育段，往往容易出现井漏、钻速加快、放空等典型特征。通过对川东地区石炭系岩心裂缝描述性统计结果和录井资料的对比，钻遇裂缝发育段往往出现明显的井漏、钻时加快等特征。例如，雷 12 井在钻至 3746m 时发生井漏，而该段顶部发育高角度或垂直有效裂缝及低角度方解石充填裂缝(图 4.16)；七里 12 井在钻至 3317～3320m 井段时发生井漏，钻时呈现 78min/3317m↓、75min/3318m↓、45min/3319m↑、50min/3320m↑、68min/3321m↑的先逐渐降低，后逐渐上升(图 4.17)。

钻井剖面上基于常规测井进行裂缝识别目前来说仍然是一个难题，识别结果往往很难达到解决现场问题的要求。通过项目组多年来在裂缝领域的研究，对基于常规测井的裂缝识别已做了大量的工作，积累了大量的方法和技术手段。要对钻井上及井筒附近天然裂缝进行可靠识别，主要还是需要从裂缝的测井响应机理来入手分析，通过总结井筒剖面天然裂缝在常规测井上的响应机理，主要基于 3 点：①由于裂缝的发育截切电信号的传播路径导致测井响应异常，如声波出现时差增加、周波跳跃等现象；②裂缝及裂缝发育带可以增加岩石孔隙体积，导致密度降低、中子孔隙度增加等电性特征；③在裂缝发育段常形成油气富集带，将会影响岩石的电性，从而在测井曲线上有特殊响应。不同裂缝产状和张开度是影响裂缝在测井上有不同响应特征的主要原因，其中裂缝张开度主要是与影响机理中机理①、②有关，而裂缝产状则与影响机理中的机理②有关。根据以上测井响应机理，再结合不同区域的地质条件对裂缝响应特征进行分析，找出对裂缝响应最为明显的主要测井系列或者不同测井信号的组合特征建立相应的成果测井裂缝识别标准。

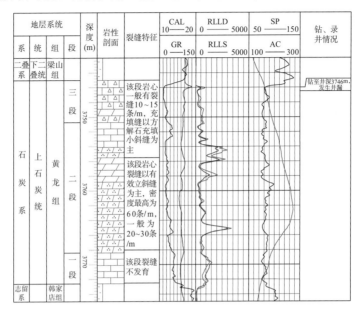

图 4.16　川东地区雷 12 井剖面裂缝描述及钻录井裂缝响应特征图

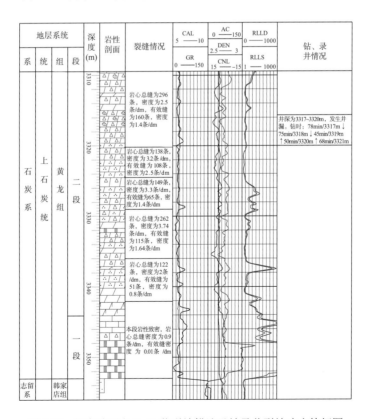

图 4.17　川东地区七里 12 井裂缝描述及钻录井裂缝响应特征图

综合前人对碳酸盐岩油气藏裂缝测井响应特征的研究成果,一般认为对裂缝响应较为敏感的常规测井系列主要包括双侧向视电阻率测井、微球型聚焦测井、深中双感应测井、声波时差测井、中子孔隙度测井等。根据对川东地区测井资料的收集情况来看,主要包括井径(CAL)测井、自然伽马(GR)测井、自然电位(SP)测井、双侧向视电阻率(RLLD 和 RLLS)测井、声波时差(AC)测井、中子(CNL)测井、密度(DEN)测井等。

从上面常规测井对井筒剖面天然裂缝响应的机理来看,常规测井对钻井剖面天然裂缝的识别主要是对有效裂缝进行识别。因此本书研究中对照岩心裂缝描述情况,选取了 40 个典型有效裂缝发育段和 14 个非裂缝发育段作为分析样本,并对这 54 个样本的测井信息进行提取,通过各种测井信号的交会分析找出最敏感的响应系列。通过交会分析研究发现,视电阻率测井系列(图 4.18)、中子测井(图 4.19)对井剖面有效裂缝的响应特征明显,特别是 RLLS/RXO 和 RLLD/RT 组合对有效裂缝识别效果最好(图 4.18);而声波时差、密度、自然伽马、井径等测井系列对井剖面天然有效裂缝响应特征识别效果差(图 4.20、图 4.21)。因此,基于常规测井对井剖面的天然裂缝识别主要是可以针对有效裂缝进行识别,最为敏感的测井系列为不同探测深度的视电阻率和中子测井系列,这将为后面基于常规测井的井剖面识别提供基础和依据。

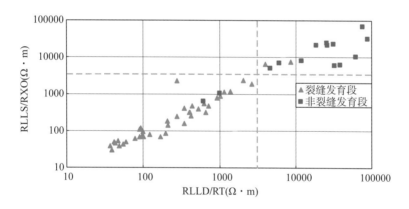

图 4.18　典型有效裂缝发育段与非裂缝发育段视电阻率测井交会图(RLLS/RXO-RLLD/RT)

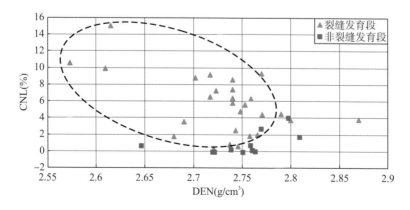

图 4.19　典型有效裂缝发育段与非裂缝发育段中子与密度测井交会图

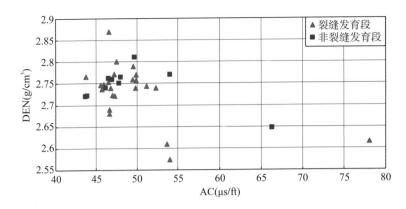

图 4.20　典型有效裂缝发育段与非裂缝发育段声波时差与密度测井交会图

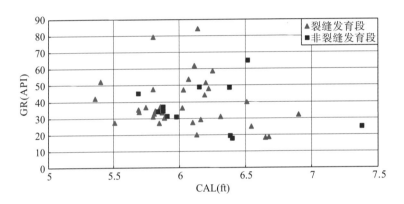

图 4.21　典型有效裂缝发育段与非裂缝发育段井径与自然伽马测井交会图

2) 基于常规测井的井剖面裂缝参数解释

(1) 裂缝张开度计算方法。利用常规测井对裂缝张开度进行计算和评价主要是通过泥浆的侵入程度在深、浅侧向视电阻率上的响应差异来体现。1990 年罗贞耀根据裂缝与井眼的关系，在 Sibbit 和 Faivre 等研究的基础上，推导出不同倾角裂缝对应的裂缝张开度计算公式。

①低角度裂缝 ($\alpha \leqslant 30°$)。

水平裂缝与双侧向电流的径向流动一致，当裂缝具有一定张开度时，泥浆侵入较深，使双侧向探测深度接近一致，RLLS≈RLLD，幅度差变小，下面是所建立的计算公式。

$$b = \frac{C - C_{\mathrm{b}}}{C_{\mathrm{m}}\left[1.5(1+\cos\alpha) - \sqrt{\cos\alpha}\right]g} \tag{4.1}$$

式中，$g = \dfrac{r}{H}\dfrac{\ln\dfrac{D}{r}}{2(D-r)}$；$b$ 为裂缝张开度，μm；C 为地层电导率，S/m；C_{b} 为地层基质电导率，S/m；r 为井筒半径，m；D 为探测深度，m；C_{m} 为泥浆电导率，S/m；A 为裂缝面与垂直井轴面的交角(即裂缝面视倾角)，(°)。

由公式(4.1)可得出，当 α 为定值时，裂缝张开度与泥浆电导率(C_m)成反比，与地层电导率差值($C - C_\text{b}$)成正比。

②垂直及斜交裂缝($\alpha > 30°$)。

如前所述，对于斜交裂缝及垂直裂缝在双侧向测井上具有明显正幅度差，可用下面的公式计算裂缝张开度。

$$b = \frac{C_\text{LLS} - C_\text{LLD}}{C_\text{m}\left[1.5(1+\cos\alpha) - \sqrt{\cos\alpha}\right]} \frac{1}{g_\text{s} - g_\text{d}}$$
$$= \frac{R_\text{m}(R_\text{LLD} - R_\text{LLS})}{R_\text{LLD}R_\text{LLS}\left[1.5(1+\cos\alpha) - \sqrt{\cos\alpha}\right]} \frac{1}{g_\text{s} - g_\text{d}}$$

(4.2)

式中，$g_\text{s} - g_\text{d} = \dfrac{r}{2H}\left[\dfrac{\ln(D_\text{s}-r)}{D_\text{s}-r} - \dfrac{\ln(D_\text{d}-r)}{D_\text{d}-r}\right]$；$C_\text{LLS}$、$C_\text{LLD}$ 分别为地层浅侧向、深侧向视电导率，S/m；R_LLS、R_LLD 分别为地层浅侧向、深侧向视电阻率，$\Omega\cdot\text{m}$；R_m 为泥浆视电阻率，$\Omega\cdot\text{m}$；r 为井筒半径，m；D_s、D_d 分别为地层浅侧向、深侧向电极探测深度，m；H 为侧向测井聚焦电流层的厚度，m。

上述参数中，泥浆视电阻率 R_m 按照完井报告或者测井报告进行取值；井筒半径利用井径测井资料获得；地层深侧向电极探测深度、浅侧向电极探测深度、侧向测井聚焦电流层厚度分别从测井仪使用手册查得，分别为 2.63m、0.8m 和 0.7m；裂缝倾角 α 取平均值，为 63°。

(2) 裂缝孔隙度计算方法。双侧向测井的电流束主要沿裂缝通过，有效裂缝的存在会使其视电阻率的高低变化十分明显，故而可以利用双侧向测井来计算裂缝孔隙度，假设前提如下：①泥浆侵入裂缝后，基块未受侵入影响；②深侧向探测到的是原状地层，且测得的深、浅侧向视电阻率曲线存在幅度差。

按照上述原理和假设，Sibbit 和 Faivre(1985)根据不同储层分别推导出油气层和水层裂缝孔隙度公式：

$$\frac{1}{R_\text{LLD}} = \frac{\phi_\text{b}^{m_\text{b}} S_\text{wb}^{n_\text{b}}}{R_\text{W}} + \frac{\phi_\text{fr}^{m_\text{fr}} S_{w_\text{fr}}^{n_\text{fr}}}{R_\text{W}}$$

(4.3)

$$\frac{1}{R_\text{LLS}} = \frac{\phi_\text{b}^{m_\text{b}} S_\text{wb}^{n_\text{b}}}{R_\text{W}} + \frac{\phi_\text{fr}^{m_\text{fr}} S_\text{xofr}^{n_\text{fr}}}{R_\text{mf}}$$

(4.4)

对于油气层来说，$S_\text{xofr} = 1$，$S_\text{wfr} = 0$，综合考虑了泥浆侵入等因素，将两式合并得

$$\phi_\text{fr} = \sqrt[m_\text{fr}]{R_\text{mf}\left(\frac{1}{R_\text{LLS}} - \frac{1}{R_\text{LLD}}\right)} \xrightarrow{\text{考虑泥浆}}_{\text{侵入}} \phi_\text{fr} = \sqrt[m_\text{fr}]{R_\text{m}\left(\frac{1}{R_\text{LLS}} - \frac{1}{R_\text{LLD}}\right)} \xrightarrow[\text{R_T替换R_LLD}]{\text{考虑深侵入}}$$

$$\phi_\text{fr} = \sqrt[m_\text{fr}]{R_\text{m}\left(\frac{1}{R_\text{LLS}} - \frac{1}{R_\text{T}}\right)}$$

(4.5)

对于水层来说，$S_\text{xofr} = 0$，$S_\text{wfr} = 1$，同样考虑了泥浆的侵入，合并两式得

$$\phi_{\mathrm{fr}} = {}^{m_{\mathrm{fr}}}\sqrt{\left(R_{\mathrm{mf}} - \frac{1}{R_{\mathrm{w}}}\right)\left(\frac{1}{R_{\mathrm{LLS}} - R_{\mathrm{LLD}}}\right)} \xrightarrow[\text{侵入}]{\text{考虑泥浆}} \phi_{\mathrm{fr}} = {}^{m_{\mathrm{fr}}}\sqrt{\left(R_{\mathrm{m}} - \frac{1}{R_{\mathrm{w}}}\right)\left(\frac{1}{R_{\mathrm{LLS}} - R_{\mathrm{LLD}}}\right)}$$

$$\xrightarrow[R_{\mathrm{T}}\text{替换}R_{\mathrm{LLD}}]{\text{考虑深侵入}} \phi_{\mathrm{fr}} = {}^{m_{\mathrm{fr}}}\sqrt{\left(R_{\mathrm{m}} - \frac{1}{R_{\mathrm{w}}}\right)\left(\frac{1}{R_{\mathrm{LLS}}} - \frac{1}{R_{\mathrm{T}}}\right)} \qquad (4.6)$$

式中，$R_{\mathrm{T}} = 2.589R_{\mathrm{LLD}} - 1.589R_{\mathrm{LLS}}$；$R_{\mathrm{T}}$ 为地层真实视电阻率，$\Omega \cdot \mathrm{m}$；φ_{b} 为基岩孔隙度，%；S_{wb} 为基岩含水饱和度，%；R_{w} 为地层水视电阻率，$\Omega \cdot \mathrm{m}$；$S_{w_{\mathrm{fr}}}$ 为裂缝含水饱和度，%；S_{xofr} 为井壁附近裂缝含水饱和度，%；ϕ_{fr} 为裂缝孔隙度，%；n_{fr} 为裂缝含水饱和度指数；m_{b} 为基岩孔隙度指数；n_{b} 为基岩含水饱和度指数；m_{fr} 为裂缝孔隙度指数。

由于仪器极板方向性的原因，且对井壁的要求较高，当井壁裂缝太发育而导致井壁垮塌时，上述公式便不再适用，所以在这种情况下解释的裂缝仅仅是所有裂缝中的一部分。

(3) 裂缝参数计算及评价。应用上述裂缝张开度和裂缝孔隙度的计算方法，对川东地区测井资料齐全的 22 口钻井目的层段进行了裂缝张开度和孔隙度的解释(图 4.22)，对各井黄龙组各段裂缝参数解释的统计中裂缝孔隙度一般为 0.002%~0.117%，平均为 0.04%，裂缝张开度一般为 13.3~84297μm，平均为 16922μm(表 4.2)。

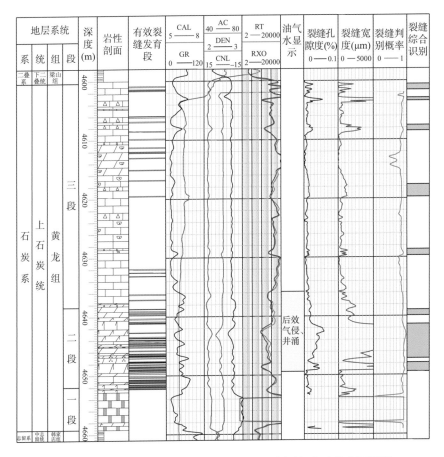

图 4.22   川东地区芭蕉 1 井裂缝参数解释、判别概率及综合识别图

常规测井解释裂缝参数与地层条件真实裂缝参数存在一定差异性，但其相对大小是可以指示有效裂缝发育情况的，因此对照岩心观察描述的有效裂缝发育段和非裂缝发育段（或者无效裂缝发育段）裂缝参数的解释情况来看，当常规测井计算裂缝孔隙度大于 0.02%，裂缝张开度大于 3600μm 时为有效裂缝发育段；当裂缝孔隙度小于 0.02%，裂缝张开度小于 3600μm 时为非裂缝发育段或者无效裂缝发育段(图 4.23)。

综合上述研究来看，基于常规测井对井剖面裂缝参数解释的意义并不在于反映地层条件下井筒附近裂缝的真实参数值，其意义更在于可以对井筒附近有效天然裂缝的指示和判识。

表 4.2 基于常规测井对井剖面裂缝参数解释统计表

层段	参数		芭蕉1井	渡2井	黄龙5井	景市1井	雷11井	龙会3井	马槽1-1井	渡4井
三段	裂缝孔隙度(%)	最大值	0.056		0.052	0.034	0.868		0.078	
		最小值	0.001		0.004	0.009	0		0	
		平均值	0.011		0.014	0.022	0.025		0.008	
二段		最大值	0.059	0.222	0.122	0.042	0.042	0.315	0.128	0.181
		最小值	0.004	0.001	0.014	0.002	0	0.001	0.014	0.018
		平均值	0.027	0.042	0.074	0.025	0.016	0.056	0.057	0.047
一段		最大值			0.049	0.040	0.027		0.021	
		最小值			0.004	0.002	0.001		0.008	
		平均值			0.023	0.018	0.008		0.012	
三段	裂缝宽度(μm)	最大值	15397.500		15496.400	5612.050			29903.100	
		最小值	1.558		73.818	246.683			0	
		平均值	722.751		1487.900	2324.100			573.504	
二段		最大值	19271.000	48944.000	88204.100	10316.000		542009.000	102083.000	169484.000
		最小值	63.158	1.874	835.330	16.036		0.057	1073.110	1766.920
		平均值	5042.210	10354.700	36909.400	4016.640		25195.600	27804.100	17169.400
一段		最大值			20386.700	9763.320			2345.590	
		最小值			83.474	18.296			293.477	
		平均值			5925.360	2975.080			816.851	

层段	参数		雷6井	雷12井	马槽2井	浦西1井	浦西3井	七里3井	七里12井	七里14井
三段	裂缝孔隙度(%)	最大值	0.132	0.169		0.042	0.058	0.084	0.073	0.023
		最小值	0	0.017		0	0.022	0.015	0.003	0.001
		平均值	0.054	0.046		0.007	0.014	0.033	0.027	0.008
二段		最大值	0.046	0.050	0.086	0.077	0.035	0.079	0.136	0.135
		最小值	0	0.002	0.003	0	0.002	0.004	0.003	0
		平均值	0.017	0.022	0.045	0.929	0.02	0.041	0.046	0.027

层段	参数		雷6井	雷12井	马槽2井	浦西1井	浦西3井	七里3井	七里12井	七里14井
一段	裂缝孔隙度(%)	最大值	0.018	0.032	0.061	0.010	0.025	0.033	0.036	0.017
		最小值	0.002	0.009	0.019	0.001	0	0.001	0	0.002
		平均值	0.009	0.020	0.040	0.004	0.007	0.015	0.010	0.008
三段	裂缝宽度(μm)	最大值	79254.100	120535.000		3158.030	17166.800	14519.000	10801.400	2302.310
		最小值	0	1347.090		0	11.028	1167.230	16.512	4.199
		平均值	22545.200	13340.200		221.753	1301.650	5861.490	2340.130	337.643
二段		最大值	13079.600	12265.600	21789.800	39572.700	6631.150	37893.200	100985.000	113015.000
		最小值	0	6.605	21.655	0	13.087	55.687	32.821	0
		平均值	2726.990	2348.090	7291.500	8769.540	2602.220	11469.500	16959.300	6966.210
一段		最大值	1453.240	5433.590	10314.500	538.556	3409.590	6143.310	6812.220	1657.260
		最小值	8.850	342.058	1432.090	1.497	179.844	13.919	0	9.535
		平均值	454.376	2339.360	4941.640	113.484	893.942	3088.680	1039.470	457.575

层段	参数		七里21井	铁东2井	铁山8井	亭4井	温泉1-1井	温泉2井		
三段	裂缝孔隙度(%)	最大值	0.296	0.238	0.249	0.289	0.417	0.490		
		最小值	0	0	0.005	0.035	0	0		
		平均值	0.019	0.007	0.020	0.078	0.044	0.016		
二段		最大值	0.088	0.05	0.047	0.120	0.154	0.073		
		最小值	0.001	0.001	0.003	0.015	0.006	0.001		
		平均值	0.025	0.018	0.015	0.066	0.069	0.036		
一段		最大值	0.030	0.037	0.081	0.028	0.033	0.032		
		最小值	0	0.002	0.002	0.004	0.001	0.004		
		平均值	0.013	0.014	0.009	0.018	0.012	0.016		
三段	裂缝宽度(μm)	最大值	499568.000	8280.150	106023.000	292771.000	726630.000	90058.300		
		最小值	0	0.455	111.480	5229.840	17.299	1.461		
		平均值	5181.670	176.325	3018.620	29910.300	20126.400	2041.750		
二段		最大值	46038.300	13153.000	15053.500	53110.300	141193.000	30058.900		
		最小值	4.754	4.242	42.450	766.202	195.238	1.014		
		平均值	6596.140	2333.000	1625.970	19276.700	33539.100	9750.570		
一段		最大值	14593.000	5921.64	37694.300	2638.260	5707.540	5752.340		
		最小值	157.025	9.719	7.336	48.098	2.735	64.760		
		平均值	2629.550	1230.210	1430.710	1257.560	1054.370	1869.640		

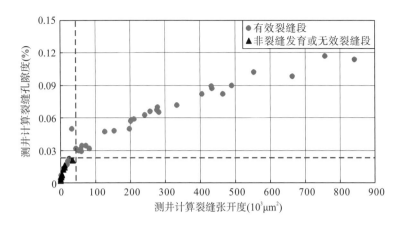

图 4.23 基于测井解释裂缝参数对有效裂缝识别界限及标准图版

3) 基于常规测井井剖面裂缝识别判别模型建立

判别分析是利用已知的总体分类建立分类判别准则，从而对未知样品进行分类的一种数理统计学方法。其基本原理是在 G_1，G_2，$\cdots$，G_K 个总体中选出不同的样本建立判别法则，并最终运用该法则判别新样品归属。因此，判别分析的重点是判别法则的建立，目前建立判别法的方法较多，常用的主要有距离判别、贝叶斯 (Bayes) 判别、费希尔 (Fisher) 判别等，其中距离判别和费希尔判别分析方法的计算过程简单，结论明确，但这两种判别方法均不考虑总体中各自出现的概率，且与错判之后造成的影响无关，因此合理性不够。而贝叶斯判别准则可以克服距离判别和费希尔判别的上述缺陷，因此在本次裂缝识别研究中使用的判别准则选用贝叶斯判别准则。

进行贝叶斯判别分析首先需要计算待判样品属于各个总体样本的条件概率 $P(g|x)$，$g=1$，2，$\cdots$，k，然后比较概率值的大小，并将待判样品归为条件概率最大的总体。

设有 K 个总体 G_1，G_2，$\cdots$，G_k，它们的分布密度函数分别为 $f_1(x)$，$f_2(x)$，$\cdots$，$f_k(x)$，其中 K 个总体出现的概率分别为 q_1，q_2，$\cdots$，q_k（先验概率），$q_i \geqslant 0$，$\sum_{i=1}^{k} q_i = 1$。

当观测到一个样品 x 时，利用贝叶斯公式可以计算样品 x 来自第 g 个总体的后验概率：

$$P(g|x) = \frac{q_g(x)f(x)}{\sum_{i=1}^{k} q_i(x)f_i(x)} \quad g = 1,2,\cdots,k \tag{4.7}$$

当 $P(hx) = \max_{1 \leqslant g \leqslant k} P(g|x)$ 时，将 x 判入第 h 类。

如上所述，贝叶斯判别需要知道每个总体的分布密度函数，一般在实际应用中假设总体服从多元正态分布，假设 K 个总体的协差阵相同（当协差阵不相等时，将得到非线性判别函数）。

在以上假定下，第 g 个总体的 p 元正态分布概率密度函数为

$$f_g(x) = (2\pi)^{-p/2} |\boldsymbol{\Sigma}|^{-1/2} \exp\left\{-\frac{1}{2}(x-\boldsymbol{\mu}^{(g)})t\boldsymbol{\Sigma}^{-1}(x-\boldsymbol{\mu}^{(g)})\right\} \tag{4.8}$$

其中，Σ 为各总体的协差阵；$\mu^{(g)}$ 为第 g 个总体的均值向量。

在 $P(g|x)$ 的表达式中，由于只关心寻找使 $P(g|x)$ 最大化的 g，而 $P(g|x)$ 的分母与 g 无关，故而可以改为求解令 $f_g(x)$ 最大化的 g。

对 $f_g(x)$ 取对数，去掉与 g 无关的项，将得到以下形式的线性判别函数：

$$y(g|x) = \ln q_g - \frac{1}{2}\mu^{(g)'}\Sigma^{-1}\mu^{(g)} + x'\Sigma^{-1}\mu^{(g)} \tag{4.9}$$

其中，求取各总体先验概率 q_g 常用以下两种方法：一是使用样品频率代替，即令 $q_g = n_g / n$；二是令各总体先验概率相等，即 $q_g = 1/K$，当 $y(g|x) = \max\limits_{1<g\leqslant k} y(g|x)$ 时，也有 $P(h|x) = \max\limits_{1<g\leqslant k} y(g|x)$，所以可将 x 判入第 h 类。

判别分析中，典型样品的选择显得十分重要，样本选择好坏关系到判别模型建立的成功与否。对于裂缝层段的测井响应，由于受到其他因素影响，如井眼、钻井液、测量、记录等，将会增加裂缝识别难度，因此在进行数理统计时，应尽量减少其他因素影响，选择典型样品进行抽样统计，从而提高裂缝识别的准确性和有效性。这里的研究以前文所选择的 54 个样本点（包括两类样本，一类为有效缝，即未充填裂缝和半充填裂缝；另一类为非裂缝或者完全充填裂缝）作为典型样本。

对 54 个样本点对应的测井信号进行提取之后，考虑各个测井系列数量级的差异，需要进行测井响应值的归一化处理，即将不同测井参数校正到相同的数值标准下，减少因测井响应值数量级或者井间环境校正的差异导致对最终判别结果的贡献大小的不真实性；标准化采用下面的极差变换公式进行归一化处理［公式(4.10)］。

设原始数据为 x_{ij}（i=1，2，…，n；j=1，2，…，m），极差变换公式为

$$x'_{ij} = \frac{x_{ij} - x_{j(\min)}}{x_{j(\max)} - x_{j(\min)}} \tag{4.10}$$

式中，$x_{j(\max)}$ 为 n 个样品中第 j 个变量的最大值；$x_{j(\min)}$ 为 n 个样品中第 j 个变量的最小值。

经极差变换后，各测井参数分布在 0～1 之间，从而消除了数量级及井间的差异。

在典型样本筛选、测井信号提取、样本数据标准化处理的基础上，利用逐步判别方法和贝叶斯判别准则，通过剔除和引入各项测井参数逐渐建立了有效裂缝的判别模型。

$$Y_1 = 0.415 \times \text{CNL} + 5.979 \times 10^{-6} \times \text{RLLD} + 8.950 \times 10^{-6} \times \text{RLLS} - 1.676 \tag{4.11}$$

$$Y_2 = 0.106 \times \text{CNL} + 1.363 \times 10^{-4} \times \text{RLLD} + 6.965 \times 10^{-5} \times \text{RLLS} - 3.558 \tag{4.12}$$

式中，Y_1 为有效裂缝判别函数；Y_2 为非裂缝段或者无效裂缝段判别函数；CNL 为中子测井；RLLD 为深侧向测井，若无该测井系列，则可以用 RT 测井系列代替；RLLS 为浅侧向测井，若无该测井系列，则可以用 RXO 测井系列代替。

上述判别模型在回判验证中，对 54 个样本识别的回判率达到 85.6%，识别精度满足对井剖面天然有效裂缝的识别，在识别过程中可以通过计算裂缝判别概率来进行识别，该概率按照下式进行计算：

$$P_F = \frac{\mathrm{e}^{Y_1}}{\mathrm{e}^{Y_1} + \mathrm{e}^{Y_2}} \tag{4.13}$$

利用建立的公式(4.11)、公式(4.12)裂缝识别模型对川东地区 22 口井进行了裂缝判

别，并对照岩性描述的有效裂缝段和非裂缝发育段或者无效裂缝发育段，可以确定对井剖面有效裂缝识别的判别概率界限为 0.82（图 4.24）。

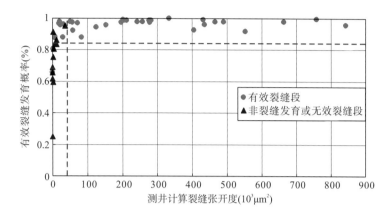

图 4.24 基于测井解释裂缝参数及判别概率对有效裂缝的识别界限及标准图版

4）井剖面裂缝综合识别

综合上述常规测井解释裂缝参数及判别模型的建立，确定了井剖面基于常规测井对有效裂缝发育段的综合识别标准（表 4.3），并利用该标准对研究区钻井进行了井剖面的裂缝识别，为后续裂缝主控因素及分布预测提供基础；识别结果与岩心描述对比，该综合识别标准识别精度相对单一的识别方法或者单一的测井响应信号，识别精度得到了大大提高。

表 4.3 钻井剖面基于常规测井对有效裂缝发育段的综合识别标准

类型	测井解释裂缝孔隙度 （%）	测井解释裂缝宽度 （$10^2\mu m$）	裂缝判别概率
有效裂缝	>0.02	>36	>0.82
非裂缝或无效裂缝	<0.02	<36	<0.82

3. 裂缝发育主控因素及成因分析

1）裂缝发育控制因素

（1）岩性的影响。不同岩性的岩石力学性质存在较大差异，因为它们具有不同的岩石成分、颗粒大小、孔隙结构、岩石孔隙度以及成岩强度。即使是在相同的应力条件下，裂缝的延伸方向和发育程度也有可能不一样。一般情况下，岩石中如果所含脆性成分越高越容易发生破裂，因而裂缝密度（单位长度上发育的裂缝条数）也会较高。前文中按照岩性统计了裂缝发育密度，不同岩性中裂缝发育存在一定的差异。其中，相对较纯的白云岩力学性质最弱，发育裂缝线密度可以达到 7.4 条/m；角砾状灰岩和白云岩的岩石强度相对较弱，统计的裂缝线密度分别为 3.5 条/m、3.1 条/m；颗粒白云岩、灰岩的岩石强度相对较大，统计裂缝线密度为 2.2 条/m；针孔状白云岩的岩石强度最大，发育的裂缝线密度为 1 条/m。

因此，岩性对裂缝发育具有一定的影响作用。

(2)岩层厚度的影响。岩层厚度一般对裂缝发育有一定的控制作用，实验室分析结果表明在同样的作用力加载条件下，厚度相对小的岩层更容易破裂。通过对川东地区取心井的观察和对岩心段不同岩性中出现裂缝的岩心段厚度和该段内裂缝的发育密度进行了统计，统计结果表明裂缝发育程度与岩层段厚度呈一定的幂函数递减关系，且当厚度小于4m时，裂缝发育密度随厚度增大降低明显；当厚度增至10m左右时，这种递减关系趋缓（图4.25）。因此，岩层厚度对裂缝发育程度的影响主要作用在厚度小于10m的岩层内，当厚度大于10m时，这一影响因素的作用已经变得不明显。

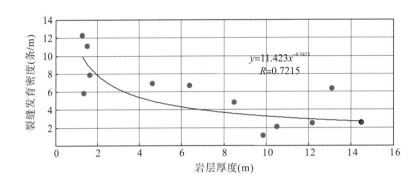

图4.25 岩层厚度与裂缝发育密度之间的关系

(3)构造变形的影响。地层中裂缝的产生在于岩石的破裂，根据岩石力学试验，岩块在外荷载作用下产生变形，随着荷载的不断增加，变形也不断增加，当变形达到岩石破裂极限时，岩石破裂，因此往往岩层变形越大，岩石破裂程度越高。川东地区构造强度大，褶皱、断层发育，岩层变形强烈。根据对川东地区黄龙组顶面构造图计算主曲率可以看出，正向曲率可以达到3.84，负向曲率最低也达到了-3.65，尤其是研究区北西侧的平昌地区正向曲率都超过了1，这一区域的变形程度超过了一般岩层的临界破裂曲率（图4.26）。因此，针对该区变形复杂且强度大的岩层区，构造变形所致的裂缝类型是该区一种重要的成因类型。

(4)断层的影响。川东地区发育大量NE组系断裂，断裂延伸规模大，断层附近钻井出现明显的井漏、钻时加快、取心破碎、碎块与充填物混杂等现象，多数与断层及其活动有关。而通过对断层附近钻井岩心上的裂缝线密度进行统计，其与断层的关系也表现出了断层对其附近裂缝发育具有很强的影响，该影响还受断层规模的控制。

①小型断层（平面延伸小于3km）对附近裂缝发育的影响。对延伸规模小于3km的断层附近钻井裂缝密度统计表明，裂缝线密度与断层距离之间呈幂函数递减关系；断层对附近裂缝发育的控制距离为0.7km左右，小于这个距离时，裂缝的发育密度随着距离断层之间距离增大而明显降低，大于这个距离时，裂缝发育程度变化趋缓（图4.27）。

图 4.26 川东地区黄龙组顶面构造主曲率分布图

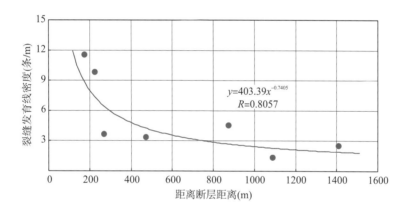

图 4.27 延伸小于 3km 的断层附近裂缝发育密度与断层距离之间的关系

②小型断层(平面延伸 3～10km)对附近裂缝发育的影响。对延伸规模为 3～10km 的断层附近钻井裂缝密度的统计表明,裂缝线密度与断层距离之间为幂函数递减关系;断层对附近裂缝发育的控制距离为 1km 左右,小于这个距离时,裂缝的发育密度随着距离断层之间距离的增大而明显降低,大于这个距离时,裂缝发育程度的变化趋缓(图 4.28)。

③大型断层(平面延伸大于 10km)对附近裂缝发育的影响。对延伸规模大于 10km 的断层附近钻井裂缝密度的统计表明,裂缝线密度与断层距离之间也呈幂函数递减关系;断层对附近裂缝发育的控制距离为 2km 左右,小于这个距离时,裂缝的发育密度随着距离断层之间距离的增大而明显降低,大于这个距离时,裂缝发育程度的变化趋缓(图 4.29)。

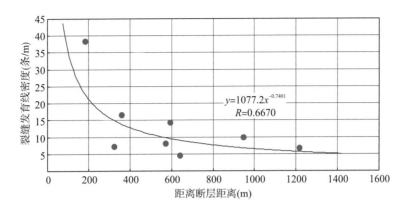

图 4.28   延伸 3～10km 的断层附近裂缝发育密度与断层距离之间的关系

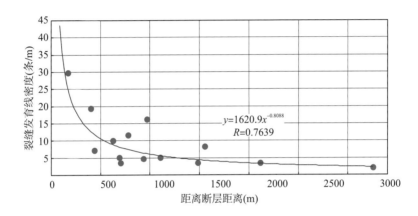

图 4.29   延伸大于 10km 的断层附近裂缝发育密度与断层距离之间的关系

2) 裂缝成因类型

结合川东地区地质条件、构造背景以及前文对川东地区岩心裂缝观察描述、统计分析的结果来看,川东地区黄龙组的裂缝成因类型主要有构造变形裂缝成因和断层相关裂缝成因,其中构造变形裂缝成因类型主要有纵张缝和扩张缝两种类型,产状分别平行于构造背斜轴线方向和垂直于向斜轴线方向;而断层相关裂缝成因类型主要有产状和组系与断层相协调的拉张裂缝和剪切裂缝两种。因此,后面的评价主要针对这两种成因类型裂缝展开。

3) 裂缝成因期次分析

川东地区西以华蓥山为界,北抵大巴山前缘,东、南均隶属川东高陡构造带。川东及周边地区经过多期复杂的构造叠加和改造作用,最终呈现出如今的高陡复式褶皱形态。据前人研究,上石炭统黄龙组自沉积期后主要经历了晚印支期—早燕山期及晚燕山期—早喜马拉雅期两个时期的构造改造作用。

(1) 晚印支期—早燕山期构造及应力场特征。晚印支期—早燕山期,随着扬子板块向西、向北插入龙门山、秦岭造山带之下,发生盆地朝造山带的俯冲和造山带向盆地的仰冲作用,即为陆内造山作用阶段。此期,雪峰山—湘鄂西 NE 向弧形构造继续隆升,所产生

的最大主应力为自 SE 向 NW 的挤压应力传递到川东地区，使川东构造带形成滑脱构造和
NE 向深断裂，并在隐覆基底断裂处发生应力集中，形成背斜紧密、向斜开阔的 NE 向隔
挡式褶皱，且在背斜的陡翼常发育倾轴断裂。由于构造带北端受到大巴山弧形构造的限制，
产生自北向南的阻力影响，褶皱轴向发生向东偏转，变为 NEE 向，南端受到燕山期继承
性活动的制约，发生向南偏转为近 SN 或 NNW 向，从而形成一向 NW 突出的弧形褶皱带。
因此，川东地区呈向 NW 突出的弧形构造带，反映了来自雪峰山 SE 向挤压应力的作用，
它与大巴山中带向 SW 突出的弧形构造遥相呼应，呈联合关系，构成一对"收敛双弧"，
是同期形成的产物。川东地区所处最大主应力场方向为自 SE 向 NW 挤压，产生 NE 向张
性破裂和近 NNE 向、NEE 向共轭剪破裂(图 4.30、图 4.31)。

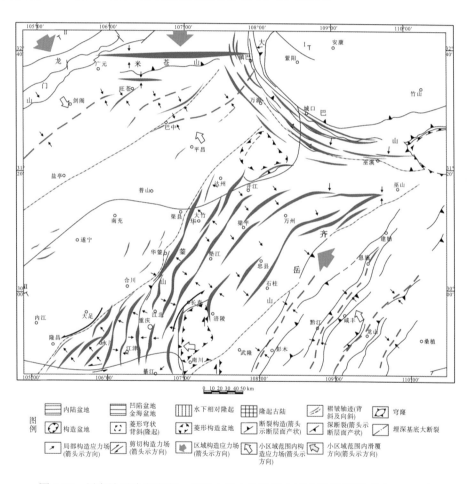

图 4.30　川东地区晚印支期—早燕山期古构造及主应力场图(据陈浩如，2014)

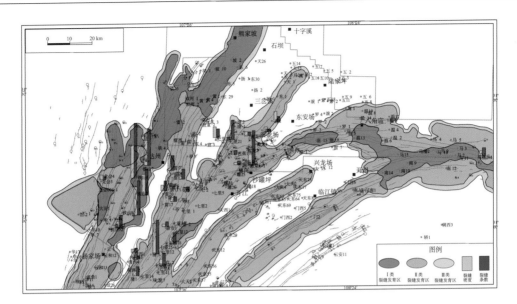

图 4.31　川东地区晚印支期—早燕山期裂缝综合预测及评价图

(2)晚燕山期—早喜马拉雅期构造及应力场特征。晚燕山期—早喜马拉雅期,是川东北弧形构造的最终改造定型期。此期,由于盆地西缘的龙门山以及东缘的雪峰山活动性减弱,而大巴山表现出较强烈的逆冲推覆作用,因此,区域应力场分布与喜马拉雅早期相反,最大主应力主要为 NE—SW 向,即盆地遭受自 NE 向 SW 的挤压应力作用。在这种挤压应力作用下,大巴山继续发生向盆地的仰冲作用,并叠加在燕山期所形成的弧形构造带上。在其向盆地过渡的前缘地带,由于 NE—SW 向挤压应力场的作用,形成一系列叠加在早期 NE 向构造之上,并对其进行改造的 NW 走向的褶皱与断裂(图 4.32、图 4.33)。

4)裂缝充填物同位素分析

利用裂缝中充填物同位素进行裂缝期次分析,主要是依据各期次裂缝的充填物同位素特征具有一定的相似性,不同期次裂缝充填物的稳定同位素不同。另外,本书研究可利用氧同位素测温方法计算裂缝形成时期的温度,并计算出裂缝形成时的埋藏深度,对比研究区地层埋藏史可推测出产生裂缝的大致时期。

本书研究在钻井岩心裂缝的观察中,对裂缝中充填物进行了取样,充填物基本都为方解石,共选取 21 件样品进行 C、O 稳定同位素分析,分析结果如下。

裂缝充填物方解石 $\delta^{18}O$(PDB) 分布范围为-6.69‰~-14.16‰,平均值为-9.72‰;$\delta^{13}C$(PDB) 分布范围为-12.56‰~1.96‰,平均值为-2.47‰(表 4.4)。

采用 Fritz 和 Smith 提出的氧同位素测温方程:

$$t=31.9-5.55(\delta^{18}O_c-\delta^{18}O_w)+0.7(\delta^{18}O_c-\delta^{18}O_w)^2$$

式中,t 为方解石形成时的温度值;$\delta^{18}O_w$ 为形成矿物时水介质氧同位素;$\delta^{18}O_c$ 为矿物的氧同位素。

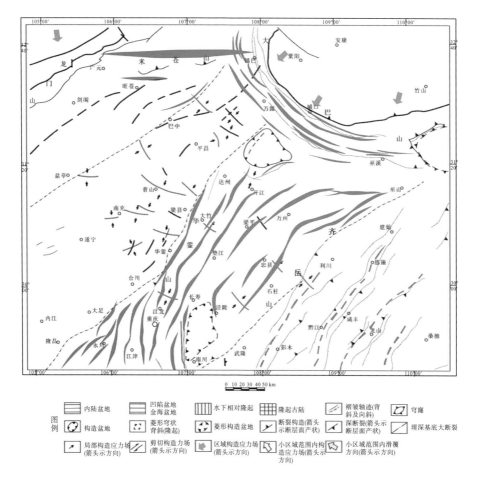

图 4.32　川东地区晚燕山期—早喜马拉雅期古构造及主应力场图(据陈浩如，2014)

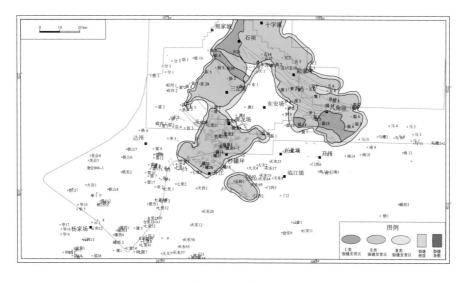

图 4.33　川东地区晚燕山期—早喜马拉雅期裂缝综合预测及评价图

考虑到年地面平均温度为20℃，按目前地温梯度2.5℃/100m进行裂缝形成时埋深的折算，式中 $\delta^{18}O_w$ 对应为晚石炭世莫斯科阶海水 $\delta^{18}O$ 平均值，根据 Veizer 建立的曲线可知，$\delta^{18}O(PDB)$ 值为-3.1‰时，通过折算对应平均埋深为4076.5m；$\delta^{18}O(PDB)$ 值为-11.86‰时，对应的地温梯度为130.88℃/100m，折算成埋深为5421m；$\delta^{18}O(PDB)$ 值为-8.4‰时，对应的地温梯度为81.36℃/100m，折算成埋深为3254m。对照川东地区埋藏史图可以将上面两个折算埋深与表4.4中的裂缝充填物碳、氧同位素测试结果对应，应分别为晚印支期—早燕山期和晚燕山期—早喜马拉雅期（图4.34、图4.35）。

表4.4　裂缝充填物碳氧同位素测试结果

序号	采样位置	块号	深度(m)	充填物	$\delta^{18}O(PDB)$	$\delta^{13}C(PDB)$	温度(℃)	计算埋深(m)
1	黄龙5井	185	5218.76	方解石	-14.16	-4.00	178.91	7156.38
2	黄龙5井	301	5225.42	方解石	-13.27	-6.24	160.74	6429.75
3	景市1井	206	4846.16	方解石	-9.08	-0.43	90.12	3604.85
4	景市1井	443	4866.72	方解石	-6.96	-3.26	63.75	2550.11
5	雷11井	258	3827.29	方解石	-7.86	-1.91	74.18	2967.13
6	雷11井	27	3791.22	方解石	-8.47	-2.02	81.89	3275.57
7	雷11井	124	3806.36	方解石	-10.7	-1.88	115.00	4599.93
8	雷11井	212	3820.11	方解石	-9.14	-0.62	90.96	3638.36
9	雷11井	184	3815.73	方解石	-11.11	-2.72	121.27	4850.70
10	雷6井	42	3644.54	方解石	-12.68	-12.56	149.31	5972.50
11	龙会3井	62	4762.23	方解石	-8.86	1.52	87.09	3483.69
12	龙会3井	17	4754.23	方解石	-8.16	1.96	77.91	3116.22
13	七里25井	402	3016.32	方解石	-9.46	-3.10	95.51	3820.51
14	七里25井	28	2976.32	方解石	-8.85	-0.15	86.96	3478.25
15	亭2井	66	5081.02	方解石	-7.93	-3.67	75.04	3001.47
16	温泉1-1井	774	4087.55	方解石	-9.18	-0.27	91.52	3660.82
17	芭蕉1井	420	4646.05	方解石	-11.24	-1.19	123.46	4938.35
18	芭蕉1井	422	4646.18	方解石	-10.79	-2.02	115.97	4638.99
19	芭蕉1井	418	4645.69	方解石	-10.90	-1.62	117.78	4711.12
20	芭蕉1井	291	4632.67	方解石	-7.90	-3.15	74.67	2986.72
21	芭蕉1井	208	4624.17	方解石	-7.35	-4.46	68.13	2725.25

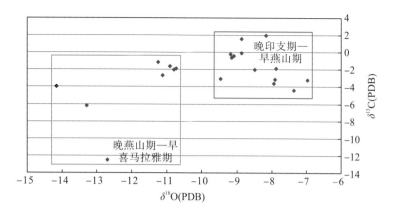

图 4.34　川东地区石炭系黄龙组裂缝充填物碳氧同位素分布图

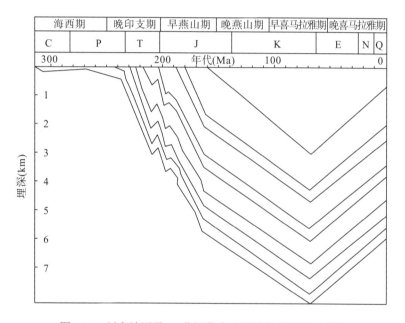

图 4.35　川东地区雷 11 井埋藏史及裂缝发育期次匹配图

5) 裂缝分布预测及评价

（1）构造变形成因裂缝分布及评价。当岩石受构造应力挤压时，会沿某一方向发生弯曲（初始情况是无弯曲的岩层），中性面以上部位承受拉张应力而形成张裂缝。对这类裂缝分布的预测和评价主要采用主曲率法来进行评价，主曲率法是根据岩层发生形变与曲率的关系来预测张裂缝的分布，一般曲率越大，张应力也应越大，张裂缝也越发育，曲率值可间接反映张裂缝的多少（相对值）（图 4.36、图 4.37）。

构造层面的曲率值反映岩层弯曲程度，利用岩层弯曲面的曲率值分布，可以用于评价因构造弯曲作用而产生纵张裂缝的发育情况，计算岩层弯曲的方法很多，本书研究则采用主曲率法。首先对构造图进行网格化，对构造面顶界进行构造趋势面拟合，当拟合度达到80%～90%以上时，求得趋势面方程：

$$f(x,y) = Ax^3 + By^3 + Cx^2y + Dxy^2 + Exy + Fx^2 + Gy^2 + Hx + Iy + J$$

由上述构造面趋势方程按下述方法计算主曲率值：

$$\frac{1}{R_{1,2}} = \left(\frac{1}{r_x} + \frac{1}{r_y}\right) \pm \sqrt{\frac{1}{4}\left(\frac{1}{r_x} - \frac{1}{r_y}\right)^2 + \frac{1}{r_{xy}}}$$

其中，$\dfrac{1}{r_x} = \dfrac{\partial^2 f(x,y)}{\partial x^2}$，$\dfrac{1}{r_y} = \dfrac{\partial^2 f(x,y)}{\partial y^2}$，$\dfrac{1}{r_{xy}} = \dfrac{\partial^2 f(x,y)}{\partial x \partial y}$。

根据计算结果，对平面上某点处的最大主曲率值进行作图，得到曲率分布图，进行裂缝分布评价。一般来讲，如果地层因受应力变形越严重，则其破裂程度可能越大，曲率值也越大。

按照上述原理编制主曲率计算程序对川东地区黄龙组顶面构造图进行计算，计算过程中不考虑断层的影响，凡是断层两盘的构造线通过圆滑进行处理。图 4.38 为主曲率计算结果。根据川东地区裂缝发育密度与构造曲率交会图得出的结果，川东地区石炭系碳酸盐岩地层破裂的临界曲率值一般不超过 0.6。因此，这里以主曲率为 0.6 作为构造变形成因裂缝的发育区，主曲率大于 0.6 的区域为裂缝发育区。

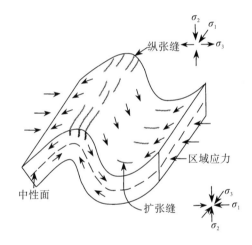

图 4.36　构造变形成因裂缝类型受力、力学性质及分布示意图

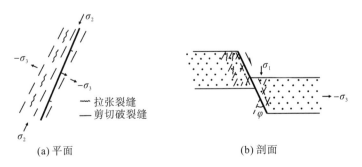

图 4.37　断层共(派)生裂缝类型受力、力学性质及分布示意图

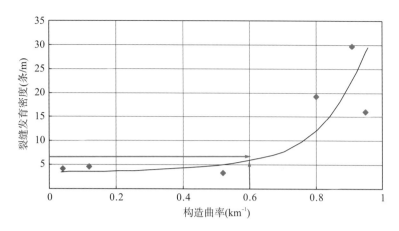

图 4.38　川东地区裂缝发育密度与构造曲率交会图

(2)断层共(派)生裂缝分布及评价。根据前文对川东地区裂缝特征及其成因的认识，断层附近裂缝的发育与断层息息相关，主要受断层规模和距离断层的距离控制，裂缝发育密度一般随着距离断层之间的距离呈幂函数递减关系，且递减程度和规律又受断层规模控制，图 4.27、图 4.28、图 4.29 是不同规模断层附近统计的裂缝发育密度与距离断层距离之间的关系。针对这一成因类型，裂缝按照下述思路来进行评价(图 4.39)。

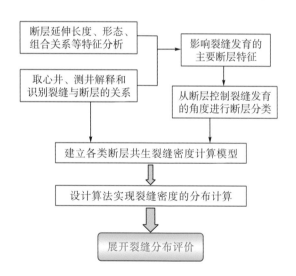

图 4.39　断层共生裂缝密度分布计算及裂缝分布评价思路图

①从研究区断层特征分析出发，寻找断层及其附近取心井、测井资料上所识别出的裂缝之间的关系，提出断层影响裂缝发育的主要特征；

②根据提取出的影响断层附近裂缝发育的主要断层特征，建立裂缝密度计算模型需要，对断层进行分类，按照各类断层分解条件简化模型建立的复杂性；

③根据断层的分类情况，利用各类断层附近取心井、测井资料等识别出的裂缝信息，寻找各类断层对裂缝的控制规律，建立各类断层共生裂缝的密度计算模型；

④根据模型设计的裂缝分布计算算法，采用相应的编程工具加以实现，为全区和重点区块的裂缝密度分布计算提供工具；

⑤根据裂缝密度的分布计算结果，结合钻井、岩心、录井、测井等资料展开裂缝的分布评价。

根据所建的裂缝分布模型，需要设计一定的算法通过编程实现以获得关于研究区内空间上裂缝密度的分布，下面是有关算法设计的详细过程。

①与其他软件设计思路相似，首先需要对连续的空间结果进行离散化，这里通过网格化的思想将连续空间网格化成纵、横向的网格来进行离散化运算；

②对计算工区内的断层按照其空间位置在所建网格中进行网格化处理，获得断层的网格化数据；

③进行数据的输入，这里包括输入网格化好的断层数据和所有断层的控制函数，控制函数即根据断层的长度选择上述建立的裂缝密度分布模型；

④对所有断层采用多项式方程进行拟合形成每条断层的多项式曲线方程，这样的处理是在以后计算各点到断层距离时方便利用点到曲线的距离模型来获得；

⑤利用点到曲线之间距离的计算模型计算网格点到各断层的距离，并利用该距离与相应断层的控制函数计算各断层影响下该点的裂缝密度；

⑥比较各断层影响下该点的裂缝密度，选取出对该点起主要影响作用的断层，取在该断层控制下计算的裂缝密度作为该点的裂缝密度；

⑦重复⑤、⑥两个步骤对工区各点进行处理，获得各点的裂缝参数；

⑧计算完毕，输出各网格点的裂缝密度数据，进行裂缝密度分布绘图。

上面的算法设计总体思路如图 4.40 所示。算法实现时分为数据预处理模块、数据输入模块、计算处理模块和结果输入模块。数据预处理模块功能用于将连续数据体进行空间网格化处理；数据输入模块用于对裂缝密度分布模型中的输入数据进行输入；计算处理模块是算法的核心模块，主要计算获得各点的裂缝密度；结果输出模块通过文件的输出系统对结果以文件或者数据表的形式进行输出。根据上述的算法设计，本书研究使用 C#语言，在.net 平台上进行编程实现，图 4.41 是实现的程序界面。

根据上述评价思路和计算方法，利用编制的程序对研究工区主要断裂附近裂缝发育密度按照图 4.27、图 4.28、图 4.29 的递减关系进行了计算，计算结果如图 4.42 所示。取不同规模断裂附近对裂缝发育程度的控制距离处的裂缝发育密度为 4 条/m 作为断层共(派)生裂缝的分布区域(图 4.42)。

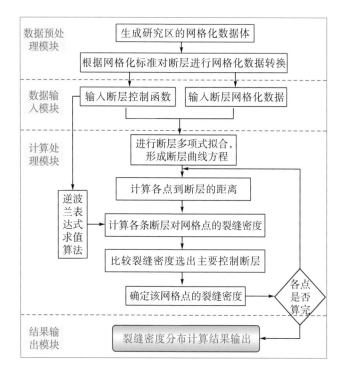

图 4.40　裂缝密度分布算法设计思路框图

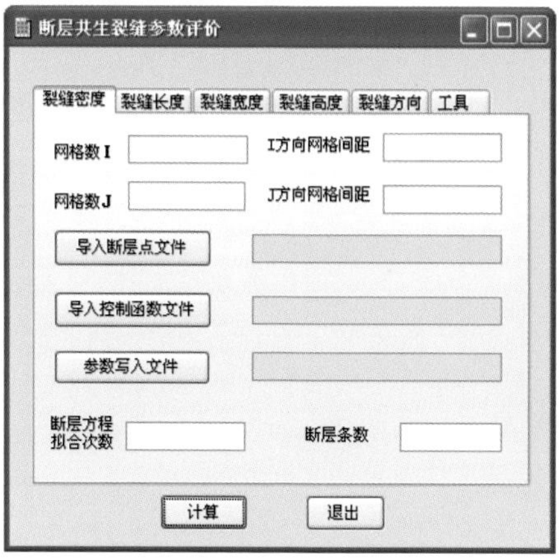

图 4.41　算法程序实现界面

（3）裂缝综合分布及评价。将研究工区黄龙组构造变形成因裂缝和断层共（派）生裂缝预测结果进行叠加作为研究工区裂缝的综合预测结果（图 4.42、图 4.43），从裂缝发育带（裂缝分布密度或者构造主曲率）与钻井岩心统计裂缝密度具有很好的吻合性，表明了本次裂缝综合预测结果的合理性。

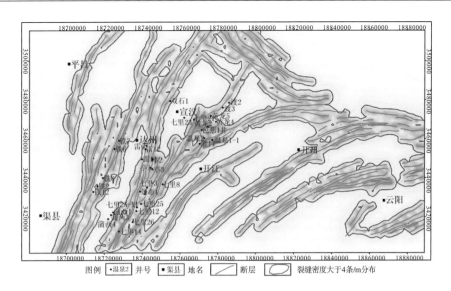

图 4.42　川东地区断层共(派)生裂缝密度分布图

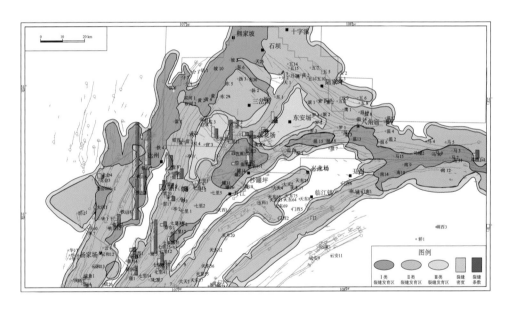

图 4.43　川东地区裂缝综合预测及评价图

4.3　古岩溶储层物性和孔隙结构特征

4.3.1　物性特征

根据川东地区多口井黄龙组物性分析资料统计结果，孔隙度分布范围为 0.11%~12.84%，平均值为 1.6%，孔隙度分布直方图上主峰位于 0~4.0%(图 4.44)，约占孔隙度总量的 81.51%；渗透率分布范围为 <0.01×10^{-3}~69×10^{-3}μm^2，平均值为 2.76×10^{-3}μm^2，

渗透率主峰位于 $0.01 \times 10^{-3} \sim 10 \times 10^{-3} \mu m^2$，约占渗透率总量的 81.87%。由上述孔、渗数据可知，川东地区黄龙组储层总体上属于低孔、低渗储层。

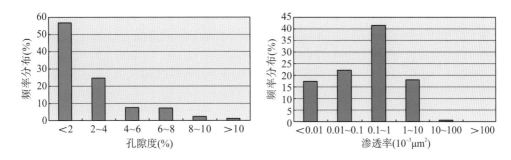

图 4.44　川东地区黄龙组储层物性分布直方图

川东地区黄龙组储层孔隙度与渗透率相关图反映出黄龙组孔隙度与渗透率呈弱正相关性(图 4.45)，相关系数为 0.35，说明孔喉对储层渗流能力仍有较大影响，但在同一孔隙度范围内，渗透率的变化可达 2～3 个数量级，说明裂缝对改善储层的渗流能力起关键作用，与镜下可见较发育的构造裂缝和溶裂缝吻合。

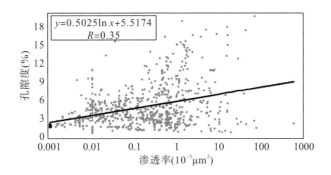

图 4.45　川东地区黄龙组储层孔隙度与渗透率相关图

4.3.2　孔隙结构特征

孔隙结构是指岩石孔隙和喉道的几何形状、大小、分布特征及其相互连通关系，由于它能较好地表征储层的储渗能力、流体分布、油气产层的产能、油水在油层中的运动、水驱油效率及原油采收率等特征而成为储层研究的主要内容之一。其主要研究对象包括孔隙结构特征参数、孔隙和喉道类型及孔喉组合类型等方面的特征。

1. 喉道形态类型

川东地区黄龙组储层喉道以孔隙小型、宿颈型、管状喉道型与片状喉道型为主，而点状喉道基本未见。

2. 喉道大小

最大连通孔喉半径（$R_{c_{10}}$）为 0.1060～30.9917μm，平均值为 3.5229μm；孔喉中值半径（$R_{c_{50}}$）为 0.0090～10.0806μm（图 4.46），平均值为 0.7210μm，其中 $R_{c_{50}}$＜0.1μm 的微喉占 23%，0.1μm＜$R_{c_{50}}$＜0.5μm 的细喉占 48%，0.5μm＜$R_{c_{50}}$＜2.0μm 的中喉占 21%，$R_{c_{50}}$＞2.0μm 的粗喉占 8%，在产出规模上，多以中、细喉为主，次为微喉。

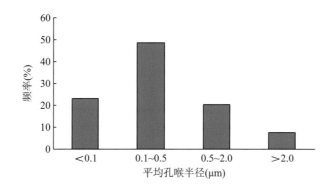

图 4.46　川东地区黄龙组储层孔喉半径分布直方图

3. 孔喉组合关系

川东地区黄龙组储层的储集空间虽由多种类型的孔隙组合而成，但往往以其中一种或几种孔隙占主导地位。从镜下铸体薄片资料来看，岩石的各种溶孔虽然较发育，但孔隙之间的连通性仍然较差，其孔喉关系以中、小孔-中、细喉组合为主，小孔-细、微喉组合与小孔-微喉组合次之，少部分为中、小孔-中喉组合及微孔-微喉组合。

4. 储集物性与孔隙结构参数的关系

据压汞资料，川东地区黄龙组储层物性与孔隙结构参数的关系，即物性与均值（X）、分选系数（SP）、变异系数（C）、歪度（S_k）、饱和度中值压力（$P_{c_{50}}$）、孔喉中值半径（$R_{c_{50}}$）的关系，相关性如下：

（1）川东地区黄龙组孔喉中值半径分布在 3.0588～11.1373μm，储层孔隙度与孔喉中值半径呈正相关关系，相关系数（R）为 0.8306；而渗透率与孔喉中值半径呈负相关关系，相关系数（R）为 0.1577（图 4.47）。

（2）川东地区黄龙组分选系数分布在 2.238～5.3094，储层孔隙度与分选系数呈负相关关系，相关系数（R）为 0.2774；而渗透率与分选系数呈正相关关系，相关系数（R）为 0.7004（图 4.48）。

（3）川东地区黄龙组饱和度中值压力分布在 0.0148～0.7851MPa，孔隙度与饱和度中值压力呈正相关关系，相关系数（R）为 0.5329；渗透率与饱和度中值压力呈正相关关系，相关系数（R）为 0.5722（图 4.49）。

（4）孔隙歪度是表示孔隙的分布相对于平均值来说是偏于大孔或偏于小孔，好的储集层其孔隙歪度为正值。川东地区黄龙组孔隙歪度 35%为负值，在-1.2600～1.6213 之间变化，与孔隙度和渗透率相关性较好，相关系数（R）分别为 0.3678 和 0.6660，随着歪度的增大，孔隙度和渗透率也存在变好的趋势，储集性较好的储层其歪度一般为 0.5 左右（图 4.50）。

（5）变异系数可以代表孔隙结构的好坏，并在一定程度上反映储层物性的好坏，变异系数增大，孔隙结构变好，储层物性则相应变好。川东地区黄龙组变异系数分布在 0.3406～1.2410，变异系数与孔隙度相关性较与渗透率相关性好，相关系数（R）分别为 0.6839 和 0.0932（图 4.51）。

综上所述，川东地区黄龙组储层常规物性参数与孔隙结构主要参数都有着较好的相关性，说明基质岩的孔喉在油、气渗流过程中扮演了主要的渗流通道角色。

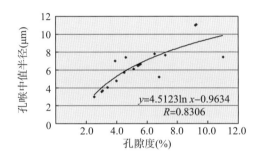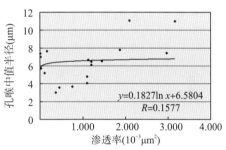

图 4.47　储层物性与孔喉中值半径关系图

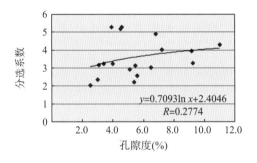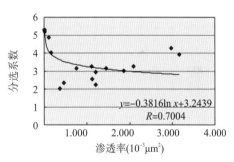

图 4.48　储层物性与分选系数关系图

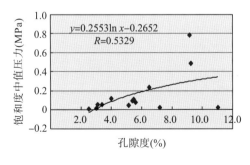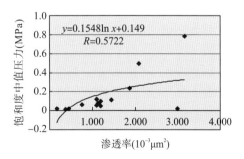

图 4.49　储层物性与饱和度中值压力关系图

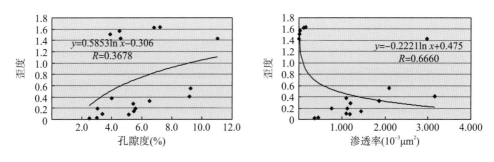

图 4.50　储层物性与歪度关系图

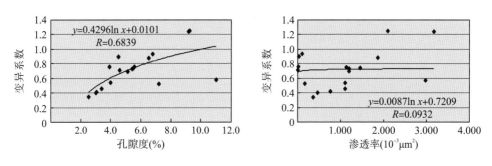

图 4.51　储层物性与变异系数关系图

5. 储层孔隙结构类型

川东地区黄龙组碳酸盐岩储层经历的成岩改造强烈，孔隙结构较复杂。根据毛管压力曲线及孔喉特征参数，结合铸体薄片及扫描电镜的孔隙鉴定结果，将储层孔隙结构划分为4个类型。

Ⅰ型：孔隙类型主要为粒间溶孔、晶间溶孔以及裂缝组合，岩石类型主要为溶孔状颗粒-晶粒白云岩，毛管压力曲线为分选好的单峰较粗歪度，呈很平缓的右凹平台状，平台较长(图 4.52 中的 A)。排驱压力$<0.1MPa$，中值压力 $P_{c_{50}}<1.0MPa$，孔隙度 $\phi \geqslant 12\%$，渗透率 $K \geqslant 1 \times 10^{-3} \mu m^2$，为该区最好的孔隙结构类型。

Ⅱ型：孔隙类型主要为晶间孔和粒间溶孔组合，岩石类型主要为晶粒白云岩、云质岩溶角砾岩，毛管压力曲线为单峰较细歪度，呈较平缓的右凹平台状，平台较短(图 4.52 中的 B)。排驱压力为 $0.1 \sim 1.0MPa$，中值压力 $P_{c_{50}}$ 为 $1.0 \sim 5.0MPa$，孔隙度为 $6.0\% \sim 12.0\%$，渗透率为 $0.1 \times 10^{-3} \sim 1 \times 10^{-3} \mu m^2$，为该区较好的孔隙结构类型。

Ⅲ型：孔隙类型为铸模孔以及粒间孔组合，岩石类型主要为灰质白云岩、云质岩溶角砾岩，毛管压力曲线为单峰细歪度，呈略向左微凹的平台状(图 4.52 中的 C)。排驱压力为 $1.0 \sim 5.0MPa$，中值压力 $P_{c_{50}}$ 为 $5.0 \sim 10.0MPa$，孔隙度为 $3.0\% \sim 6.0\%$，渗透率为 $0.01 \times 10^{-3} \sim 0.1 \times 10^{-3} \mu m^2$，为该区中等-差的孔隙结构类型。

Ⅳ型：孔隙类型为粒内溶孔以及裂缝组合，岩石类型主要为晶粒灰岩、白云质灰岩和泥微晶灰岩，毛管压力曲线为单峰细歪度，也呈明显向左微凹的平台状(图 4.52 中的 D)。排驱压力$>5.0MPa$，中值压力 $P_{c_{50}}>10.0MPa$，孔隙度$<3.0\%$，渗透率$<0.01 \times 10^{-3} \mu m^2$，

为该区极差或无储集能力的孔隙结构类型。

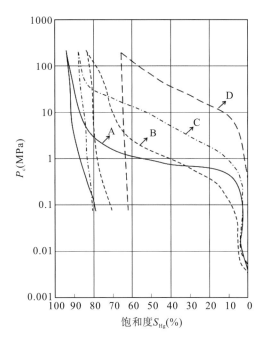

图 4.52　川东地区黄龙组各类储层毛管压力曲线图

4.4　古岩溶储层测井响应特征

川东地区黄龙组碳酸盐岩受到长期的大气水风化、剥蚀和溶蚀作用改造，由孔隙、溶洞和裂缝组成的储集空间很发育但也非常复杂，按孔、洞、缝组合方式及其所占比例的差异性可将储层划分为不同孔、渗特征的 3 种类型，各类型储层的常规测井响应特征有明显差异，具有不同的测井响应模型。

4.4.1　孔、洞、缝型储层测井响应模型

孔、洞、缝型储层是川东地区黄龙组最好的储层类型，主要出现在颗粒-晶粒白云岩中，孔隙度为 $0.55\%\sim15.17\%$，平均值为 4.15%，渗透率分布在 $0.01\times10^{-3}\sim96.08\times10^{-3}\mu m^2$，平均值高达 $12.64\times10^{-3}\mu m^2$。储集空间以粒间溶孔、晶间溶孔为主，微裂缝较发育。测井响应特征如下：井径曲线异常增大，自然伽马变化范围较大但值较低，一般为 $15\sim40API$；视电阻率值较低，仅为几十欧姆·米；双侧向曲线一般呈具有一定幅度差的"弓"形；三孔隙度测井曲线中，中子孔隙度值出现相对高值，而密度曲线恰恰与中子孔隙度曲线相反，相应地下降，声波时差相应升高，表明含有较多大型孔、洞和裂缝(图 4.53)。

4.4.2 孔隙型储层测井响应模型

孔隙型储层为川东黄龙组重要的储层类型之一,主要发育在白云质岩溶角砾岩、灰质白云岩中。孔隙度为 0.32%～14.94%,平均值为 3.51%,渗透率分布在 0.01×10⁻³～53.6×10⁻³μm²,平均值为 13.43×10⁻³μm²。储集空间以粒间孔、粒内孔为主,微裂缝相对不发育。测井响应特征如下:井径正常或略有扩径或呈轻微锯齿状;自然伽马值相对较高,变化范围较小,一般为 20～30API;视电阻率值相对较高,一般为几百欧姆·米,曲线呈"左凸"形;在三孔隙度测井曲线中,具有相对较高的密度值,较低的中子孔隙度和声波时差值,反映发育较多针状孔隙(图 4.53)。

4.4.3 裂缝型储层测井响应模型

裂缝型储层在川东地区黄龙组比较发育,主要分布在次生晶粒灰岩、泥-微晶白云岩和泥-微晶灰岩中,在胶结作用较强的白云质岩溶角砾岩中也有一定程度的发育。孔隙度为0.29%～2.76%,平均值为1.12%,渗透率分布在0.01×10⁻³～0.57×10⁻³μm²,平均值为0.2×10⁻³μm²。测井响应特征如下:对应裂缝发育段井径局部扩径;自然伽马值较低,变化范围较大,一般为 10～40API;视电阻率值较低,双侧向具有较大的幅度差;在三孔隙度测井曲线中,中子、密度、声波时差值伴随裂缝发育规模而出现相应的变化,对应微裂缝,中子、密度、声波时差曲线变化小,接近骨架测井值,反映基质岩孔隙不发育的致密岩性特征(图 4.53)。

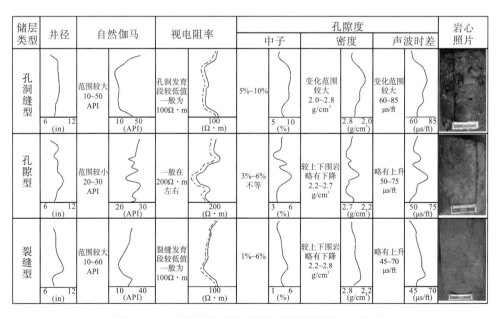

图 4.53 川东地区黄龙组不同类型储层测井响应模型

注:1in=2.54cm。

4.5　储层综合评价

储层分类评价是储层研究工作的重要环节，是在储层孔渗性、孔隙结构、成岩与孔隙演化等研究的基础上，对储层整体储集能力的客观、概括性的表达。不同类别的储层其储集条件和微观孔隙结构不同，导致其含油气性及其内部渗流机制存在差异，因而储层分类评价对油气勘探、开发起到重要的指导作用。

4.5.1　储层 Q 型聚类分析

对储集岩合理进行分类是评价储层的基础，国内外学者提出许多储层分类的参数与方法，但应该用哪几种参数及选用什么方法标准很难统一。研究以孔隙度、渗透率及泥质含量 3 个评价参数为变量，应用 Q 型逐步聚类分析方法进行了储层初步分类(图 4.54)，在此基础上，结合孔隙结构参数特征进行综合储层分类。

聚类分析是按一批研究对象在性质上的亲疏关系进行分类的一种多元统计分析方法，又称为 Q 型聚类分类。采用孔隙度、渗透率为评价参数变量对样品进行 Q 型逐步聚类分析。

在上述储层 Q 型聚类初步分类的基础上，综合考虑储层岩石学特征、物性特征和孔隙结构参数等指标，采用以物性和孔隙结构为核心的综合分类方案，取相邻整数值为分类界线，对川东地区黄龙组储层进行分类。根据储层分类的两个参数指标(表 4.5)，可以将川东地区黄龙组储层分成 4 个类别，其中 I 类储层为较好储层，II 类储层为中等储层，III 类储层为较差储层，而IV类储层为极差储层或非储层。

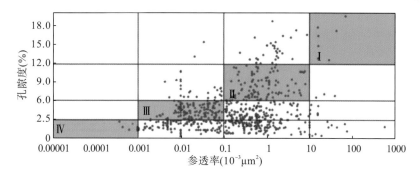

图 4.54　川东地区黄龙组 Q 型聚类分布图

表 4.5　储层 Q 型逐步聚类分析结果

参数	类别			
	I	II	III	IV
储层类型	高孔、高渗储层	中孔、中渗储层	低孔、低渗储层	特低、孔低渗储层
孔隙度（%）	>12	12～6	6～2.5	<2.5
渗透率（$10^{-3}\mu m^2$）	>10	10～0.1	0.1～0.001	<0.001

4.5.2　储层综合分类

　　研究认为川东地区石炭系黄龙组主要以 II、III 类储层为主（图 4.55、表 4.6），储层物性较好，裂缝发育连通性良好，是川东地区油气勘探开发的重点层位。

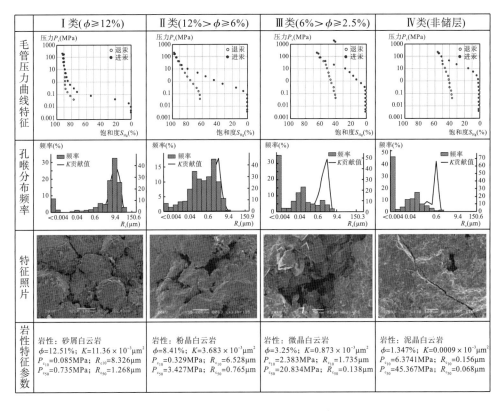

图 4.55　川东地区黄龙组 4 类储层特征图

表 4.6　川东地区黄龙组储层综合分类表

参数	Ⅰ类储层	Ⅱ类储层	Ⅲ类储层	Ⅳ类储层
主要岩性	溶孔状颗粒-晶粒白云岩	晶粒白云岩、云质岩溶角砾岩	灰质白云岩、云质岩溶角砾岩	晶粒灰岩、白云质灰岩
孔隙度（%）	≥12	6～12	2.5～6	<2.5
渗透率（$10^{-3}\mu m^2$）	≥10	0.1～10	0.001～0.1	<0.001
P_{c10}（MPa）	<0.1	0.1～0.9	0.9～6.0	>6.0
R_{c10}（μm）	>8.0	2.0～8.0	0.2～2.0	<0.2
P_{c50}（MPa）	<0.8	0.8～6.0	6.0～36.0	>36.0
R_{c50}（μm）	>1.0	0.2～1.0	0.01～0.2	<0.01
孔喉半径均值	<10.5	10.5～13.5	13.5～15.0	>15.0
孔喉组合	中、小孔-中、细喉	中、小孔-细喉	小孔-微喉	微孔-微喉
孔隙类型	晶间孔、晶间溶孔、裂缝	晶间孔、粒间溶孔、裂缝	膏、铸模孔，粒间孔	膏、铸模孔，粒内溶孔
沉积相类型	颗粒白云岩	白云质岩溶角砾岩、晶粒白云岩	颗粒灰岩、灰岩	灰质岩溶角砾岩
岩性	复合颗粒滩	砂屑滩	潮下静水泥	潟湖、生屑滩
古岩溶地貌	岩溶洼地	岩溶斜坡、岩溶谷地	岩溶高地	盆内残丘
综合评价	较好储层	中等储层	差储层	极差储层或非储层

第5章 古岩溶储层沉积-成岩系统分析

5.1 成岩作用特征

5.1.1 成岩作用划分

古岩溶作用是指古代地表水和地下水对可溶性岩石的改造过程及由此产生的地表与地下地质现象的总和(Wang and al-Aasm,2002),通常可划分为3种不同类型:同生岩溶作用、古风化壳岩溶作用和埋藏岩溶作用(陈景山等,2007;倪新锋等,2009)。古风化壳岩溶作用和埋藏溶蚀作用被认为是古岩溶储层形成的两个最重要的成岩作用(陈学时等,2004)。油气勘探成果表明,古岩溶型碳酸盐岩储层常形成大型-超大型油气田,因而在油气勘探中占据重要地位。石炭系黄龙组古岩溶储层是川东地区最重要的天然气储层类型之一,随着近期川东地区石炭系深化勘探力度的加大,优质储层特征分析及预测显得愈发重要。

1. 古风化壳岩溶岩

1)岩溶角砾岩

受海西早期云南运动影响,川东地区石炭系黄龙组被抬升成为区域性的古表生期大气水渗流-潜流成岩环境,广泛发育古风化壳和层内相应的古岩溶岩体系,岩性为大气水溶蚀作用形成的多孔状颗粒白云岩[图 5.1(a)]以及充填古岩溶洞穴的岩溶角砾岩,统称Bd 岩溶岩,其中 90%以上的岩溶角砾岩为白云质岩溶角砾岩,包括角砾支撑状白云质岩溶角砾岩[图 5.1(b)]、基质支撑状白云质岩溶角砾岩[图 5.1(c)]和网缝镶嵌状白云质岩溶角砾岩[图 5.1(d)]3 种类型(郑荣才等,1996),岩溶角砾岩被认为是识别与古风化壳岩溶作用有关的储层最直观和最重要的岩石学标志(郑荣才等,2003)。在阴极发光下,角砾具弱的发光性,而角砾间充填物具较强的发光性[图 5.1(f)]。

2)次生灰岩

随着川东地区石炭系黄龙组持续抬升暴露,石炭系黄龙组下部地层中也遭受大气水淋滤溶蚀,形成具去膏化、去云化成因的次生灰岩(Sl),包括次生灰质岩溶角砾岩[图 5.1(e)]和次生晶粒灰岩[图 5.1(g)],在阴极发光下具有很强的发光性[图 5.1(h)]。

古风化壳岩溶岩的发育不仅受岩性影响,同时还明显受到古表生期的岩溶地貌(文华国等,2009a)和地下水动力场的分带性控制(郑荣才等,2003),与储层发育关系最为密切的溶孔颗粒白云岩的面孔率为 8%~10%,高的可达 16%以上,岩溶角砾岩的面孔率为

5%～8%，以白云质岩溶角砾岩的储集物性为较好；溶孔状颗粒白云岩中或白云质岩溶角砾岩中常见淡水白云石胶结物，具明亮干净和自形程度好等特征，常与淡水方解石共生 [图 5.1(a)]，因数量少，对储层发育无影响。

2. 埋藏岩溶岩

石炭系黄龙组被上覆二叠系煤系地层掩埋后，随埋深加大，由大气水成岩环境进入半封闭状态的中成岩阶段较深埋藏环境，发生深部溶蚀作用，对储层发育非常有利，常形成溶孔状细晶白云岩(Rd3)，并具有以下特点：①白云石晶体呈半自形-自形菱面体，重结晶作用明显，一般呈细晶结构，表面脏，晶体大小一般为 0.08～0.25mm [图 5.1(i)]；②岩石中晶间孔较发育，形态呈三角形或多边形，部分沿晶间孔溶蚀成晶间溶孔，连通性较好，充填沥青质 [图 5.1(i)]，面孔率为 7%～10%；③溶扩和改造后的孔、洞、缝较干净，除孔壁有沥青外，几乎无外来的充填物；④溶孔中局部会出现异形白云石、石英、方解石、天青石、萤石、黄铁矿、钠长石和沥青等特征的热液矿物充填作用 [图 5.1(j)]，这是深部溶蚀作用的最典型特征(李淳，1999；章贵松等，2000；钟怡江等，2011)。

3. 非岩溶岩

选取两类非岩溶岩类进行地化样品分析，用作描述和对比岩溶岩系溶蚀过程中地球化学特征变化规律的背景值和参照物，分述如下。

1) 微晶白云岩

主要为远离古喀斯特暴露面、发育于黄龙组底部的准同生微晶白云岩(Rd1)，发育藻纹层 [图 5.1(k)]，属塞卜哈环境，白云石晶体小于 0.01mm，岩性致密，面孔率普遍小于 1%，连通性极差，不利于储层发育。

2) 泥-微晶灰岩

发育于黄龙组上部的正常海相泥-微晶灰岩(Ml) [图 5.1(l)]，尽管可能遭受了大气水淋滤改造，但可以代表原始海水特征。

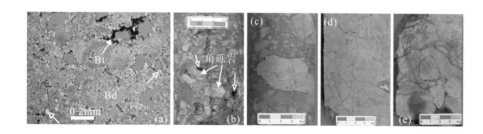

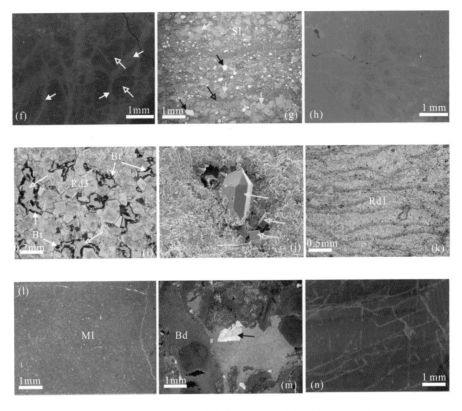

图 5.1   川东地区石炭系黄龙组碳酸盐岩常见的岩石组构

(a)亮晶藻砂屑白云岩,发育粒间溶孔,充填粉-细晶淡水白云石(空心箭头)和沥青(Bt),显微照片(+);(b)角砾支撑状白云质岩溶角砾岩,见大量溶孔(空心箭头),岩心照片;(c)基质支撑状白云质岩溶角砾岩,岩心照片;(d)网缝镶嵌状白云质岩溶角砾岩,岩心照片;(e)次生灰质岩溶角砾岩,泥炭质充填,岩心照片;(f)网缝镶嵌状白云质岩溶角砾岩,角砾弱发光(空心箭头),胶结物具较强的阴极发光(实心箭头),阴极发光照片;(g)大气水淋滤去白云石化成因的次生晶粒灰岩,方解石晶体保留了白云石晶形(黄色箭头),晶间充填由地下水携入的外来泥质条带(空心箭头)和石英粉砂(黑色箭头),染色薄片显微照片(-);(h)次生细晶灰岩,方解石具极强的发光性,阴极发光照片;(i)Rd3白云岩,发育晶间溶孔(空心箭头),孔壁充布沥青(Bt),显微照片(+);(j)溶孔状粉晶白云岩,溶孔中充填次生白云石晶体(空心箭头)及自生石英晶体,SEM照片;(k)Rd1微晶白云岩,发育藻纹层,显微照片(+);(l)微晶灰岩,染色薄片显微照片(-);(m)白云质岩溶角砾岩,角砾间充填白云石(实心箭头)和方解石,染色薄片显微照片(+);(n)砂屑白云岩,溶蚀孔洞中充填粗晶方解石胶结物,显示中等亮度的环带状的阴极发光性,阴极发光照片

4. 白云石化作用与白云岩

川东地区石炭系黄龙组不同成岩阶段的白云岩结构特征不同,显示白云石化作用具多期次和多成因特点。根据刘宝珺(1980)白云岩结构-成因分类方案以及白云石晶体大小及分布状况(Sibley and Gregg,1987;Amthor et al.,1993),可从川东地区石炭系黄龙组白云岩中识别出4种类型:①准同生期泥-微晶白云岩(Rd1);②早成岩期埋藏白云岩(Rd2),包括残余颗粒白云岩和原始颗粒结构完全消失的粉-细晶白云岩;③中成岩期埋藏白云岩(Rd3),如溶孔状细晶白云岩;④古表生期大气水淋滤改造的白云岩(Bd),包括溶孔状颗粒白云岩和岩溶角砾状白云岩。上述白云岩类型①~③为交代成因,类型④为大气水淋滤溶蚀成因。川东地区石炭系白云岩储层主要为晶粒白云岩、残余颗粒白云岩和岩溶角砾状白云岩,发育于黄龙组二段,呈层状、透镜状产出。

1) Rd1 白云岩

岩性主要为泥-微晶白云岩和含膏质泥-微晶白云岩［图 5.2 (a)］，发育藻纹层，白云石晶体小于 0.01mm，$MgCO_3/CaCO_3$ (mol%) 值为 0.844 (图 5.3)，由于此类白云岩很致密，面孔率普遍小于 1%，连通性极差，不利于储层发育。

2) Rd2 白云岩

岩性主要为残余颗粒白云岩［图 5.2 (b)］和粉-细晶白云岩［图 5.2 (c)］，白云石晶体呈半自形-自形晶［图 5.2 (d)］，粒径为 0.05～0.15mm，$MgCO_3/CaCO_3$ (mol%) 值为 0.861 (图 5.3)，显微镜下往往具有雾心亮边结构［图 5.2 (c)］和重结晶现象，晶间孔和晶间溶孔较发育，面孔率普遍大于 5%，非常有利于储层发育。

3) Rd3 白云岩

岩性主要为溶孔状细晶白云岩，是研究区黄龙组重要的储层岩石类型之一。白云石晶体呈半自形-自形菱面体，粒径一般为 0.08～0.25mm，显示重结晶作用明显，白云石 $MgCO_3/CaCO_3$ (mol%) 值为 0.878 (图 5.3)。岩石中晶间孔较发育，部分沿晶间孔溶蚀成晶间溶孔，连通性较好，充填沥青质［图 5.2 (e)］，面孔率为 7%～10%。该类白云岩在古表生期大气水持续淋滤改造后可形成极好的储层。

4) Bd 白云岩

岩性为大气水溶蚀作用形成的多孔状颗粒白云岩［图 5.2 (f)］，以及充填古岩溶洞穴的岩溶角砾岩［图 5.2 (g)］，其中岩溶角砾状白云岩［图 5.2 (h)、图 5.2 (i)］占 90% 以上，岩溶角砾状灰岩和岩溶角砾状次生灰岩［图 5.2 (j)］次之。Bd 白云岩的发育主要受岩性、古喀斯特地貌分区控制，储集性能最好的是溶孔颗粒或晶粒白云岩，面孔率最高可达 16%，一般为 8%～10%，其次是岩溶角砾状白云岩［图 5.2 (k)］，面孔率为 5%～8%。

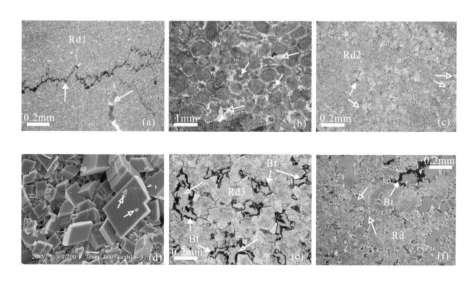

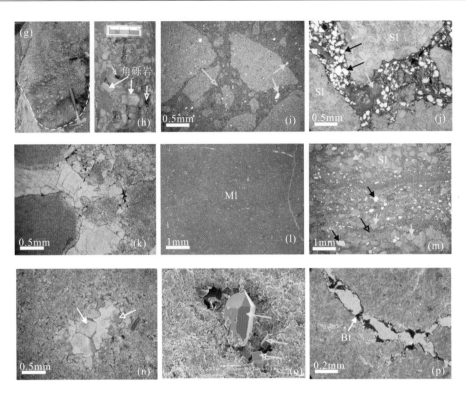

图 5.2　川东地区石炭系黄龙组碳酸盐岩常见的岩石组构和成岩作用类型

(a) Rd1 白云岩，膏化微晶白云岩，缝合线充填沥青(见箭头)，局部发育石膏(空心箭头)，显微照片(+)；(b)亮晶鲕粒白云岩，发育粒间溶孔和粒内溶孔(空心箭头)，显微照片(+)；(c) Rd2 白云岩，发育晶间孔和晶间溶孔(空心箭头)，显微照片(-)；(d) Rd2 白云岩，白云石晶体呈菱形，晶间孔发育，白云石晶体附着微量伊利石(空心箭头)，SEM 照片；(e) Rd3 白云岩，发育晶间溶孔(空心箭头)，孔壁充布沥青(Bt)，显微照片(-)；(f)亮晶藻砂屑白云岩，发育粒间溶孔(空心箭头)，充填粉-细晶淡水白云石和沥青(Bt)，显微照片(-)；(g)充填洞穴的岩溶角砾状白云岩，野外照片，地质锤长度29cm；(h)岩溶角砾状白云岩，角砾支撑，见大量溶孔(空心箭头)，岩心照片；(i)岩溶角砾状白云岩，角砾之间充填较多泥晶白云石基质(空心箭头)，含有石英粉砂，显微照片(+)；(j)岩溶角砾状次生灰岩，角砾间基质含有大量外来的泥质(黄色箭头)和石英粉砂(黑色箭头)，显微照片(-)；(k)岩溶角砾状白云岩，角砾间充填明亮、干净的淡水粗晶白云石，显微照片(-)；(l)微晶灰岩，染色薄片显微照片(-)；(m)大气水淋滤导致的去白云石化成因的次生晶粒灰岩，方解石晶体保留了原始白云石晶形(黄色箭头)，晶间充填由地下水携入的外来泥质条带(空心箭头)和石英粉砂(黑色箭头)，显示次生灰岩是岩溶作用的产物，染色薄片显微照片(-)；(n)残余砂屑粉晶白云岩，晶间溶孔(空心箭头)中充填热液异形白云石(实心箭头)，显微照片(+)；(o)溶孔状粉晶白云岩，溶孔中充填次生白云石晶体(空心箭头)及自生石英晶体，SEM 照片；(p)溶蚀缝，缝壁内有沥青(Bt)残留，显微照片(+)

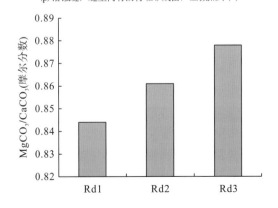

图 5.3　Rd1、Rd2、Rd3 白云岩 MgCO₃/CaCO₃(摩尔分数)值直方图(数据来自 XRD 分析结果)

5. 去白云石化作用与次生灰岩

川东地区石炭系黄龙组次生灰岩主要包括次生晶粒灰岩和岩溶角砾次生灰岩。另外，根据石膏和白云石的含量，还可区分出含膏或含云次生晶粒灰岩(或岩溶角砾次生灰岩)。

次生晶粒灰岩又称结晶灰岩，主要由方解石晶粒(含量大于 50%)组成，含有少量白云岩碎屑和石英晶屑等。研究区次生晶粒灰岩孔隙不发育，在钻井岩心上常为块状构造和角砾状构造，呈灰褐色。

岩溶角砾次生灰岩是在地下水活动的碳酸盐岩地区由于溶洞顶壁垮塌并堆积而成的角砾岩，其角砾为次生灰岩。研究区岩溶角砾次生灰岩的角砾成分主要为次生粉-细晶灰岩，角砾间基质为次生灰岩碎屑、方解石或石英晶屑以及外来的白云岩碎屑等。根据角砾之间的接触关系可将岩溶角砾次生灰岩进一步划分为 3 类(郑荣才等，1996)：网缝镶嵌状 ［图 5.4(b)］、角砾支撑状 ［图 5.4(c)］ 以及基质支撑状 ［图 5.4(d)］，其中以角砾支撑状岩溶角砾次生灰岩最为常见。

综合各类次生灰岩的结构特征，将川东地区石炭系黄龙组次生灰岩结构归为以下 3 类：①白云石假晶结构-等厚环边，泥晶方解石居中，亮晶方解石构成其环边；②白云石假晶结构-白云石晶形，微晶方解石颗粒集合体的菱形体结构，或者方解石颗粒保留白云石晶形结构；③石膏假晶结构，致密镶嵌状方解石替代石膏，保留石膏形态结构。

1) 白云石假晶结构-等厚环边

发育菱形方解石集合体，其核心为几乎占据整个晶形结构的泥晶方解石，其边缘围绕有薄层的亮晶方解石 ［图 5.4(i)］。这种由去白云石化作用形成的环状亮晶方解石，被认为是周围的粗晶方解石后期参与到反应过程中，并将之前的白云石晶形保留的产物(Basyoni and Khalil，2013)。也有研究发现，在白云石核心与边缘之间界线处的生长环带具有丰富的包裹体，极易发生去白云石化作用(Nader et al.，2008)，故白云岩发生的去白云石化作用多从白云石边缘与核心之间的界面处开始，初始向内生长，受空间限制以泥晶为主，之后由于生长空间释放，在外围形成亮晶方解石。对于次生灰岩保留有薄层状亮晶方解石环边，也被理解为浅埋藏成岩环境的标志(Rameil，2008)。

2) 白云石假晶结构-白云石晶形

这种晶形结构由白云石菱形晶体完全被方解石交代形成。黄龙组一段次生方解石，普遍具有白云石晶形和不平直边界的菱形结构 ［图 5.4(f)、图 5.4(g)］，菱面体结构显然是单个白云石颗粒后期经去白云石化作用，被方解石交代形成，可作为其发生了去白云石化作用的直接证据。白云石假晶结构总是出现在灰泥 ［图 5.4(i)］、内碎屑 ［图 5.4(i)］ 以及后期填充物 ［图 5.4(f)］ 附近，并具有干净、可辨别的边界，很容易识别，且在同生泥晶灰岩中极普遍，是川东地区黄龙组一段的标志性岩石类型。去白云石化假晶结构是"再沉积碳酸盐岩碎屑"的特征结构(Basyoni and Khalil，2013)。

3）石膏假晶结构

已有的研究证实，石膏溶解对于去白云石化作用具有很好的促进作用（Choi et al.，2012）。研究区，中晶方解石的析出保存了石膏的完整晶形，其外围以泥晶方解石密集充填为主［图 5.4(e)］，其形成机理被认为是在石膏分布层位，随着大气水对石膏的淋滤和溶蚀，溶液中 Ca^{2+}、SO_4^{2-} 浓度增加，由于 Mg^{2+} 会优先与 SO_4^{2-} 结合并被溶液带走，CO_3^{2-} 与 Ca^{2+} 结合，在被溶的石膏矿物所占据的相对安静的结晶空间内，方解石缓慢结晶沉淀（Choi et al.，2012），促使石膏假晶结构形成。另外，富含 SO_4^{2-} 的溶液更易对白云石颗粒进行溶蚀，同时促进了去白云石化作用的发生。

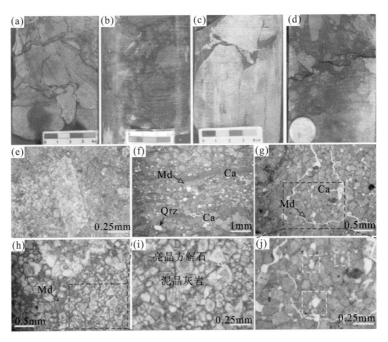

图 5.4　川东地区石炭系黄龙组一段次生灰岩岩心及显微特征

Ca—方解石；Md—泥质；Qrz—石英

5.1.2　成岩阶段及成岩环境

不同成岩阶段往往具有不同的成岩环境、流体性质、成岩作用方式和孔隙演化过程（图 5.5）。对储层发育起建设性的成岩作用主要包括埋藏白云石化作用、古岩溶作用、深部溶蚀作用和破裂作用。

参照国家标准《碳酸盐岩成岩阶段划分》（SY/T 5478—2019），可将川东地区石炭系黄龙组白云岩储层成岩演化划分为连续的 5 个成岩阶段和与之对应的 5 个成岩环境：①准同生阶段海水成岩环境；②早成岩阶段浅埋藏成岩环境；③古表生阶段大气水渗流-潜流成岩环境；④再埋藏期中成岩阶段中-深埋藏成岩环境；⑤晚期构造隆升阶段抬升成岩环境（图 5.5）。

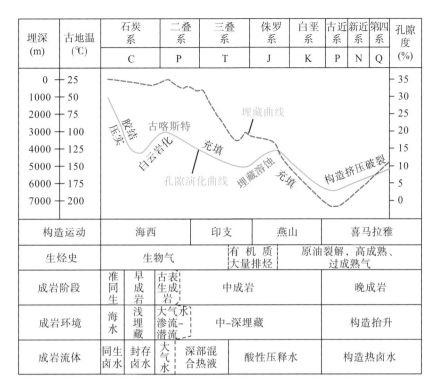

图 5.5　川东地区石炭系埋藏史和成岩演化模式

1. 海水成岩环境

川东地区靠近古陆边缘的地区在黄龙组沉积早期，主要为塞卜哈沉积环境，受古地貌和炎热干燥气候影响，海水强烈蒸发浓缩，随着反复的蒸发泵吸作用，碳酸盐沉积物被地表蒸发浓缩的高盐度孔隙水交代发生准同生白云石化作用（蓝江华，1999；王兰生等，2001；胡忠贵等，2008），形成 Rd1 白云岩。

2. 浅埋藏成岩环境

随着沉积物脱离海水被埋入地下，此时温度、压力变得重要。当沉积物处于埋深小于 1000m 的浅埋藏成岩环境时，因禁在地层中的同期海源孔隙水排出，形成"压实排挤流"，常形成压溶作用及缝合线构造，伴随沉积物的新生变形过程，正常海相沉积的灰岩 [图 5.2(i)] 被富镁孔隙水流体交代发生浅埋藏白云石化作用和重结晶作用而形成 Rd2 白云岩 [图 5.2(c)]。

3. 大气水渗流-潜流成岩环境

受海西早期云南运动影响，上石炭统黄龙组被抬升成为区域性的古表生期大气水渗流-潜流成岩环境，受大气水淋滤溶蚀作用影响，形成广泛发育的古风化壳和层内相应的古岩溶岩体系（图 5.2），主要发育 Bd 白云岩，以及充填孔、洞、缝的白云石胶结物。随着构造抬升和古岩溶作用增强，黄龙组塞卜哈环境沉积的膏盐岩、含膏云岩受大气水淋滤改造发生去膏化、去云化作用，形成具石膏和白云石晶形假象的，具残余"雾心亮边"结构的次生灰岩(Sl)，包括次生晶粒灰岩［图5.2(m)］和次生灰质岩溶角砾岩［图5.2(j)］。

4. 中-深埋藏成岩环境

石炭系黄龙组被上覆二叠系煤系地层掩埋后，随埋深加大，由大气水成岩环境进入半封闭状态的中成岩阶段较深埋藏环境，地层中封存卤水与沿断裂带上升的热液掺合形成混合热卤水，导致更广泛和强烈的中成岩埋藏白云石化作用和重结晶作用［图5.2(e)］，常形成Rd3白云岩。另外，来自下伏中志留统或上覆梁山组(P_1l)煤系地层中的压释水，混合有机质热演化形成的脱羧基酸性热液，对黄龙组基岩中的孔、洞、缝进行溶扩和改造，这种深部溶蚀作用对储层发育非常有利，具有以下特点：①溶扩和改造后的孔、洞、缝较干净，除孔壁有沥青外，几乎无外来充填物［图5.2(e)］；②局部出现异形白云石、石英、天青石、萤石、黄铁矿和钠长石等特征的热液矿物充填作用［图5.2(e)］。

5. 晚期抬升成岩环境

再埋藏成岩晚期阶段，受燕山晚期—喜马拉雅期的构造运动影响，川东地区石炭系地层发生褶皱与抬升，伴随较为普遍的构造碎裂化作用，岩石被密集的网状裂缝分割成大小不均匀的碎块，裂缝呈平直、弯曲或分叉状等［图5.2(p)］。另外，还发育由压实作用形成的小裂缝和在破裂缝的基础上形成的裂溶缝，并连通呈串珠状分布的各种溶孔。

5.1.3　成岩演化序列

综上所述，不同成岩阶段往往具有不同的成岩环境、流体性质、成岩作用方式和孔隙演化过程(图5.6)。对储层发育起建设性的成岩作用主要包括埋藏白云石化作用、古岩溶作用、深部溶蚀作用和破裂作用。

5.1.4　成岩相划分、组合与平面展布

中国陆上油气勘探已进入构造油气藏与岩性-地层油气藏并重的新阶段，部分大型盆地已进入岩性-地层油气藏为主的勘探新时代。勘探深度从中浅层向深层与超深层发展，储集层从常规碎屑岩向低孔渗砂岩、碳酸盐岩和火山岩扩展，勘探研究需要从沉积相向成岩相延伸(邹才能等，2008)。成岩相是决定储集层性能和油气富集的核心要素，新的勘探阶段需要加大对成岩相的研究力度和重视程度，成岩相研究也需要从理论探索走向工业化运用。

对于成岩相的定义不同研究者表述不一，但多数都涉及成岩作用及其产物等内容，认识分歧不是很大。但各种成岩相对应的形成机理复杂多样，至今尚无统一、明确的认识，本书将"碳酸盐岩储层成岩相"定义为　"在特定沉积-成岩环境中的储层成岩作用的物质表现及其与储层发育关系的总体特征"。碳酸盐岩成岩作用是储层沉积学及含油气盆地研究最为活跃的领域之一，成岩改造后保留的原生孔隙和新形成的次生孔隙是重要储集空间，其形成、演化过程受成岩作用类型、成岩阶段和成岩强度控制，储层分布规律与特定

的成岩相关系密切，因此，成岩相研究成为有效的储层预测和评价技术方法之一(杨威等，2011)。

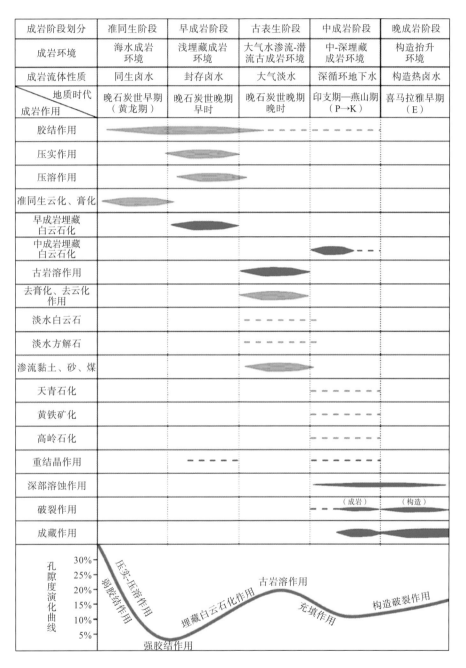

图5.6 川东地区黄龙组成岩阶段划分和演化模式

根据成岩作用期次、成岩作用类型、孔隙类型对川东地区石炭系成岩相予以定名，主要对双家坝和五百梯区块石炭系成岩相进行了研究。

1. 双家坝地区石炭系成岩相

1）双家坝地区石炭系成岩相类型划分、组合

通过钻井岩心描述、薄片鉴定、样品分析，对双家坝地区石炭系黄龙组碳酸盐岩储层的岩石学、成岩作用、裂缝和储集空间类型等特征进行了综合研究，划分出 5 种储层成岩相类型。

（1）早-中成岩期埋藏白云石化-晶间孔成岩相。其沉积环境为滨外潮下静水泥微相，沉积的颗粒岩少而灰泥多。经埋藏白云石化形成晶间孔，有的经溶蚀形成晶间溶孔和膏模孔等，该成岩相以微-粉晶白云岩为主，局部含有少量颗粒微-粉晶白云岩，不含角砾岩或含少量角砾岩，其孔隙度为 0.38%～2.99%，平均为 2.07%；渗透率为 $0.01×10^{-3}$～$3×10^{-3}\mu m^2$，平均为 $0.3×10^{-3}\mu m^2$。本成岩相在纵向上夹于颗粒岩之间，在平面上分布面积广，多形成低产气层，如果有较多的裂缝沟通也可以形成低-中产气层。

（2）古表生期弱溶蚀-针状溶孔成岩相。该成岩相沉积于浅滩，沉积的颗粒多，灰泥少，岩性以微亮晶颗粒白云岩为主，古表生期，在原来埋藏白云石化的基础上，大气淡水对原岩进一步溶蚀，形成晶间溶孔、粒内溶孔和粒间溶孔，其孔隙度为 3.00%～5.99%，平均为 4.41%；渗透率为 $0.01×10^{-3}$～$5×10^{-3}\mu m^2$，平均为 $0.68×10^{-3}\mu m^2$。本成岩相分布范围较广，孔隙发育程度较好，高、中、低产能的井均有，且为稳产的产气层。

（3）古表生期中等溶蚀-孔、洞、缝成岩相。这是最重要的一种成岩相类型，代表次生孔隙最为发育的碳酸盐岩储层类型。该成岩相沉积于浅滩，沉积的颗粒多，灰泥少，岩性以微亮晶颗粒白云岩为主，古表生期，在原来埋藏白云石化的基础上，大气淡水对原岩进一步溶蚀，形成大量的晶间溶孔、粒内溶孔和粒间溶孔，其孔隙度为 6.01%～18.98%，平均为 9.06%；渗透率为 $0.01×10^{-3}$～$23×10^{-3}\mu m^2$，平均为 $0.75×10^{-3}\mu m^2$。本成岩相主要分布于研究区南部，孔隙发育程度较好，高、中产能的井均有，且为稳产的产气层。

（4）古表生期强溶蚀-角砾成岩相。其沉积环境为浅滩，原生孔发育，同生期在大气淡水与海水混合液的成岩环境下被溶蚀，孔洞更加发育。表生期受云南运动影响整个双家坝地区抬升为陆，经历了数十万年的风化剥蚀后形成黄龙组广泛发育的古风化壳和层内相应的岩溶体系，形成云质岩溶角砾岩和膏溶垮塌角砾岩的砾间孔洞。本成岩相岩性以云质岩溶角砾岩为主，孔洞发育，其孔隙度为 0.48%～15.86%，平均为 4.4%；渗透率为 $0.01×10^{-3}$～$25.4×10^{-3}\mu m^2$，平均为 $0.93×10^{-3}\mu m^2$，本成岩相分布相对广泛，多形成中高产的产气层。

（5）古表生强溶蚀-交代充填成岩相。其沉积环境为浅滩，原生孔发育，同生期在大气淡水与海水混合液的成岩环境下被溶蚀，孔洞更加发育。表生期受云南运动影响整个双家坝地区抬升为陆，经历了数十万年的风化剥蚀后形成黄龙组广泛发育的古风化壳和层内相应的岩溶体系，形成云质岩溶角砾岩和膏溶垮塌角砾岩的砾间孔洞。此成岩相中大多数角砾岩显示出沉积物经成岩固结后发生溶蚀破碎改造后再被大气水胶结物胶结的成因特点，在岩石中普遍见大的溶蚀孔洞，孔洞中半充填或全充填白云石、淡水方解石、自生石英或

黏土等，该成岩相岩性以含灰云质岩溶角砾岩、含砂云质岩溶角砾岩以及含云灰质岩溶角砾岩、次生灰质岩溶角砾岩为主，其孔隙度为 0.93%～15.00%，平均为 4.01%；渗透率为 $0.01×10^{-3}～9.54×10^{-3}\mu m^2$，平均为 $0.82×10^{-3}\mu m^2$，本成岩相分布相对较小，如果有较多的裂缝沟通，也可以形成中产气层。

2）双家坝地区石炭系成岩相平面展布特征

在对双家坝气田黄龙组单井成岩相进行分析的基础上，进一步对研究区成岩相进行平面展布特征分析。本区分布最广的成岩相为埋藏白云石化-晶间孔成岩相和古表生弱溶蚀-针孔成岩相，占据了研究区大部分区域（图 5.7）。

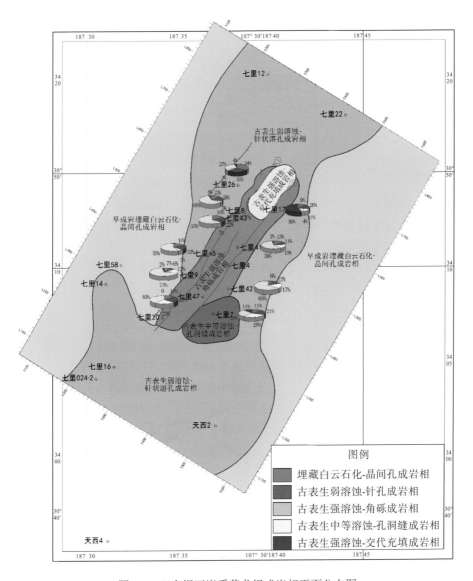

图 5.7　双家坝石炭系黄龙组成岩相平面分布图

埋藏白云石化-晶间孔成岩相主要分布于研究区西侧(七里 58 井)和东侧(七里 7 井—天东 2 井以东),呈 NE—SW 向展布,与双家坝构造以东和以西地区黄龙组滨外潮下静水泥微相分布范围基本一致,是双家坝地区最基础的成岩相。古表生弱溶蚀-针孔成岩相主要分布在双家坝地区黄龙组颗粒滩沉积微相中,与颗粒滩微相平面展布的大部分面积重合,包括七里 12 井、七里 26 井、天西 2 井等。古表生期中等溶蚀-孔洞缝成岩相主要分布在沿断层的砂屑滩微相中,包括七里 7 井,是研究区最有利的成岩相之一。古表生强溶蚀-角砾成岩相主要沿七里①号、七里②号、双①号、双②号、罗②号、凉⑧号和罗③号等断层分布,呈 NE—SW 向条带状展布,包括七里 8 井、七里 43 井、七里 41 井、七里 45 井、七里 4 井、七里 9 井、七里 47 井、七里 42 井、七里 22 井、七里 16 井等。古表生强溶蚀-交代充填成岩相主要分布于由双①号和双②号断层包围的东北缘,包括七里 17 井、七里 52 井等。

2. 五百梯地区石炭系成岩相

以沉积环境、成岩环境与孔隙类型相结合的综合描述方法,来考虑成岩相对孔洞的影响、改造和与储层的发育关系,将五百梯黄龙组二段的成岩相划分为 5 种类型。

(1)早-中成岩期埋藏白云石化-晶间孔成岩相。其沉积环境为滨外潮下静水泥微相,沉积的颗粒岩少而灰泥多。经埋藏白云石化形成晶间孔,有的经溶蚀形成晶间溶孔和膏模孔等,该成岩相以微-粉晶白云岩为主,局部含有少量颗粒微-粉晶白云岩,不含角砾岩或含少量角砾岩,其孔隙度为 0.32%~2.67%,平均为 2.05%;渗透率为 $0.01×10^{-3}$~$3.32×10^{-3}μm^2$,平均为 $0.31×10^{-3}μm^2$。本成岩相在纵向上夹于颗粒岩之间,在平面上分布面积广,多形成低产气层,如果有较多的裂缝沟通也可以形成低-中产气层。

(2)古表生期弱溶蚀-针状溶孔成岩相。该成岩相沉积于浅滩,沉积的颗粒多,灰泥少,岩性以微亮晶颗粒白云岩为主,古表生期,在原来埋藏白云石化的基础上,大气淡水对原岩进一步溶蚀,形成晶间溶孔、粒内溶孔和粒间溶孔,其孔隙度为 3%~87%,平均为 4.32%;渗透率为 $0.01×10^{-3}$~$5.5×10^{-3}μm^2$,平均为 $0.71×10^{-3}μm^2$。本成岩相分布范围较广,孔隙发育程度较好,高、中、低产能的井均有,且为稳定的产气层。

(3)古表生期中等溶蚀-孔、洞、缝成岩相。这是最重要的一种成岩相类型,代表次生孔隙最为发育的碳酸盐岩储层类型。该成岩相沉积于浅滩,沉积的颗粒多,灰泥少,岩性以微亮晶颗粒白云岩为主,古表生期,在原来埋藏白云石化的基础上,大气淡水对原岩进一步溶蚀,形成大量的晶间溶孔、粒内溶孔和粒间溶孔,其孔隙度为 6.23%~18.67%,平均为 9.36%;渗透率为 $0.01×10^{-3}$~$23.21×10^{-3}μm^2$,平均为 $0.76×10^{-3}μm^2$。本成岩相主要分布于研究区南部,孔隙发育程度较好,高、中产能的井均有,且为稳产的产气层。

(4)古表生期强溶蚀-角砾成岩相。其沉积环境为浅滩,原生孔发育,同生期在大气淡水与海水混合液的成岩环境下被溶蚀,孔洞更加发育。表生期受云南运动影响整个五百梯—五里灯区块抬升为陆,经历了数十万年的风化剥蚀后形成黄龙组广泛发育的古风化壳和层内相应的岩溶体系,形成云质岩溶角砾岩和膏溶垮塌角砾岩的砾间孔洞。本成岩相岩性以云质岩溶角砾岩为主,孔洞发育,其孔隙度为 0.44%~15.96%,平均为 4.52%;渗透率为 $0.01×10^{-3}$~$25.32×10^{-3}μm^2$,平均为 $0.91×10^{-3}μm^2$,本成岩相分布相对广泛,多形成中高产的产气层。

（5）古表生强溶蚀-交代充填成岩相。其沉积环境为浅滩，原生孔发育，同生期在大气淡水与海水混合液的成岩环境下被溶蚀，孔洞更加发育。表生期受云南运动影响整个五百梯—五里灯区块抬升为陆，经历了数十万年的风化剥蚀后形成黄龙组广泛发育的古风化壳和层内相应的岩溶体系，形成云质岩溶角砾岩和膏溶垮塌角砾岩的砾间孔洞。此成岩相中大多数角砾岩显示出沉积物经成岩固结后发生溶蚀破碎改造后再被大气水胶结物胶结的成因特点，在岩石中普遍见大的溶蚀孔洞，孔洞中半充填或全充填白云石、淡水方解石、自生石英或黏土等，该成岩相岩性以含灰云质岩溶角砾岩、含砂云质岩溶角砾岩以及含云灰质岩溶角砾岩、次生灰质岩溶角砾岩为主，其孔隙度为 0.72%～14.6%，平均为 3.91%；渗透率为 $0.01×10^{-3}～9.32×10^{-3}μm^2$，平均为 $0.74×10^{-3}μm^2$。该成岩相不太有利储层发育，分布范围相对较小，以形成低产气层为主；如果叠加有较多的裂缝，则可形成不太稳定的中产气层。

需要指出的是，破裂作用不仅是重要的成岩现象，在上述 5 个成岩相带中均不同程度地叠加发育各类裂缝。虽然裂缝对改善储层的渗流性和产期能量起关键作用，但基于裂缝发育的随机性和普遍性，在进行面上成岩相带的划分时，与破裂作用相关的各类裂缝不再参与综合命名。

3. 五百梯石炭系成岩相的平面展布特征

在对五百梯—五里灯区块石炭系黄龙组单井成岩相进行分析的基础上，进一步对研究区成岩相进行平面展布特征分析。本区分布最广的成岩相为埋藏白云石化-晶间孔成岩相和古表生弱溶蚀-针孔成岩相，占据了工区的大部分区域（图 5.8）。埋藏白云石化-晶间孔成岩相主要分布于研究区中部，向西南延伸较远，是五百梯—五里灯区块最基础的成岩相。古表生弱溶蚀-针孔成岩相主要分布在五百梯—五里灯区块黄龙组颗粒滩沉积微相中，主要分布在天东 11 井井区、大天 3 井井区，以及天东 15 井—天东 76 井—天东 2 井井区一带。古表生期中等溶蚀-孔洞缝成岩相分布范围较广，主要分布在五科 1 井—天东 22 井井区、大天 2 井—大天 002-1 井—大天 002-2 井井区、天东 67 井—天东 1 井—天东 107 井—天东 51 井—天东 61 井井区，是研究区最有利的成岩相之一。古表生强溶蚀-角砾成岩相主要分布在天东 75 井—天东 64 井—天东 60 井井区、天东 16 井—天东 69 井—天东 73 井井区以及天东 8 井井区。古表生强溶蚀-交代充填成岩相主要沿 20、1、4、2、3、大 13 断层分布，呈 NE—SW 向条带状展布，包括邓 1 井、大天 1 井、大天 003-3 井。

通过上述各沉积-成岩相带的储层发育特征分析不难得出如下几点认识：最有利于储层发育的岩性为颗粒滩微相的亮晶颗粒白云岩、粉-细晶白云岩和以这两类岩性为基岩的各类云质岩溶角砾岩，颗粒滩微相为储层发育提供了最基本的物质条件。储层中最早形成的储渗空间为早-中成岩阶段埋藏白云石化过程中保存的粒间孔和新生成的晶间孔，它们奠定了储层发育的基础，古表生期大气淡水溶蚀形成的各类次生粒间溶孔、粒内溶孔、晶间溶孔、铸模孔和超大溶孔、溶洞、溶缝等，储集空间扩大了储层分布范围和发育规模，晚成岩阶段叠加发育的构造裂缝大幅度地提高了储层质量，是形成中高产储层的关键。结合沉积微相裂缝分布和已钻井产能状况等资料的综合分析，以成岩相与储层发育关系为依据，采用成岩相带划分为技术手段对研究区储层发育特征进行评价，得出五百梯气田范围内的各井区黄龙组大多数具备中高产气层的开发条件,其中最有利于储层发育的成岩相带为古表生期中等溶蚀-孔洞缝成岩相带和古表生期强溶蚀-角砾成岩相带。

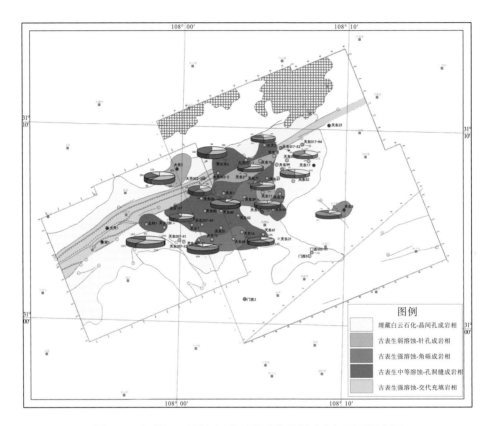

图 5.8   五百梯—五里灯区块石炭系黄龙组成岩相平面展布图

5.2   古岩溶储层成岩系统划分

5.2.1   地球化学特征

1. 微量元素地球化学特征

本书采用川东地区石炭系黄龙组共计 56 件不同类型碳酸盐岩样品的 Fe、Mn、Sr 微量元素统计结果作散点图(图 5.9)。从散点图上看,各类碳酸盐岩具有规律性变化趋势,分别阐述如下。

(1)岩溶作用是大气水改造碳酸盐岩最为重要的地质过程,发生在黄龙组沉积末期的古暴露岩溶作用过程会造成不整合面附近碳酸盐岩地层具有相对较高的 Fe、Mn 含量[图5.9(a)]。Bd 岩溶岩具有最高的 Fe 含量(3754.4×10^{-6})和比 Ml 灰岩、Rd1 白云岩均高的 Mn含量(195.2×10^{-6}),以及各类碳酸盐岩中最低的 Sr 含量(35.1×10^{-6}),说明它们发育于完全开放的大气水岩溶作用(黄思静等,2006;Huang et al.,2008)条件下,由于大气水具有比沉积流体(海水)更高的 Mn 含量和更低的 Sr 含量(Walter et al., 2000；Huang et al., 2008)，且氧化条件下以高价状态存在的 Fe、Mn 会被大气水淋滤充填在角砾间的基质中而使其含量很高，但流体中的 Sr 却由于难以取代白云石中的 Ca(Huang et al., 2008)而流失。

(2) 各类碳酸盐岩 Sr 含量变化范围为 $15 \times 10^{-6} \sim 374 \times 10^{-6}$ ［图 5.9(b)］，平均值为 96.4×10^{-6}，整体 Sr 含量值小于 Derry 等(1989)提出的能较好代表均一化海水样品的 Sr 含量下限值(200×10^{-6})，其中最能代表海水的 Ml 微晶灰岩 Sr 含量平均值也仅为 146×10^{-6}，显示出大陆淡水对海相碳酸盐岩影响较大的特征。

(3) 位于层内岩溶体系底部的 Sl 次生灰岩，被认为是云南运动之后，大气水淋滤上覆地层下渗形成的具较高 Sr 含量的流体去白云石化作用形成的，结合 Sr 在白云石中的分配系数只有方解石的一半的理论认识(Vahrenkamp and Swart, 1990)，可以很好地解释次生灰岩具有所有样品中最高 Sr 平均含量的原因。另外，在表生岩溶环境下，更多的 Fe 可能分布在古风化壳附近的不溶残余物或岩溶角砾间基质中(黄思静，2010)，Sl 次生灰岩由于远离富集 Fe 等不溶残余物的岩溶不整合面［图 5.9(c)］，而具有很低的 Fe 含量。

(4) Rd3 白云岩具有比 Rd1 白云岩低、比 Bd 岩溶岩高的 Sr 平均含量，以及所有样品中最高的 Mn 含量平均值(241.6×10^{-6})和较高的 Fe 含量平均值(2188.5×10^{-6})，说明中成岩埋藏环境下形成 Rd3 白云岩的成岩过程虽具有一定的脱 Sr 作用，但相对于 Bd 岩溶岩存在相对强烈的流体浓缩和孔隙水富集 Sr 的过程，从而可证明 Rd3 埋藏白云石化作用发生在相对封闭的体系中。另外，高 Mn 和高 Fe 含量说明 Rd3 白云岩经历了较强还原性的热流体改造(黄思静等，2006；Zhang et al., 2008)，埋藏还原环境有利于流体中的 Mn、Fe 进入白云石晶格(朱东亚等，2012)而富集。

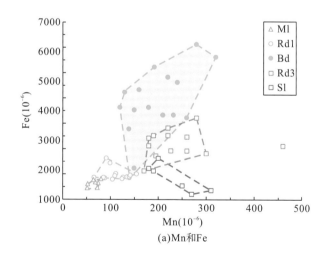

(a)Mn和Fe

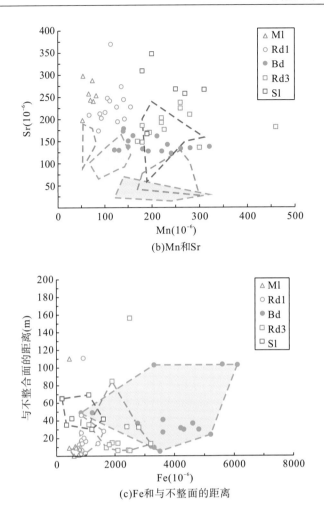

图 5.9　川东地区黄龙组各类型碳酸盐岩 Mn 和 Fe、Mn 和 Sr 以及 Fe 和与不整合面距离散点图

2. 稀土元素地球化学特征

(1)稀土元素 PAAS 标准化配分模式图(图 5.10)显示，各类样品均表现为轻稀土元素(LREE)略富集型，并具有各自相似的配分模式，反映出样品选取和分类是可靠的。另外，Ml 海相微晶灰岩具有显著的 Ce 负异常(0.54～0.73)和与海水相似的稀土元素配分曲线(Kawabe et al.，1998；韩银学等，2009)，说明较好地反映了海水的特点。ΣREE 统计显示，Ml 微晶灰岩含量最高(56.87×10⁻⁶)，其余样品均为分布范围较集中的低值，显示成岩流体对 REE 的迁移作用较活跃，是成岩流体与原岩的稀土元素发生重新分配、平衡的结果。

(2)Ce 的负异常程度是水体氧化程度的反映(Frimmel，2009)，Rd1 白云岩 δCe 平均值(0.78)相比 Ml 微晶灰岩(0.64)明显偏高，反映成岩流体具有温度增高、氧化性增强的特点，与 Rd1 白云岩的成岩流体来源于塞卜哈环境地表蒸发浓缩卤水相吻合(胡忠贵等，2008)；Rd2 和 Rd3 白云岩 δCe 平均值(分别为 0.77 和 0.72)相比 Rd1 白云岩呈逐渐递减的趋势，反映成岩环境演变为封闭性和还原性逐渐增强的埋藏环境；Bd 白云岩相比 Ml 微晶灰岩和 Rd1、Rd2、Rd3 白云岩负 Ce 异常明显减弱，充分说明此种岩类形成于相对开放、氧化的成岩条件下，从而导致流体中的 Ce^{4+} 优先进入再沉淀的碳酸盐矿物晶格中(韩银学等，2009)使得 δCe 偏高。

（3）正 Eu 异常往往被认为与热液流体影响和还原环境有关(Götze et al.，2001；Wang et al.，2009)，Rd1、Rd2 和 Rd3 白云岩相对 Ml 微晶灰岩负 Eu 异常(δEu 平均值为 0.96)呈现逐渐减弱的趋势，反映成岩作用发生在相对封闭、还原和温度逐渐升高的埋藏环境中，Rd3 白云岩甚至具有最高的正 Eu 异常(δEu 平均值为 1.71)，这为 Rd3 白云岩的成岩流体来自中-深埋藏还原环境下的深部热液提供了有力的地化证据；Bd 白云岩相比埋藏环境下 Rd2 和 Rd3 白云岩具有更显著的负 Eu 异常，充分说明成岩作用发生在开放、氧化的成岩系统中，成岩流体不仅温度较低、氧化性增强，而且对 Eu 可能有较强的贫化效应。

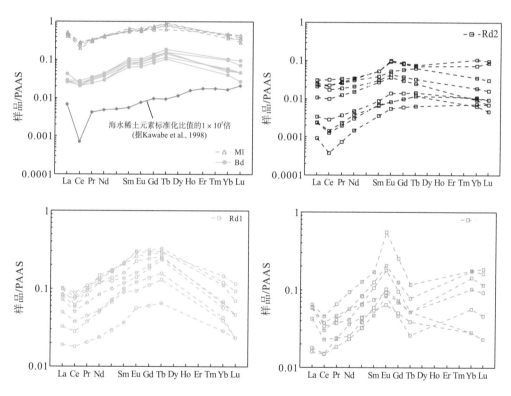

图 5.10　黄龙组不同碳酸盐岩稀土元素 PAAS 标准化配分模式图

3. 碳、氧同位素地球化学特征

海相碳酸盐中的 ^{13}C、^{18}O 丰度主要受海平面升降、有机碳来源及埋藏速率、沉积-成岩环境的氧化-还原条件等因素影响(郑永飞等，2000)，因此，沉积-成岩环境和成岩流体性质不同，碳酸盐岩碳、氧同位素组成也不同，由黄龙组各类碳酸盐岩共计 52 件样品的氧、碳同位素分析结果(图 5.11)可知：

（1）Ml 方解石 $\delta^{13}C$ 和 $\delta^{18}O$ 平均值分别为-1.145‰(VPDB)和-7.206‰(VPDB)；Rd1、

Bd 和 Rd3 白云石的碳同位素(δ^{13}C 平均值分别为 2.813‰、1.921‰和 1.468‰)依次呈现出重碳的亏损,氧同位素(δ^{18}O 平均值分别为-1.776‰、-4.033‰和-5.258‰)也具有逐渐负偏的趋势;Sl 方解石 δ^{13}C 和 δ^{18}O 平均值分别为-1.62‰(VPDB)和-6.44‰(VPDB)。

(2)黄龙组不同类型碳酸盐岩相对于代表莫斯科阶原始海水(Veizer et al.,1999)的碳酸盐岩具有更低的 δ^{13}C 和 δ^{18}O 值,表明在成岩过程中可能有 ^{13}C 和 ^{18}O 亏损的流体注入影响,这一地球化学异常主要与古表生期研究区黄龙组碳酸盐岩地层接受广泛的大气水淋滤作用有关。

(3)相比 Rd1 白云岩,Bd 岩溶岩的 δ^{18}O 和 δ^{13}C 值均存在负偏,这与研究区黄龙组抬升地表,整体处于开放的成岩环境,并接受广泛富 ^{12}C 和 ^{16}O 的大气源 CO_3^{2-}特点(Veizer et al.,1999;Azmy et al.,2009)的大气水淋滤作用有关(Land,1980;Rosen et al.,1989;Gasparrini et al.,2006);Sl 次生灰岩相比 Bd 岩溶岩具有更低的 δ^{18}O 和 δ^{13}C 值,进一步说明大气水的溶蚀作用越强,碳酸盐岩碳、氧同位素分馏强度越高的演化特点。

(4)从古表生期的开放大气水成岩环境进入半封闭状态中成岩阶段较深的埋藏环境下,形成的 Rd3 白云岩相比 Rd1 和 Bd 岩溶岩,具有更低的 δ^{18}O 和 δ^{13}C 值,可能的解释是,由于再埋藏成岩阶段处于海西晚期东吴运动拉张构造背景下,受来自深部的 ^{18}O 亏损热流体改造影响(Tritlla and Cardellach,2001;Lavoie and Chi,2006),δ^{18}O 值负偏。另外,该成岩阶段也是有机质热成熟时期,大量以有机酸为主的压释水对白云岩进行溶蚀改造的同时也带来了有机碳的注入,使得 ^{13}C 亏损(Boni et al.,2000;Azmy et al.,2009)而导致 δ^{13}C 同位素值负偏。

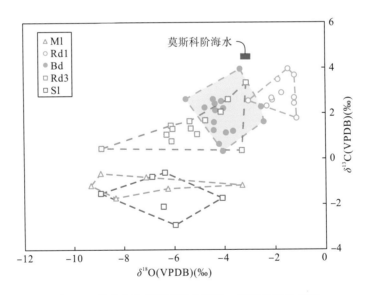

图 5.11 黄龙组各类型碳酸盐岩氧、碳同位素投点图

4. 锶同位素地球化学特征

由 52 件样品锶同位素分析结果(图 5.12)可知:

(1)作为对比参照物的海相灰岩(Ml)^{87}Sr/^{86}Sr 平均值为 0.709438,明显高于全球晚石

炭世莫斯科阶海相灰岩 $^{87}Sr/^{86}Sr$ 值的变化范围(Veizer et al.，1999；McArthur et al.，2001)。这与 Ml 海相灰岩形成于被古陆围限的半局限海湾盆地，大量来自古陆的高放射性成因锶进入盆地，并导致海水 $^{87}Sr/^{86}Sr$ 值偏高有关(郑荣才等，2008)。

(2)成岩埋藏期形成的 Rd3 白云岩 $^{87}Sr/^{86}Sr$ 值(0.712805)与 Rd1 白云岩(0.712804)几乎一致，说明埋藏白云石化流体主要来源于因禁在地层中的塞卜哈卤水(李忠等，2006)。

(3)以 Ml 微晶灰岩 $^{87}Sr/^{86}Sr$ 值作为背景参照值，各类碳酸盐岩具有伴随成岩强度加大，$^{87}Sr/^{86}Sr$ 值依次同步加大的演化特点(图 5.12)，说明各成岩期流体都受到富含陆壳锶的大陆地表水影响，并存在对高放射性 ^{87}Sr 同步增强的富集作用。

(4)由大气水溶蚀改造的 Bd 岩溶岩的 $^{87}Sr/^{86}Sr$ 值(0.714965)明显高于 Ml 微晶灰岩和 Rd1、Rd3 白云岩，可能的解释是，富 ^{87}Sr 的大气水在强烈溶蚀白云质基岩的过程中，以及白云石在重结晶过程中可能混入了更多的高放射性 ^{87}Sr。

(5)Sl 次生灰岩 $^{87}Sr/^{86}Sr$ 值(0.710547)仅略高于 Ml 微晶灰岩，低于其他碳酸盐岩类，可能的解释是，大气水溶蚀过程中由各类碳酸盐岩对 ^{87}Sr 的富集作用，降低了岩溶流体本身的 $^{87}Sr/^{86}Sr$ 值。另外，由去膏化、去云化过程中形成的次生方解石可能继承了原始地层的背景值，同时在水岩反应过程中方解石缺乏 ^{87}Sr 的混入。

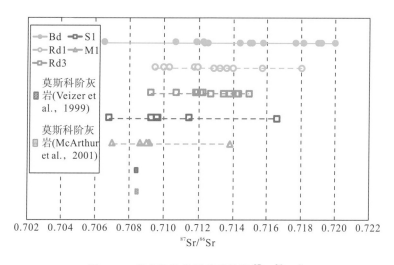

图 5.12 黄龙组各类型碳酸盐岩 $^{87}Sr/^{86}Sr$ 值

5.2.2 流体包裹体特征

由于古风化壳岩溶岩(Bd 岩溶岩)中淡水白云石晶粒细小，难取样分析，故本书主要对 14 件埋藏岩溶岩中缝洞充填粗晶、巨晶方解石和天青石矿物的 103 个流体包裹体的均一温度、初熔温度和冰点进行了测定(表 5.1)。据前人研究，川东地区古地温梯度为 2.5℃/100m(王玮等，2011)，取地表常年平均温度为 25℃，可根据包裹体形成温度将宿主矿物划分为海西晚期—早中印支期中-深埋藏环境和晚印支期—燕山期深埋藏环境的产物。其中，由海西晚期拉张背景下的混合热卤水沉淀形成的、充填于晶粒白云岩和白云质岩溶角砾岩缝洞中的亮晶方解石，富含气、液两相盐水包裹体和液态烃包裹体，均一温度变化范围为 93.6～130.9℃，峰值区集中在 110～115℃（图 5.13），初熔温度变化范围为-35.2～-33.1℃，反映这种混合热卤水为中-低温，含 $MgCl_2$-H_2O、$NaCl$-$MgCl_2$-H_2O 体系流体（卢焕章等，2004）；在晚印支期—燕山期深埋藏环境下，来自志留系地层的压释水，混合有机质热演化形成的有机酸，对晶粒白云岩溶蚀改造后，沉淀于缝洞中的方解石和天青石矿物捕获了大量气、液两相烃类包裹体（王一刚等，1996），同期的气、液两相盐水包裹体的均一温度变化范围为 118.6～148.3℃，峰值区集中在 120～125℃（图 5.13），初熔温度变化范围为-0.9～-2.3℃，反映这种酸性压释水为中-高温，含 Na_2SO_4-H_2O、Na_2CO_3-H_2O、$NaHCO_3$-H_2O 体系的流体（卢焕章等，2004）。从表 5.1 可以看出，不同成岩环境下的盐水溶液包裹体低共熔点明显不同，反映油气演化不同阶段流体介质条件存在差异（陶士振等，2003），从而可以识别出不同的成岩流体。

表 5.1　川东地区石炭系古岩溶岩流体包裹体特征

类型	成岩环境	油气演化阶段	成岩流体	宿主矿物	包裹体类型	测试数	均一温度（℃）	冰点（℃）	初熔温度（℃）	流体体系
埋藏岩溶岩	海西晚期—早中印支期中-深埋藏	原油低成熟阶段	深部混合热流体	晶粒白云岩和白云质岩溶角砾岩中缝洞充填方解石	气、液两相盐水包裹体	68	93.6～130.9	-20.8～-5.4	-35.2～-33.1	$MgCl_2$-H_2O、$NaCl$-$MgCl_2$-H_2O
					液态烃包裹体	—	—	—	—	
	晚印支期—燕山期深埋藏	原油高成熟-凝析油阶段	酸性压释水	晶粒白云岩缝洞充填方解石、溶洞充填天青石	气、液两相盐水包裹体	20	方解石：118.6～148.3 天青石：123.5～128.3		-0.9～-2.3	Na_2SO_4-H_2O、Na_2CO_3-H_2O、$NaHCO_3$-H_2O
					气、液两相烃类包裹体、少量液态烃包裹体	25	方解石：119.4～173.7 天青石：136.8～144.5	—		

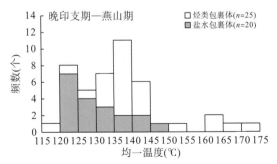
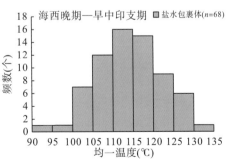

图 5.13　石炭系不同成岩环境缝洞充填物流体包裹体均一温度直方图

5.2.3　成岩系统的流体分析

综合以上岩石学、矿物学、地球化学特征等,可将川东地区黄龙组古岩溶储层成岩流体划分出性质各异,且与储层发育关系密切的 3 种流体。

1. 强氧化性低温大气水

该流体形成于云南运动期的古表生大气水岩溶环境,具富 Fe 和 Mn、极低 Sr 含量、$\delta^{13}C$ 和 $\delta^{18}O$ 值弱负偏以及极高 $^{87}Sr/^{86}Sr$ 值的性质,CO_2 作为该流体中最为重要的溶解介质,被认为主要来源于大气和土壤,特别是研究区石炭系碳酸盐岩地层持续暴露时期具备植物繁盛的湿热气候(文华国等,2009a),CO_2 更多的是来自地表和土壤中的植物碎屑和有机物质的腐烂分解(黄思静,2010)。

2. 强还原性深部混合热流体

该流体形成于中-深埋藏成岩环境下,为海西晚期东吴运动拉张构造背景下,石炭系地层水向负压的裂缝系统中流动与深部向上流动的热流体(李淳,1999)掺和形成混合热卤水,并具富 Mn 和 Fe、贫 Sr、$\delta^{18}O$ 值明显负偏性质的中-低温,含 $MgCl_2$-H_2O、$NaCl$-$MgCl_2$-H_2O 体系流体。

3. 酸性压释水

该流体形成于中-深埋藏成岩环境下,为晚印支期—燕山期的志留系地层压释水,混合有机质热演化形成的有机酸、CO_2 及 H_2S 气体等(章贵松等,2000),形成酸性压释水,具富 Mn 和 Fe、$\delta^{13}C$ 值明显负偏性质的中-高温,含 Na_2SO_4-H_2O、Na_2CO_3-H_2O、$NaHCO_3$-H_2O 体系流体。

5.2.4　成岩系统划分

川东地区黄龙组碳酸盐岩储层成岩作用类型众多,主要有胶结作用、新生变形作用、压实和压溶作用、膏化作用、白云石化作用、古岩溶作用、去膏化和去云化作用、重结晶作用、深部溶蚀作用、硅化和黄铁矿化作用,以及破裂作用等。此外,还偶见有钠长石化、天青石化和高岭石化等成岩现象。按成岩作用与储层发育的关系可划分为破坏性和建设性两种成岩作用类型,其中与储层发育关系最为密切且最有利于储层发育的成岩作用为白云石化作用和古岩溶作用。结合研究区特定的成岩-孔隙演化历史,参照国家标准《碳酸盐岩成岩阶段划分》(SY/T 5478—2019),将川东地区黄龙组储层的成岩演化过程划分为准同生阶段、早-中成岩阶段、古表生阶段、再埋藏期中-晚成岩阶段和构造隆升阶段 5 个成岩期次,并建立了成岩演化模式。

5.3 沉积-成岩系统与储层发育的耦合关系

5.3.1 储层岩石类型及孔隙类型

据镜下薄片鉴定，黄龙组岩石类型多样，将区内黄龙组碳酸盐岩分为石灰岩和白云岩两大类，并细分为以下不同的岩石类型，其中灰岩类包括微-粉晶灰岩和含生屑微晶灰岩、泥-微晶或亮晶颗粒灰岩、去云化粉-细晶次生灰岩和变形灰岩；白云岩类包括微晶白云岩、粉-细晶白云岩、白云质岩溶角砾岩（郑荣才等，1996）、去云化粉-细晶云灰岩和残余颗粒粉晶白云岩。黄龙组储层主要发育于二段，呈层状和似层状、透镜状分布，储集岩类型以白云质岩溶角砾岩及颗粒白云岩为主，而大部分正常海相灰岩类和次生灰岩类岩性较致密，不太有利于储层发育。

根据产气井岩石孔隙类型统计，认为川东地区黄龙组碳酸盐岩储层的储集空间类型主要有晶间孔、晶间溶孔、晶间孔叠加晶间溶孔、粒内溶孔、粒间溶孔、铸模孔和裂缝等，而有效的储集空间更多的是晶间孔、晶间溶孔，其次为粒间溶孔和粒内溶孔，而未充填的裂溶缝为有效的运移通道，大多数储层属于以次生孔隙为主的裂缝-孔隙型储层，在储层中晶间溶孔的发育程度，埋藏期溶蚀作用形成粒间溶孔的相连程度以及溶孔与溶缝相连程度，对有效储层的形成起着至关重要的作用。

5.3.2 储层类型

川东地区黄龙组碳酸盐岩受到长期的大气水风化、剥蚀和溶蚀作用改造，由孔隙、溶洞和裂缝组成的储集空间非常发育（王一刚等，1996；张兵等，2011），由孔、洞、缝的不同组合方式及其所占比例的差异性导致储集空间的复杂性，据此，进一步将储层划分为3种类型。

1. 孔、洞、缝型储层

孔、洞、缝型储层主要出现在颗粒-晶粒白云岩中，孔隙度为 0.55%～15.17%，平均值高达 4.15%，渗透率分布在 $0.01×10^{-3}～96.08×10^{-3}μm^2$，平均值高达 $12.64×10^{-3}μm^2$，储集空间以粒间溶孔、晶间溶孔为主，微裂缝也比较发育。

2. 孔隙型储层

孔隙型储层主要发育在白云质岩溶角砾岩、灰质白云岩中，孔隙度为 0.32%～14.94%，平均值为 3.51%，渗透率分布在 $0.01×10^{-3}～53.6×10^{-3}μm^2$，平均值为 $13.43×10^{-3}μm^2$，储集空间以粒间孔、粒内孔为主，微裂缝相对不发育。

3. 裂缝型储层

裂缝型储层主要分布在晶粒灰岩、泥-微晶灰岩中，在胶结作用较强的白云质岩溶角砾岩、生物碎屑白云岩中也有一定程度的发育，孔隙度为 0.29%～2.76%，平均值为 1.12%，渗透率分布在 0.01×10^{-3}～$0.57\times10^{-3}\mu m^2$，平均值为 $0.2\times10^{-3}\mu m^2$。

在各种类型的储层中，孔、洞、缝型储层是川东黄龙组最重要的储层类型。

5.3.3　成岩流体及其对储层的改造

早期的强氧化性低温大气水和晚期的酸性压释水对黄龙组古岩溶储层有效储集空间的形成起到了至关重要作用，在后期晚燕山期—喜马拉雅期构造破裂改造下，最终形成川东地区石炭系黄龙组规模性裂缝-孔隙型古岩溶储层。

1. 准同生阶段

准同生阶段处于海水成岩环境下，蒸发浓缩的海源孔隙水流体具较高 Sr 含量、略正 Eu 异常、$\delta^{13}C$ 和 $\delta^{18}O$ 值偏正和较高 $^{87}Sr/^{86}Sr$ 值的性质，造成的准同生白云石化作用多形成泥-微晶白云岩（Rd1），并受压实、压溶作用和胶结作用叠加破坏改造，导致大部分原生孔被充填，而不利于储层发育。

2. 早成岩阶段

早成岩阶段处于浅埋藏成岩环境下，封存的早期塞卜哈地层压实卤水流体具贫 Sr、正 Eu 异常、$\delta^{13}C$ 和 $\delta^{18}O$ 值略负偏和高 $^{87}Sr/^{86}Sr$ 值的性质，成岩过程中伴随埋藏深度加大，流体的还原性和温度逐渐增高，由压实卤水造成的大范围埋藏白云石化及重结晶作用形成的 Rd2 白云岩晶间孔发育，从而有利于储层发育。

3. 古表生阶段

古表生阶段处于大气水渗流-潜流成岩环境下，强氧化性低温大气水流体具富 Fe 和 Mn、弱负 Ce 异常、$\delta^{13}C$ 和 $\delta^{18}O$ 值负偏以及极高 $^{87}Sr/^{86}Sr$ 值的性质，以大气水强烈溶蚀作用为主，可形成典型的古岩溶型储层（James and Choquette，1988；McMechan et al.，1998，2002；Loucks，1999，2004； Breesch et al.，2009）。其中经大气水淋滤改造后的 Bd 白云岩晶间溶孔、粒间溶孔、超大溶孔与溶缝都非常发育，为最有利储集岩类。

4. 中成岩阶段

中成岩阶段处于中-深埋藏成岩环境下，强还原性深部混合热卤水流体具富 Mn 和 Fe、正 Eu 异常，以及 $\delta^{13}C$ 和 $\delta^{18}O$ 值明显负偏的性质，为海西晚期东吴运动拉张构造背景下，石炭系地层水向负压的裂缝系统中流动并与深部向上流动的热液掺和形成的热流体。尽管该流体对早期形成的白云岩储层进行局部溶蚀、胶结和充填等成岩破坏改造而使物性变差，但晚印支期—燕山期发育了 NE 向的通源深大断裂和次级断裂（赵裕辉，2005），沟通了此期间有机质热演化而形成的脱羧基酸性热液，并对储集空间进行扩溶改造，对 Rd3 白云岩储层有效储集空间的形成起到了至关重要的作用，晚燕山期—喜马拉雅期构造隆升阶段抬升成岩环境下产生了构造缝，对改善储层的孔、渗性影响很大，从而最终形成了川东地区石炭系黄龙组规模性裂缝-孔隙型储层。

5.4　沉积-成岩系统的储层发育机制

前人对成岩作用的研究主要是强调演化阶段或者岩类，而很少将成岩作用上升到成岩系统来进行研究(李忠等，2006)。在含油气盆地中，由于储层发育连续地受到沉积与成岩作用影响，因此，将沉积作用与成岩作用纳入统一的系统中研究储层发育以及沉积和成岩作用与储层在时空上的耦合关系，具有重要的理论和实践意义。

5.4.1　沉积相对储层发育的控制

沉积相控制了川东黄龙组碳酸盐岩储层的分布范围，特别是粒屑滩沉积微相控制了储层的区域分布位置和分布规律。通过不同沉积微相和岩石类型与物性的相关性统计，显示具有如下特征。

潮坪微相孔隙度分布范围为 0.8%～10.2%，平均值为 3.32%，大于 3% 的样品占 56.0%；渗透率分布范围为 0.01×10^{-3}～$12.5 \times 10^{-3} \mu m^2$，平均值为 $0.87 \times 10^{-3} \mu m^2$，接近半数的样品小于 $0.01 \times 10^{-3} \mu m^2$，大于 $10 \times 10^{-3} \mu m^2$ 的样品仅占 5.6%。潟湖微相孔隙度分布范围为 0.3%～12.5%，平均值为 2.73%，大于 3% 的样品占 31.7%；渗透率分布范围为 0.01×10^{-3}～$21 \times 10^{-3} \mu m^2$，平均值为 $1.61 \times 10^{-3} \mu m^2$，半数以上的样品小于 $0.1 \times 10^{-3} \mu m^2$，大于 $10 \times 10^{-3} \mu m^2$ 的样品仅占 6.8%。潮下静水泥微相孔隙度分布范围为 0～8.44%，平均值为 2.86%，大于 3% 的样品占 39.5%；渗透率分布范围为 0.0001×10^{-3}～$21.4 \times 10^{-3} \mu m^2$，平均值为 $0.86 \times 10^{-3} \mu m^2$，极大多数样品小于 $0.1 \times 10^{-3} \mu m^2$，大于 $10 \times 10^{-3} \mu m^2$ 的样品仅占 3.5%。粒屑滩微相孔隙度分布范围为 1.12%～19.6%，平均值为 6.17%，大于 5% 的样品占 63.2%；渗透率分布范围为 0.001×10^{-3}～$23 \times 10^{-3} \mu m^2$，平均值为 $3.78 \times 10^{-3} \mu m^2$，近半数的样品大于 $0.1 \times 10^{-3} \mu m^2$，大于 $1 \times 10^{-3} \mu m^2$ 的样品占 37.3%，大于 $10 \times 10^{-3} \mu m^2$ 的样品占 11.8%(图 5.14)。

从各微相类型的物性特征对比分析可知，粒屑滩物性仍明显高于其他微相类型，为有利储集微相类型，而潮下静水泥由于富含灰泥基质堵塞孔喉通道而导致渗透率最低，潟湖和潮坪由于为白云石化作用提供了较有利的沉积成岩环境，渗透率相对潮下静水泥较高，但总体上这 3 类微相孔隙度和渗透率普遍较低，一般不利于储层发育。

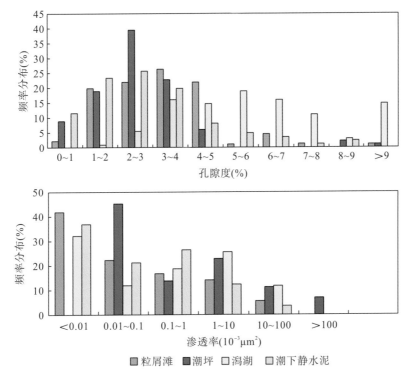

图 5.14　川东地区黄龙组不同储集微相物性分布直方图

5.4.2　白云石化作用对储层发育的控制

川东地区黄龙组好储层几乎全为白云岩类，即使是岩溶角砾岩，也以白云质岩溶角砾岩的储集物性为更好，而灰质岩溶角砾岩储集性明显差于白云质岩溶角砾岩，表明岩溶型储层的发育均与白云石化作用息息相关。因此，白云石化作用发育程度、发育时期和产出特征无疑是控制储层发育的重要因素。

黄龙组碳酸盐岩白云石化作用具有多期次和多成因的特点，主要集中在成岩早期，而晚成岩期白云石化作用不明显。按结构-成因特征可划分为 4 种类型：①准同生期白云岩，岩性主要为微晶白云岩，白云石晶体大小为 0.003～0.004mm，有序度较差，呈它形粒状结构，但往往含有较多杂质和有机质，或发育有藻纹层和残余藻屑纹层结构，偶见含石膏或石膏假晶结构，系准同生期塞卜哈环境高镁卤水交代碳酸盐沉积物的产物，由于此类白云岩很致密，面孔率普遍小于 1%，对储层发育不利；②早成岩期埋藏白云岩，岩性主要为亮晶颗粒白云岩和溶孔状白云岩，晶体大小一般为 0.03～0.15mm，大小较均匀，以半自形-自形晶为主，有序度中等偏高，显微镜下白云石较脏，往往具有雾心亮边结构和重结晶现象，为正常海相沉积灰岩在成岩期埋藏环境中被富镁孔隙水流体交代的产物，此类型大部分发育在浅滩微相中，是川东地区黄龙组最重要的储层岩石类型，晶间孔和晶间溶孔普遍较发育，面孔率普遍大于 5%，对储层发育非常有利；③中成岩期埋藏白云岩，具有伴随溶蚀作用与淡水沉积物充填作用同时进行和逐渐以重结晶作用为主的特点，是研究区黄龙组重要的储层岩石类型之一，白云石晶体呈半自形-自形菱面体，重结晶作用明显，一般呈粉-细晶结构，表面脏，白云石有序度高，晶间孔和晶间溶孔较发育，面孔率一般为 5%～20%，该类型白云岩主要受古岩溶作用的持续影响，可形成极好的储层；④淡水白云石，形成于古表生期，晶体大小一般为 0.1～0.2mm，具有明亮干净和自形程度好等特征，有序度≤1，在溶蚀孔、洞、缝中常呈晶簇状产出，因数量少，对储层发育无影响。

5.4.3 古岩溶作用对储层发育的控制

上石炭统黄龙组沉积后，受云南运动影响整个川东地区抬升为陆进入区域性的古岩溶作用，形成广泛发育的古风化壳和相应的古岩溶岩体系，以及整个四川盆地东部极其重要的黄龙组古岩溶型储层(郑荣才等，2003，2008；胡忠贵等，2008；文华国等，2009a)。古岩溶作用扩大了储层分布范围、发育规模，提高了储层质量，对储层发育也具有重要的影响，是形成油气储层的重要机制之一(James and Choquette，1988；郑荣才等，1996；McMechan et al.，1998，2002；夏日元等，1999；Loucks，1999，2004；艾合买提江·阿不都热和曼等，2008；Breesch et al.，2009)，主要表现在以下几个方面。

(1)采用以描述岩溶旋回叠加期次、溶蚀方式和溶蚀强度为重点内容的溶蚀段概念(郑荣才等，2003)，将黄龙组古岩溶剖面划分为 4 个溶蚀段(图 5.15)，自上而下依次为地表溶蚀段、上部溶蚀段、下部溶蚀段和底部溶蚀段。其中上部溶蚀段和下部溶蚀段是古岩溶储层的主要发育段，分别对应于生产实践中广泛应用的上部储层发育段和下部储层发育段。古岩溶储层的发育主要受多期岩溶改造作用控制，储层主要分布于受多期次岩溶改造的、以渗流和潜流叠加溶蚀作用为主的上部溶蚀段中下部和下部溶蚀段中上部(图 5.15)，储集类型以裂缝-孔隙型储层为主，部分为大缝大洞型储层，而底部溶蚀段孔隙型储层基本不发育，仅发育少量的裂缝型储层。由此可见，古岩溶作用的多期次性、溶蚀作用的分带性及其叠加溶蚀作用，对古岩溶储层在纵、横向上的发育规模和分布规律都有直接的控制作用。

(2)不同的岩溶地貌单元具有不同的古水文地质条件，并对岩溶和储层发育起着重要控制作用，古岩溶地貌直接影响到碳酸盐岩次生储集空间的形成和展布。具体阐述如下。

a. 岩溶高地对储层发育的控制。岩溶高地因溶蚀底界远高于潜水面，因而以渗流溶蚀为主，不同类型的岩溶高地溶蚀特征有显著差别：①坡内岩溶高地，因受水面积小和地形陡峻，以接受地表水下渗溶蚀作用为主，为较有利于储层发育的微地貌单元，但往往因黄龙组二段被强烈剥蚀，所保存的储层厚度较薄；②与古陆相毗邻的周边岩溶高地，因接受大气降水面积大，地形平坦，因而下渗水量相对较大，渗流溶蚀作用更为强烈，在黄龙组二段白云岩保存厚度较大和颗粒或晶粒白云岩较发育部位，抑或裂缝相对密集部位均有利于储层发育。

b. 岩溶上斜坡对储层发育的控制。岩溶上斜坡微地貌单元以坡地为主，次为残丘，其中坡地具较陡地形，一般以底部不整合面为侵蚀底界面，位置仍高于潜水面，有利于周边或坡内岩溶高地的地表水快速下渗和侧向运移排泄，溶蚀作用强烈而充填作用较弱。由于地下水的补给量受季节性降水量变化影响大，岩溶旋回的潜水面位置不稳定，因此以发育较厚的渗流带和较薄的活跃潜流带为主，很少出现静滞潜流带。又由于各岩溶旋回之间的潜水面间断性下降幅度小，各岩溶旋回的叠加溶蚀作用最为强烈，甚至上部和下部溶蚀段可发育于相重叠的同一位置，因而岩溶上斜坡是各岩溶地貌单元中储层最发育的部位。

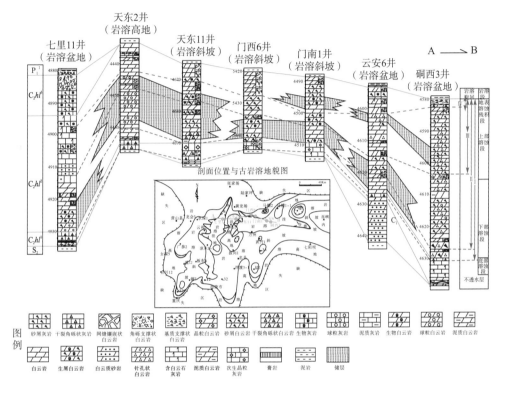

图 5.15　川东地区黄龙组古岩体系溶蚀段格架和储层分布与对比图

c. 岩溶下斜坡对储层发育的控制。岩溶下斜坡微地貌单元最复杂，包括坡地、坡内残丘、溶谷和浅洼、浅洼内残丘等组合类型，各微地貌单元的溶蚀特征差异很大：①溶谷，具很陡的地形，在近谷口的部位活跃潜流带发育厚度相对较大，为有利于古岩溶型储层发育部位；②坡内残丘，在平缓下倾的坡地中呈广泛分布的峰丛状，如同坡内岩溶高地，也为有利于储层发育的微地貌单元，但规模要小得多；③浅洼，呈自上而下由陡变缓和底部平坦的盆状地形，地下水补给量和聚集量大于其他微地貌单元，但运移速度缓慢，潜水面较稳定，溶蚀作用相对较弱而胶结、充填作用较强，属于不太有利于储层发育的微地貌单元；④浅洼内残丘，在平坦的盆状地形中呈异峰突起状，地下水动力场分带性明显，自上而下具有渗流带趋于减薄而活跃潜流带和静滞潜流带同步加厚的特点。岩溶过程中各旋回之间的潜水面间隔幅度较大，明显受间歇性下降的区域性侵蚀基准面控制，因而浅洼内残丘上部和下部具有相对独立的储层发育位置。从总体上看，该地貌单元储层发育的优劣状况依次为坡内残丘、浅洼内残丘、溶谷和浅洼。

d. 岩溶盆地对储层发育的控制。岩溶盆地由岩溶槽地和盆内残丘微地貌单元组成：①岩溶槽地由于地形平坦，地表长年被水淹没而不发育渗流带，地下水流动缓慢，易于对

$CaCO_3$ 过饱和，化学胶结物的沉淀作用较强，因此，对形成古岩溶型储层不利，仅在岩溶谷口的边缘，或围绕残丘和漏斗边缘，因受到侧向运动的潜流溶蚀影响，可形成范围有限的水平溶蚀带而有利于储层发育；②盆内残丘，特征类似于浅洼内残丘，但规模要大得多，残丘的主体处于较厚的上部渗流带和下部活跃至静滞潜流带和叠置部位，因此对储层发育较为有利。

(3) 由于受季节性降水量和下蚀作用的影响，渗流带和潜流带不断向地层深部迁移，并对应每一次小规模的构造抬升或下蚀引起的侵蚀基准面向下迁移，对应输导层的潜水位附近，由顶蚀和侧蚀作用形成某一层次的水平洞穴，周而复始，最终形成多层次的水平洞穴和渗流溶蚀带的交替发育特点，其中尤以受渗流和潜流影响最大，潜水位最不稳定的岩溶斜坡带垂直渗流和水平潜流的交替溶蚀作用最发育，为有利于古岩溶储层发育的位置。

5.4.4 沉积-成岩系统与储层发育的耦合机制

综合上述沉积和不同成岩阶段、成岩环境特征以及不同成岩作用方式对储层发育控制作用，结合成岩流体性质研究（郑荣才和陈洪德，1997；郑荣才等，1997，2008；李忠等，2006，2009；文华国，2009b），认为川东地区黄龙组储层发育主要受沉积微相分布及成岩系统控制；按"水文体制"与相对应的成岩作用方式、成岩演化阶段和相对应的地质作用产物与组合特征，可将川东地区黄龙组碳酸盐岩储层划分为孔隙水、压实卤水、大气水和温压水 4 个不同阶段和物理化学环境连续演化的成岩系统，并认为沉积-成岩系统与储层在时空上具有良好的耦合关系，具体表现如下。

(1) 粒屑滩沉积微相控制了黄龙组储层的区域分布。

(2) 准同生成岩阶段虽然发生白云石化作用，但多形成泥微晶白云岩，孔隙度平均值小于 2%，而占主导的压实作用、压溶作用和胶结作用使得原生粒间孔和粒内孔大部分被充填而孔隙不发育，一般不能形成储层。

(3) 早-中成岩阶段的压实卤水成岩系统中，虽然压实、压溶和进一步的胶结作用使原生孔隙大部分遭到彻底破坏，但来自早期塞卜哈环境封存的地层压实卤水流体所形成的大范围埋藏白云石化及重结晶作用有利于晶间孔发育，并具有伴随埋藏白云石化强度加大而逐渐更有利于储层发育的特点。

(4) 古表生期大气水成岩系统以大气水强烈溶蚀作用为主，可形成典型的岩溶型储层，其中经大气水溶蚀改造后未角砾岩化的晶粒和颗粒白云岩粒间溶孔和晶间溶孔、超大溶孔与溶洞、溶缝都非常发育，为最有利于储层发育岩性；由大气水溶蚀形成的白云质岩溶角砾岩中各类溶蚀孔、洞、缝也很发育，为有利于储层发育岩性；而同样由大气水溶蚀和去膏化、去云化作用形成的次生晶粒灰岩和岩溶角砾岩孔隙度非常低，平均值小于 2%，不能作为储层。

(5) 在随后的二叠纪—侏罗纪末，川东地区石炭系处于再埋藏成岩阶段的温压水成岩系统，中二叠世末的海西晚期东吴运动拉张构造背景下，石炭系地层水向负压的裂缝系统中流动，同时也有深部的热液向上流动而形成混合液，并进行胶结、压实、压溶、重结晶和局部的溶蚀、交代和充填等成岩改造而使储层物性变差，但晚印支期—燕山期，不仅发育了大量 NE 向的通源深大断裂，而且志留系有机质在热成熟期间生成了大量以有机酸为主的压释水，进一步溶蚀扩大了储集空间，对川东地区石炭系有效储集空间形成起到了十分重要的作用，晚燕山期—喜马拉雅期波及全盆地的褶皱运动形成了现今构造的基本格局，岩石受应力作用而产生了构造缝，对改善储层的孔、渗性影响很大，如发育有构造裂缝的储层平均孔隙度可增加 0.5%～1.0%，使渗透率呈几何级数增长，可形成有效的裂缝型储层。

第6章 古岩溶储层分布规律

6.1 古岩溶储层控制因素分析

6.1.1 沉积相对储层发育的控制

颗粒白云岩与晶粒白云岩的物性特征整体较好，从它们的沉积特征表明其沉积环境主要为高能的粒屑滩、潮道，在这种环境中由于波浪和潮汐的簸选和改造，细粒的灰泥及云泥被带走，而沉积粗粒碎屑，原始渗透率较高，加之在很短的埋藏时间和浅的埋藏深度，又被抬升改造，使得渗透率更高；泥-粉晶云岩的分布及沉积特征主要受到局限潟湖环境所控制，虽然在这一环境中能量低，没有大量的颗粒物质沉积，但是在蒸发条件下，这一环境为泥-粉晶白云岩的埋藏白云石化提供了一个极好的沉积成岩环境，高盐度的海水在埋藏过程中，造成了沉积物的白云石化，从而发育白云石晶间孔隙。黄龙组沉积微相主要有潮坪、潟湖、潮下静水泥、滨外和障壁滩粒屑滩等几种类型，通过不同沉积微相与物性的相关性统计，显示具有如下几个特征。

1. 沉积微相与储层孔隙度的关系

据不同沉积微相储层孔隙度统计资料(图 6.1)，潮坪微相孔隙度分布范围为 0.8%～10.2%，峰值区分布在 3%～4%，平均值为 3.32%，大于 3%的样品占 56.0%；潟湖微相孔隙度分布范围为 0.3%～12.5%，峰值区分布在 2%～3%，平均值为 2.73%，大于 3%的样品占 31.7%；粒屑滩微相孔隙度分布范围为 1.12%～19.6%，峰值区分布在 5%～7%，

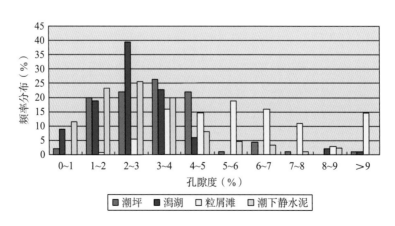

图 6.1 川东地区黄龙组储层不同沉积微相储集岩孔隙度分布直方图

平均值为 6.17%，大于 5% 的样品占 63.2%；潮下静水泥微相孔隙度分布范围为 0～8.44%，峰值区分布在 2%～3%，平均值为 2.86%，大于 3% 的样品占 39.5%。各微相孔隙度由高到低依次为粒屑滩＞潮坪＞潮下静水泥＞潟湖。显然，障壁滩孔隙度明显高于其他微相类型，为有利于储层发育的微相类型，以发育孔、洞、缝型储层和孔隙型储层为主，而潮坪、潮下静水泥和潟湖等微相的储层孔隙度普遍很低，一般不利于储层发育，仅局部发育有裂缝型储层。

2. 沉积微相与储层渗透率的关系

据不同沉积微相储层的渗透率统计资料（图 6.2），潮坪微相渗透率分布范围为 $0.01\times10^{-3}\sim12.5\times10^{-3}\mu m^2$，平均值为 $0.87\times10^{-3}\mu m^2$，接近半数的样品小于 $0.01\times10^{-3}\mu m^2$，大于 $1\times10^{-3}\mu m^2$ 的样品占 19.4%，但大于 $10\times10^{-3}\mu m^2$ 的样品仅占 5.6%；潟湖微相渗透率分布范围为 $0.01\times10^{-3}\sim21\times10^{-3}\mu m^2$，平均值为 $1.61\times10^{-3}\mu m^2$，半数以上的样品小于 $0.1\times10^{-3}\mu m^2$，大于 $1\times10^{-3}\mu m^2$ 的样品占 18.2%，但大于 $10\times10^{-3}\mu m^2$ 的样品仅占 6.8%；潮下静水泥微相渗透率分布范围为 $0.0001\times10^{-3}\sim21.4\times10^{-3}\mu m^2$，平均值为 $0.86\times10^{-3}\mu m^2$，绝大多数样品小于 $0.1\times10^{-3}\mu m^2$，大于 $1\times10^{-3}\mu m^2$ 的样品占 15.8%，但大于 $10\times10^{-3}\mu m^2$ 的样品仅占 3.5%；粒屑滩微相渗透率分布范围为 $0.001\times10^{-3}\sim23\times10^{-3}\mu m^2$，平均值为 $3.78\times10^{-3}\mu m^2$，近半数的样品大于 $0.1\times10^{-3}\mu m^2$，大于 $1\times10^{-3}\mu m^2$ 的样品占 37.3%，大于 $10\times10^{-3}\mu m^2$ 的样品占 11.8%。各微相渗透率由高到低依次为粒屑滩＞潟湖＞潮坪＞潮下静水泥。可以看出，粒屑滩渗透率仍明显高于其他微相类型，为有利储集微相类型，以发育孔、洞、缝型储层和孔隙型储层为主，而潮下静水泥由于富含灰泥基质堵塞孔喉通道而导致渗透率最低，潟湖和潮坪由于对白云石化作用提供了较有利的沉积成岩环境，渗透率相对潮下静水泥较高，但总体上这 3 类微相物性普遍较差，一般不利于储层发育，仅局部发育有裂缝型储层。

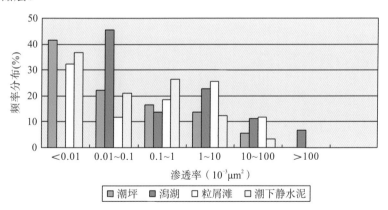

图 6.2　川东地区黄龙组储层不同沉积微相储集岩渗透率分布直方图

6.1.2　白云石化作用对储层发育的控制

川东地区黄龙组储层几乎全为白云岩类，即使是岩溶角砾岩，也以白云质岩溶角砾岩的储集物性为更好，而灰质岩溶角砾岩的储集性明显差于白云质岩溶角砾岩，表明岩溶型储层的发育均与白云石化作用息息相关。因此，白云石化作用发育程度、发育时期和产出特征无疑是控制储层发育的重要因素。

白云石化过程的实质，是成岩介质中 Mg^{2+} 逐渐置换方解石晶格中 Ca^{2+} 的过程，在此过程中，由于离子半径较小的 Mg^{2+} 置换方解石晶格中离子半径较大的 Ca^{2+} 而使新生白云石晶体体积相对方解石缩小，晶形变好。理论上，由方解石转化为白云石的过程可缩小14.81%的体积（即所谓的减体积效应），由此产生规则的多面体晶间孔而使岩石的孔隙度增大，因此，白云石化是形成次生孔隙的一个重要因素。

将黄龙组白云岩厚度与孔隙度平面分布叠合后，发现白云岩厚度与孔隙度等值线变化趋势大体上一致(图6.3)，其中白云岩厚度为 20～40m 的区域为孔隙度较高值分布区（大于4%），而白云岩厚度低于10m的区域则是孔隙度低值分布区（小于4%），充分显示白云石化作用与孔隙的发育呈正相关关系。显而易见，白云石化作用越强和白云岩厚度越大，孔隙度越高和越有利于储层发育，铁山6井—铁山4井井区、相9井—相12井井区、板东7井—板2井井区、池34井—池33井井区、月东1-1井井区、池10井井区、七里25井—天东12井井区、七里21井—七里23井井区和云安1井井区等区域均是白云岩厚度相对较大和孔隙度较高的叠合区，对应的渗透率往往也是高值，这些地区应该成为有利储层发育区优选预测评价的对象。

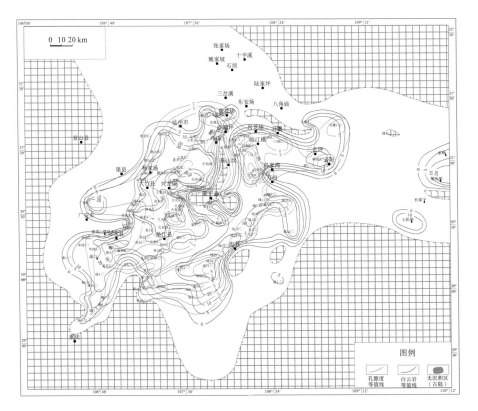

图6.3   川东地区黄龙组白云岩厚度分布与孔隙度关系图

6.1.3　古岩溶作用对储层发育的控制

沉积相的分区，控制了岩性的分布；白云石化作用是储层孔隙发育的基础，而岩溶作用是扩大储层范围，提高储层级别的关键。因此，不可忽视古岩溶作用对研究区黄龙组储层的形成和发育同样有极为重要的影响和控制作用。

关于古岩溶的涵义和认识，通常根据背景条件划分为 3 种成因类型：①沉积古岩溶，指沉积时自然形成的、位于碳酸盐沉积层序内的、早期沉积间断所发生的短暂溶蚀作用，一般发生在近地表较小范围内，有近地表的胶结作用和较次要的地下溶解作用；②局部古岩溶，形成于碳酸盐岩台地暴露时期，一般由于构造作用和海平面的小幅度下降，或同生沉积断块作用所致，岩溶作用的强弱取决于暴露时间的长短；③区域性古岩溶，成因与海平面大幅度下降和构造上升引起的长时间暴露有关。川东地区在晚石炭世发育的大规模古岩溶作用，应属于大的构造运动事件（云南运动），属于与长时间暴露作用有关的区域性古岩溶类型。

这种区域性古岩溶作用以及由古地形起伏变化及其所控制的古水文条件影响并控制着研究区黄龙组古岩溶储层的发育及规模。

下面对古岩溶作用在纵、横向上的岩溶分段和平面上岩溶强度分布与储层的对应关系分别进行论述，藉以分析古岩溶对储层发育的控制作用。

从铁山 6 井—雷 12 井—七里 11 井—大天 1 井—天东 2 井—天东 11 井—门西 6 井—门南 1 井—云安 6 井—硐西 3 井黄龙组古岩溶分段与储层发育纵、横向分布图上（图 6.4）可以看出，黄龙组储层受多期岩溶改造作用控制，古岩溶储层主要分布于受多期岩溶改造的下部溶蚀段中上部和上部溶蚀段中下部，次为上部溶蚀段上部的晶粒白云岩、颗粒白云岩和白云质岩溶角砾岩中，而底部溶蚀段储层不发育。由此可见，古岩溶作用的分带性及其不同溶蚀带的岩溶流体水动力条件及其岩性特征，对岩溶作用、岩溶体系和古岩溶储层在纵、横向上的发育特征、分布规律和厚度规模都有直接控制作用。

从岩溶角砾岩与孔隙度的叠合图（图 6.5）可以看出，岩溶角砾岩累计厚度与孔隙度等值线变化趋势是基本一致的，岩溶角砾岩累计厚度在 10～20m 的地区往往也是孔隙度相对较高值分布区（大于 4%），而低于 5m 的则为低孔隙度值分布区，同样反映出古岩溶作用与孔隙发育具有很好的正相关性，显示出古地表溶蚀作用越强烈，古岩溶储层越发育和储集性能越好的变化趋势。

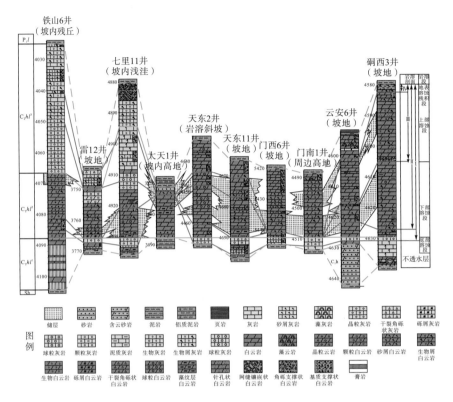

图 6.4 川东地区铁山 6 井—雷 12 井—七里 11 井—大天 1 井—天东 2 井—天东 11 井—门西 6 井—门南 1 井—云安 6 井—硐西 3 井黄龙组岩溶分段与储层发育纵、横向分布图

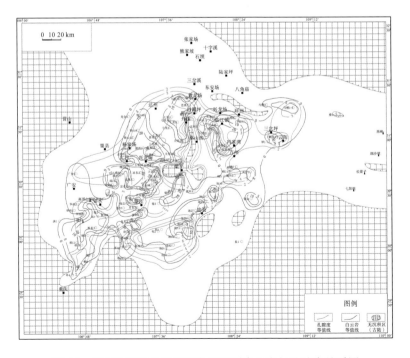

图 6.5 川东地区黄龙组岩溶角砾岩厚度分布与孔隙度关系图

6.1.4　埋藏溶蚀作用对储层发育的控制

石炭系黄龙组被上覆二叠系梁山组煤系地层沉积超覆后进入埋藏成岩环境,伴随埋藏深度不断加大,由表生期的开放成岩体系进入相当于中、晚成岩阶段的封闭成岩系统。该期次与储层发育密切相关的成岩作用主要为深部埋藏溶蚀作用,溶蚀流体主要来自上覆梁山组煤系地层或下伏中志留统泥质烃源岩地层的压释水,并伴随着有机质热演化过程中排出的脱羧基酸性热液运移到多孔的黄龙组地层中,对基岩中的孔、洞、缝进行溶扩和产生新的更大规模的溶蚀孔、洞、缝,因此,对储层发育非常有利。

埋藏溶蚀作用主要表现为对表生期岩溶产物进行溶蚀和充填叠加改造,识别标志主要有如下 3 点:①由埋藏期形成的溶蚀孔、洞、缝较干净,一般无外来砂泥质充填物;②出现含铁方解石、铁白云石、异形白云石、石英、热液高岭石、天青石、萤石、黄铁矿和沥青等特征的热液矿物充填作用;③伴随热液溶蚀作用,局部发育有强烈重结晶作用、硅化和钠长石化作用等。

6.1.5　构造破裂作用对储层发育的控制

1. 晚印支期—燕山期构造作用对储层发育的控制

古表生期大气水对岩层强烈溶蚀作用形成岩溶型储层之后,在二叠纪—侏罗纪末,石炭系处于再埋藏成岩期温压水成岩系统,中二叠世末海西晚期东吴运动拉张构造背景下,石炭系地层水向负压的裂缝系统中流动,同时也有深部热液向上流动而形成混合液,并进行胶结、压实、压溶、重结晶和局部溶蚀、交代和充填等成岩改造而使储层物性变差[图6.6(a)],但晚印支期—燕山期,不仅发育了大量 NE 向通源深大断裂,而且志留系有机质在热成熟期间生成了大量以有机酸热液为主的压释水,进一步溶蚀扩大了储集空间[图6.6(b)],对川东地区石炭系有效储集空间形成起到了十分重要的作用。

2. 晚燕山期—喜马拉雅期构造作用对储层发育的控制

晚燕山期—喜马拉雅期是四川盆地中构造圈闭形成的主要时期,也是石炭系储层中有效裂缝主要形成时期。由于形成时间晚,多为半充填或无充填裂缝[图6.6(c)]。除形成新的裂缝系统外,还能够沟通成岩早期保存下来的溶蚀孔、洞、缝系统,甚至改造已有的砾间孔缝、风化裂缝等,起到叠加效应。例如,从黄龙 5 井薄片中可以看到,成岩早期形成的溶蚀孔,在成油高峰期注入液态烃,演化后在溶蚀孔周缘形成沥青环,后期明显溶蚀扩大,根据志留系烃源分析,其成油高峰时期是中三叠世,因此后期溶蚀应为晚燕山期—喜马拉雅期[图6.6(d)]。前人研究也多发现,多数构造缝形成较晚,其裂缝充填物的气、液两相包裹体均一温度可达 150℃。

晚燕山期—喜马拉雅期构造作用对储层的改造随岩性的不同而不同,从裂缝规模看,由于石灰岩抗张强度大于白云岩,通常新的断裂作用在石灰岩中产生稀而大的裂缝,在白云石储层中产生密而多的微裂缝。虽然白云石中产生的裂缝规模小，但条数多，密度大，常未充填并且有顺缝溶蚀现象，薄片中常见，能够形成网状连通缝，有利于储层发育。

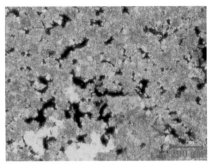 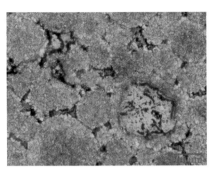

(a)粉-细晶白云岩，晶间溶孔发育，并充填　　　　(b)微晶颗粒白云岩，粒内溶孔，铁东2井，
黄铁矿，铁山8井，石炭系黄龙组，（－）　　　　　　石炭系黄龙组，（－）

 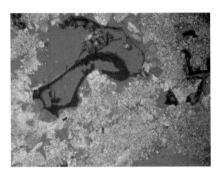

(c)粉晶白云岩，X形构造裂缝，温泉5井，　　　　(d)溶蚀针孔云岩，残砂粒间溶孔，油环
石炭系黄龙组，（－）　　　　　　　　　　　　形成后的扩大溶蚀，黄龙5井，+N20×10

图6.6　埋藏期充填、破裂作用及其有机酸溶蚀现象

6.2　古岩溶储层预测技术

碳酸盐岩岩溶型储集层具有很强的非均质性，给储层预测造成了一定的困难，利用某种单一技术很难对其进行准确预测。针对川东地区古岩溶储层，可借鉴塔里木、鄂尔多斯古岩溶储层预测技术，综合应用地震属性参数分析、古地貌恢复、应变量分析裂缝预测、井约束条件下的全三维波阻抗反演以及多参数融合储层评价等技术，提取对碳酸盐岩岩溶型储集层反应敏感的参数，预测裂缝发育密度，恢复古地貌，划分各类储层及评价指数。

6.2.1　缝、洞预测

分频解释技术能够揭示储层横向之间由于岩性、物性等因素引起的微小振幅变化，排除时间域内对不同频率成分的相互干扰，从而得到高于传统分辨率的解释结果，有利于寻找最能反映薄储层段的地震响应特征。由于致密地层的地震波传播速度快，反映在振幅属性上就表现为相对强振幅，而孔洞比较发育的地层则速度有所下降，振幅相对于致密层段变弱。

由于碳酸盐岩中溶蚀孔洞发育的强非均质性和差连通性，在发育由岩性控制和古岩溶作用形成的孔隙网络地层内，裂缝既是储集空间，又是重要的渗流通道。在预测裂缝时，首先应用构造导向滤波技术对地震资料提高信噪比，再分别利用相干和体曲率技术对不同级别的断裂进行预测，相干对级别较大的断裂及构造异常反应明显，而体曲率对微断裂的刻画更为精细。裂缝发育情况和微断裂展布相关，在针对微断裂的研究中，体曲率属性效果更为明显。

6.2.2　古地貌分析

古地貌决定表生岩溶作用的强弱，与不整合面相伴发育的岩溶古地貌恢复，有利于确定古岩溶储层分布范围和发育规律，是进行古岩溶储层预测和评价最重要的基础和依据。古地貌恢复主要包括印模法、残厚法等，其中印模法通过分析风化面上、下地层厚度的镜像关系，结合古岩溶分带特征，识别古地貌单元。利用该方法需要注意两个原则：①地震层位的精确追踪；②基准面的选取。前者关系到能否准确地刻画风化壳的起伏形态和相对高程，后者则要求必须是一个全区分布的反射特征明显的强波阻抗界面，且该界面离风化壳顶面越近越好，可以减少后期构造运动的影响。基于川东地区石炭纪海水从东和北西入侵的沉积环境，以及石炭系沉积后川东地区整体抬升遭受风化剥蚀的构造背景，川东地区石炭系也可采用残厚法，利用川东地区石炭系已有钻井、野外露头及地震预测石炭系残厚资料，将黄龙组二段底拉平，恢复川东地区石炭系岩溶古地貌。恢复结果表明，川东地区石炭系岩溶古地貌具盆边四周高，盆地内部地貌起伏变化较大的特点，古地势总体表现为向北西平昌县一带、向东云阳一带两个方向倾斜和降低，盆地内部可进一步分为盆边高地、岩溶高地、岩溶斜坡和岩溶洼地。

6.2.3　微幅构造研究

微幅构造是指在整体构造背景上，由目的层顶面形态细微起伏变化形成的局部构造，其最大特点是构造幅度低、圈闭面积小。鄂尔多斯奥陶系古岩溶研究表明，局部微幅构造和现今的气水分布情况关系密切，气藏主要分布在正向微幅构造所形成的圈闭中，负向微幅圈闭则往往是高含水区或干层。因此，对川东地区石炭系微幅构造的研究对钻井成功率十分重要，值得深入研究。

6.2.4　有利勘探区带综合预测

上述 3 个方面的相互匹配构成了该区天然气良好的储集空间。将古地貌分析、缝洞预测及微幅构造的研究成果相结合，可以确定出研究区石炭系古岩溶储层的综合有利勘探区域，最终落实有利勘探区带，对应岩溶高地上的局部相对有利部位包括古岩溶斜坡，溶蚀孔洞较为发育，且为现今微幅圈闭，再加上裂缝预测结果，就可以落实勘探目标。

6.3 古岩溶储层分布规律

6.3.1 古岩溶作用对储层分布的控制

由于古岩溶地貌的不同，可导致古岩溶储层在区域上的分布存在明显差异，目前已在川东地区发现了众多以黄龙组古岩溶体系为主力产层的大型天然气藏。然而，由于各地区黄龙组古岩溶地貌和岩溶期次的不同，如根据岩溶地貌的形态与特征，可将其划分为周边岩溶高地、岩溶斜坡、岩溶盆地 3 个大的单元，不同古岩溶地貌单元所控制的大气水运动状态和溶蚀期次是不同的，对古岩溶储层发育和分布的控制明显不同。

1. 岩溶高地对储层分布的控制

岩溶高地因溶蚀底界远高于区域溶蚀基准面，而以渗流溶蚀为主，储层发育有两种情况：①坡内岩溶高地，沿古水流输导层潜水面发育的水平洞穴层次少、规模小，所保存的地层厚度往往很薄，一般不太有利于古岩溶储层发育，如开江坡内岩溶高地顶部的邓 1 井；②周边岩溶高地，接受大气降水面积大，地形平坦，下渗水量相对较大，渗流溶蚀作用更为强烈，在黄龙组二段白云岩保存厚度较大和颗粒或晶粒白云岩较发育的部位，或裂缝相对密集的部位均有利于储层发育，如周边岩溶高地的龙会 3 井。

2. 岩溶斜坡对储层分布的控制

岩溶斜坡按地理位置可分为微地貌单元组合特征有所差别的上斜坡和下斜坡，对储层发育的控制也有所不同：①上斜坡以坡地为主，具有非常陡峭的地形，以底部不整合面为侵蚀底界面，位置仍高于潜水面，周边或坡内岩溶高地的地表水快速下渗和侧向运移排泄，溶蚀作用强烈而充填作用较弱，以发育较厚的渗流带和较薄的活跃潜流带为主，很少出现静滞潜流带，又由于各岩溶旋回之间的潜水面间断性下降幅度小，各岩溶旋回的叠加溶蚀作用最为强烈，上部和下部溶蚀段可能发育于相重叠的同一位置，因而岩溶斜坡是各岩溶地貌单元中储层最发育的部位，如天东 2 井和天东 11 井；②下斜坡地貌较上斜坡复杂，包括溶谷、浅洼和浅洼内残丘，溶谷具很陡的地形，在近谷口部位活跃潜流带发育厚度相对较大，为有利于古岩溶型储层发育的部位，如门西 6 井和门南 1 井，浅洼呈自上而下由陡变缓和底部平坦的盆状地形，地下水补给量和聚集量大于其他微地貌单元，但运移速度缓慢，潜水面较稳定，溶蚀作用相对较弱而胶结充填作用较强，属于不太有利于储层发育的微地貌单元，浅洼内残丘，规模虽然较小，呈异峰突起状，但是地下水动力场分带性明显，各旋回之间的潜水面间隔幅度较大，明显受间歇性下降的区域性侵蚀基准面控制，因而浅洼内残丘的上部和下部具有相对独立的储层发育位置。总体来说，岩溶斜坡地貌中，古岩溶储层最发育，尤其是在坡地中，上部溶蚀段与下部溶蚀段最发育，且储层横向分布范围较广。

3. 岩溶盆地对储层分布的控制

岩溶盆地由岩溶槽地和盆内残丘微地貌单元组成，这两类微地貌单元的储层发育状况差别更大：①岩溶槽地由于地形平坦，地表长年被水淹没而不发育渗流带，地下水流动缓慢，因而由潜流溶蚀形成的水平洞穴不发育，仅在岩溶谷口的洼地边缘，或围绕残丘和漏斗边缘，因受到侧向运动的潜流溶蚀影响，形成范围有限的水平溶蚀带而有利于储层发育，如硐西 3 井；②盆内残丘，从地貌特征上看，类似于岩溶斜坡浅注内残丘，但规模要大得多，盆内残丘的主体处于较厚的上部渗流带和下部活跃至静滞潜流带和叠置部位，有利于储层发育，如七里 11 井和云安 6 井。

6.3.2　溶蚀段与储层发育的关系

从七里 11 井—天东 2 井—天东 11 井—门西 6 井—门南 1 井—云安 6 井—硐西 3 井黄龙组溶蚀段与储层发育关系的纵向对比图(图 5.15)可以看出，黄龙组储层受多期岩溶改造作用控制，古岩溶储层主要分布于受多期次岩溶改造的，以渗流和潜流叠加溶蚀作用为主的上部溶蚀段中下部和下部溶蚀段中上部，储集类型以裂缝-孔隙型储层为主，部分为大缝大洞型储层，而底部溶蚀段孔隙型储层基本不发育，仅发育少量的裂缝型储层。由此可见，古岩溶作用的多期次性、溶蚀作用的分带性及其叠加溶蚀作用，对古岩溶储层在纵、横向上的发育规模和分布规律都有直接的控制作用。

6.3.3　古岩溶储层平面分布特征

从川东地区石炭系黄龙组有效储层厚度等值线图(图 6.7)上看，储层厚度大于 25m 的区域有 4 块：第一块分布在七里峡构造带南段、蒲西、福成寨、张家场北段、沙坪场及卧龙河北段等川东西部大片区域，第二块分布在云安厂构造带中段的大坪垭、冯家湾、大猫坪、高峰场及寨沟湾，第三块分布在云安厂构造带北段的硐村西附近，第四块分布在五百梯构造的大方城区块。整体来看，川东地区石炭系储层厚度普遍在 10m 以上。根据川东地区石炭系储层纵、横向分布特征可以看出，石炭系储层在区域范围内普遍分布。寻找石炭系气藏，主要是寻找有效圈闭。

石炭系有效储层厚度与石炭系残余地层厚度有密切关系，残厚大的区域孔隙储层发育，石炭系残厚小于 10m 的区域，一般不存在孔隙型储层。这是由于云南运动的剥蚀，导致石炭系残厚小于 10m 的区域，主要的孔隙型储层发育段黄龙组二段多已缺失，仅残余下伏黄龙组一段的角砾云岩、膏岩及次生灰岩。

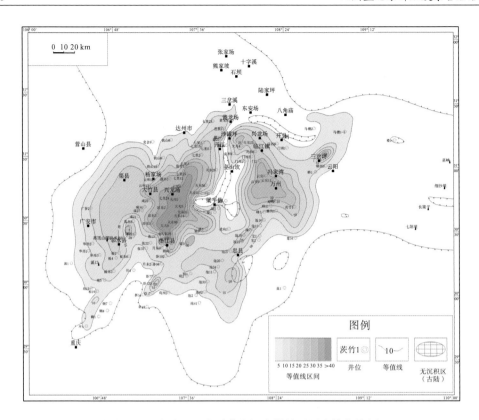

图 6.7　川东地区石炭系黄龙组有效储层厚度等值线图

第7章 石炭系古岩溶储层深化勘探方向

7.1 天然气和源岩地球化学特征

7.1.1 气源对比

川东地区石炭系主要为一套浅灰-深灰色结晶白云岩、颗粒白云岩、白云质岩溶角砾岩、灰质岩溶角砾岩、粒屑灰岩，底部为去膏化、去云化次生灰岩与泥-微晶白云岩互层组合的海湾陆棚型沉积建造。由于云南运动构造抬升使石炭系末地层遭受剥蚀，沉积有机质普遍遭到破坏，目前残厚多为 10～50m，最大厚度为 80m，生烃条件较差，不具备形成自源型工业油气藏的能力。镜下观察，石炭系储层沥青不具分散状特征，主要充填于晶间溶孔、粒间溶孔、裂缝和溶沟内，沿缝隙壁集中分布，表明其为油气运移的产物。

根据石炭系及相邻二叠系、志留系的天然气组分、储层生物标志化合物对比结果，已经确定了石炭系天然气主要来自下伏志留系烃源岩。

(1)川东地区石炭系和二叠系气藏所产天然气烃类组成特征对比显示，石炭系天然气的甲烷含量和干燥系数一般比二叠系天然气低，重烃含量比二叠系天然气略高。同时，非烃气体组分中，氮和氢含量也表现出石炭系比二叠系相对较高的特点。由此表明石炭系与二叠系天然气气源不同(表 7.1)。

(2)石炭系与二叠系天然气碳同位素组成存在明显差异：在同一个构造内，石炭系天然气 $\delta^{13}C_2$ 比二叠系天然气 $\delta^{13}C_2$ 明显偏负(表 7.2)。

(3)石炭系储层沥青的组成特征与二叠系有差别，与志留系更为接近。沥青 A 族组成中，石炭系饱和烃含量分布在 44.17%～71.31%，二叠系分布在 33.60%～44.32%，石炭系饱和烃含量明显高于二叠系，石炭系沥青质含量(2.00%～20.35%)又显著低于二叠系(8.48%～30.46%)，而与下伏志留系烃源岩的沥青 A 族组成特征相近(表 7.3)。此外，沥青 A 族红外光谱和芳烃紫外光谱分析资料亦展示了石炭系与二叠系有差别，而与志留系相近的特征，表明石炭系储层中的烃类来自志留系。

(4)石炭系储层沥青不具原生性。在显微镜下可观察到石炭系岩石薄片中有大量沥青分布，主要充填于晶间、粒间溶孔、裂缝及溶沟内，多沿缝隙壁集中分布，不具分散状特征。从石炭系埋藏史看，这些沥青是进入储层孔隙内的液烃在逐渐深埋过程中因热演化而形成的深成焦沥青。这些运移沥青的存在说明区内曾有过液烃运聚成藏过程，储层沥青的分布状况表明石炭系的储层沥青主要为外来的运移沥青。

综上所述，川东地区石炭系与上下邻层所产天然气组成特征、碳同位素差异、储层沥青的族组成特征，结合饱和烃和芳烃生物标志化合物分布特征对比结果，证实了石炭系天然气主要来自志留系烃源层，且石炭系直接与下伏志留系烃源岩接触，为岩性地层气藏的形成提供了充分的气源。

表 7.1　川东地区部分天然气烃类组成

气田	层位	甲烷(%)	乙烷(%)	C_2+(%)	C_1/C_2+	C_2/C_3
沙罐坪	P_1m^3	99.615	0.349	0.384	259.4	20.5
张家场	P_1m^2	99.752	0.248	0.248	402.2	
张家场	P_1m^2b	99.701	0.289	0.299	333.4	28.9
大池干井	P_1m^{3-2}	99.764	0.236	0.236	422.7	
卧龙河	P_1m^2	99.755	0.206	0.245	407.2	9.8
云和寨	C_2hl	99.630	0.349	0.370	269.3	16.6
铁山	C_2hl	99.789	0.200	0.211	475.2	9.5
相国寺	C_2hl	98.985	0.899	1.015	97.5	8.2
福成寨	C_2hl	99.512	0.466	0.488	203.9	22.2
七里峡	C_2hl	99.660	0.318	0.340	293.1	15.9
沙罐坪	C_2hl	99.617	0.359	0.383	260.1	15.6
张家场	C_2hl	99.514	0.442	0.486	204.8	10
大天池	C_2hl	99.457	0.486	0.543	183.2	9.5
卧龙河	C_2hl	99.467	0.482	0.533	186.6	10.7
大池干井	C_2hl	98.520	1.228	1.480	66.6	5.2
高峰场	C_2hl	99.482	0.475	0.518	192.1	11.6

表 7.2　川东地区石炭系及二叠系天然气碳同位素特征

气田名称	层位	$\delta^{13}C_1$(‰)	$\delta^{13}C_2$(‰)	$\delta^{13}(C_2-C_1)$(‰)
	P_2ch	-31.39	-30.87	2.63
沙罐坪	P_1m	-31.24	-33.87	-2.63
	C_2hl	-31.67～-31.02	-35.27～-34.41	-3.39～-3.6
	P_2ch	-32.09	-33.7	-1.61
铁山	C_2hl	-32.06～-31.61	-34.33～-34.31	-2.72～-2.25
雷音铺	C_2hl	-33.96	-38.67	-4.71
云和寨	C_2hl	-31.61	-36.66	-4.72
七里峡	C_2hl	-31.81～-31.60	-35.87～-34.40	-4.27～-2.59
福成寨	C_2hl	-33.09～-32.11	-37.25～-34.88	-4.16～-2.77
大天池	C_2hl	-32.36～-31.41	-37.27～-35.55	-5.04～-4.14
	P_2ch	-31.54	-31.50	0.04
卧龙河	P_1m	-31.86	-32.54	-0.68
	C_2hl	-32.98～-32.24	-36.05～-35.46	-3.81～-2.48

续表

气田名称	层位	$\delta^{13}C_1$(‰)	$\delta^{13}C_2$(‰)	$\delta^{13}(C_2-C_1)$(‰)
相国寺	C_2hl	-34.40~-33.50	-37.68~-35.24	-3.28~-1.74
高峰场	C_2hl	-33.41~-31.23	-36.54~-34.89	-3.66~-3.13
大池干	C_2hl	-36.58	-40.36	-3.78

表7.3 岩石沥青A族组成特征

层位	饱和烃	芳烃	非烃	沥青质	饱/芳
P_1l	33.60~44.23	7.69~19.98	19.76~28.28	8.48~30.19	1.7~5.45
C_2hl	44.17~71.32	10.77~33.93	10.77~33.93	2.0~20.35	2.6~18.60
S	40.00~63.12	15.50~36.29	15.50~36.29	3.8~23.08	2.36~12.0

7.1.2 烃源岩地球化学特征

川东地区志留系主要为一套海相泥页岩沉积，厚度达 1400m，平均厚度为 600~1000m，乐山—龙女寺古隆起上逐渐减薄到 100m 以下。志留系烃源岩预测厚度多为 100~700m(图 7.1)，约占地层厚度的 50%以上。烃源岩有机碳含量为 0.8%~1.6%，热演化程度普遍较高，镜质体反射率(R_o)为 2.4%~4.0%(图 7.2)，生气强度东强西弱(图 7.3)，东部地区在 $80\times10^8\sim120\times10^8m^3/km^2$，西部地区在 $20\times10^8\sim80\times10^8m^3/km^2$。从气源条件来看，石柱、万州等地区最好，是生气强度最大的地区，普遍在 $100\times10^8m^3/km^2$ 以上，在华蓥山以西地区相对较低，但也可达到 $10\times10^8\sim20\times10^8m^3/km^2$。

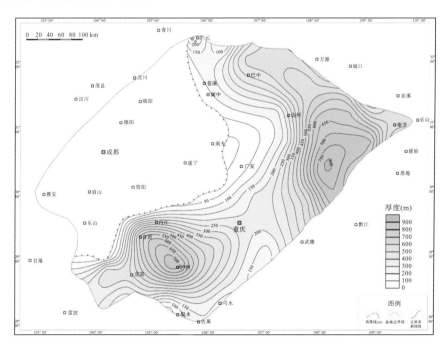

图7.1 四川盆地志留系龙马溪组泥质烃源岩厚度平面图

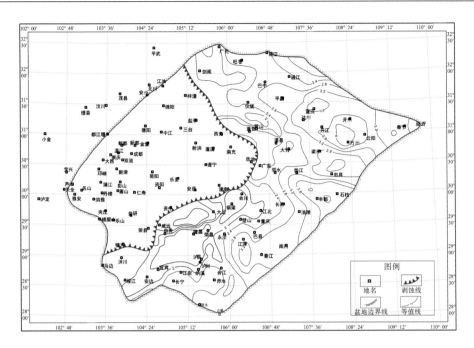

图 7.2　四川盆地志留系成熟度展布特征图(%)

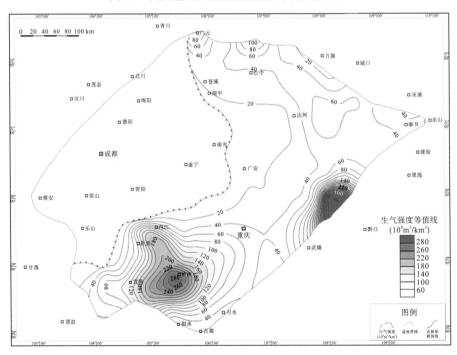

图 7.3　盆地东部石炭系分布区志留系烃源岩生气强度(据邹才能等，2010)

　　据志留系烃源岩现有的有机碳资料统计，深灰色泥岩有机碳含量分布在 0.09%～0.97%，平均值为 0.138%，黑色页岩有机碳含量平均为 1.65%，最高达 3.15%(表 7.4)。由于源岩成熟度高，使得其 H/C 变小(0.20～1.10)，源岩干酪根 $\delta^{13}C_2$ 为-30‰左右，镜下有机质呈无定形状态,沉积物粒度细,为盆地相沉积环境,缺氧水体,以低等水生生物输入为主等,表明志留系烃源岩有机质类型较好,生烃能力较强,早期以生成液态烃为主。源岩的地化特征表明,研究区志留系烃源岩厚度较大,有机碳含量较高,有机质类型较好,生烃条件较好,早期以生成液态烃为主,晚期由于热演化程度相对较高,以生成气态烃为主。

表 7.4 川东地区志留系各类源岩有机碳含量表

岩 类	有机碳含量(%)	平均值(%)	样品数(件)
灰绿色泥岩	0.02~0.40	0.097	248
深灰色泥岩	0.09~0.97	0.138	115
黑色页岩	0.56~3.15	1.653	58

7.2 典型构造天然气成藏条件解剖

川东地区构造上位于四川盆地东部川东褶皱区,具有东西向分带、南北向分段的特征。即从东到西构造带以成组分布,从北到南分为弧形构造区、高陡构造区、帚状构造区。川东高陡构造区受力复杂,在受近东西向挤压力作用的同时,还受到大巴山方向的侧向挤压,大多形成北西翼缓、南东翼陡的高陡构造格局。川东地区北东部的云安厂、方斗山、南门场属川东高陡构造万州弧形构造区的一个次一级弧形构造带,其构造走向从南到北由 NE 向渐变为 NEE 向;川东地区西南部构造带呈 NE 向展布。

川东地区构造模式为复断垒型构造,由于受两侧挤压力作用,表现为构造高陡、断层发育,断垒型构造连续分布。云安厂构造带 02-D12 测线地震水平剖面反映出构造的复杂性,其构造模式难以确定。纵向上,断裂主要集中发育于二叠系、三叠系地层,其横向展布表现为多级次的复断垒型构造形态(图 7.4)。

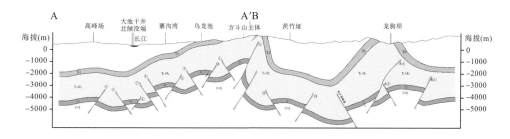

图 7.4 川东地区区域构造模式剖面图

川东地区高陡构造的形成演化模式,可分为 5 个阶段(图 7.5)。

Ⅰ阶段:受两侧挤压力作用,出现地层抬升、拱曲,形成低潜构造雏形。

Ⅱ阶段:随着两侧挤压力的增强,岩层继续向上抬升、隆起幅度增大,层间构造形态为同心褶皱模式,区域范围内形成低潜构造,为现今构造的雏形。

Ⅲ阶段：该阶段随着挤压力的增强，隆起幅度增大，岩层在转折部位发生断裂，区域范围内表现为同心褶皱形态的复断垒型构造特征。由于两侧作用力大小的差异，断垒型构造两侧不对称，上覆嘉陵江组膏盐层发生塑性流动，在断层下盘褶皱部位产生堆积现象。

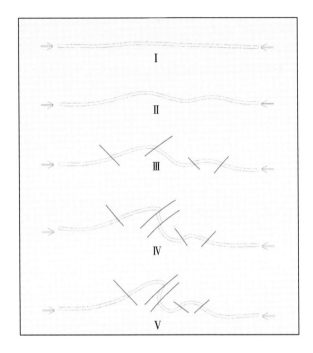

图 7.5　高陡构造形成演化模式图(以中二叠统为例)

Ⅳ阶段：随着两侧挤压力的持续增强，岩层继续向上抬升、隆起幅度增大，岩层断裂增多，两侧不对称现象更加明显，膏盐层的塑性流动及局部堆积现象更加突出。

Ⅴ阶段：这一时期挤压、抬升更加剧烈，由于两侧受力不均衡及上冲块的继续挤压，造成大断层下盘地层发生倒转现象，形成现今的构造格局。

Ⅰ、Ⅱ阶段主要发生于燕山期，Ⅲ、Ⅳ、Ⅴ阶段发生于喜马拉雅期，Ⅳ、Ⅴ阶段的构造形态反映了现今川东地区的高陡构造格局。

川东地区浅层构造形态相对简单，构造格局与地表构造形态较一致，构造走向多呈 NE 向或 NNE 向展布，背斜隆起幅度高，两翼不对称，构造形态较完整，断层不发育；嘉四^{2}以下至二叠系、石炭系的中层构造断层发育，褶皱强烈，形态多变；地腹深层奥陶系以下地层相对平缓，断层不发育。

对川东地区大池干井、黄泥堂、南门场、凉水井、云安厂、蒲包山等高陡构造的分析来看，川东高陡构造的构造地质模式主要可分为两大类：一类为挤压上冲抬升型，另一类为挤压抬升倒转型。

7.2.1　挤压上冲抬升型

　　该构造地质模式体现在受两侧挤压力作用下，构造形态表现出挤压、上冲、抬升的构造特征，在构造上盘上冲、抬升过程中，构造陡翼地层常伴有叠瓦式断裂，上、下盘构造组合关系表现为反 S 形构造格局体系。该构造整体格局为上盘抬升，形成构造主体，下盘形成一定规模的断凹，断凹两侧以断层相隔，一侧与潜伏构造相连，潜伏构造常表现为断垒型的潜伏高带，多位于主体构造陡翼一侧翼部(图 7.6)。

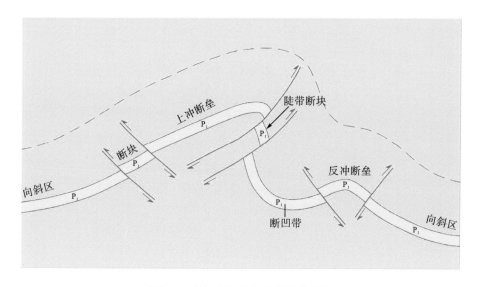

图 7.6　挤压上冲抬升型构造模式图

　　该构造地质模式有利勘探区域为上盘的主体构造和下盘的潜伏高带。主体构造常形成断垒型背斜圈闭和断垒型半背斜圈闭。相对而言，由于陡翼大断层的影响，油气储集受保存条件制约，断垒型背斜圈闭较断垒型半背斜圈闭保存条件要好，更有利于油气的聚集和保存。下盘形成的潜伏构造，常以潜伏高带的形式表现出来，多形成断垒型背斜圈闭，由于主要盖层及潜伏构造本身的埋深较主体构造深，两翼多为小断层，因而较主体构造有更好的油气保存条件。

7.2.2　挤压抬升倒转型

　　该构造地质模式与挤压上冲抬升型构造模式有相似的地方，同时也存在差异较大的地方。
　　在近东西向的两侧挤压力作用下，构造形态表现出挤压、上冲、抬升的构造特征，在构造上盘上冲、抬升过程中，由于两侧受力不均衡，上盘构造向一侧发生较大的位移，随着抬升、位移的加剧，下盘(有时与上盘陡翼)发生地层倒转，并伴有叠瓦式断裂。上、下盘构造组合关系表现为反 S 形牵引式构造格局体系。该构造整体格局为上盘抬升，形成构造主体，下盘倒转，形成一定规模的断凹，断凹两侧以断层相隔，一侧与潜伏构造相连，潜伏构造常表现为断垒型的潜伏高带，多位于主体地表构造下部(图 7.7)。

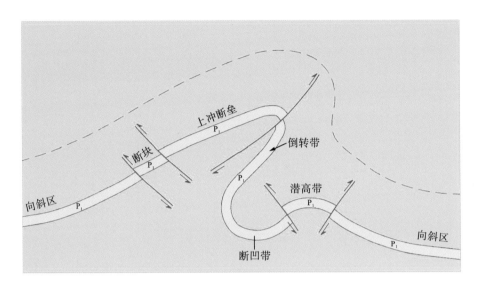

图 7.7　挤压抬升倒转型构造模式图

该构造地质模式有利勘探区域为上盘的主体构造和下盘的潜伏高带。主体构造常形成断垒型背斜圈闭和断垒型半背斜圈闭，相对而言，由于陡翼大断层影响，油气储集受保存条件制约，断垒型背斜圈闭较断垒型半背斜圈闭保存条件要好，更有利于油气的聚集和保存。下盘形成的潜伏构造，常以潜伏高带的形式表现出来，多形成断垒型背斜圈闭，由于主要盖层及潜伏构造本身的埋深较主体构造深，两翼多为小断层，因而较主体构造有更好的油气保存条件。

挤压抬升倒转型构造的潜伏高带，在勘探过程中不易识别，由于位于地表构造下部，地表构造与潜伏高带之间存在地层倒转区域，地震对构造陡带及地层倒转区域的反射不易接收，且该区域常伴随有断面波、回转波、绕射波，给构造的解释带来很大难度，在钻井过程中，极易将构造陡带、地层倒转区域下部认为是断凹。

从川东地区历年的勘探经验总结分析，有利勘探区域为主体构造的上冲块断垒型构造圈闭及主断层下盘的反冲块断垒型构造圈闭。

7.3　石炭系成藏模式

7.3.1　川东地区印支期—燕山期存在古气藏

区域地质研究表明，志留纪沉积时，川鄂海的沉积、沉降中心在湘鄂西边界一带，川东地区志留世—中三叠世末为一东倾斜坡，川中地区为一长期发育的巨型古隆起。从印支运动开始至燕山运动，随着川西拗陷的下沉，华蓥山一带也上升为一个古隆起，因此，川东一带长期处于古隆起的东翼，是志留系烃源岩生成的烃类侧向运移的必经之地和聚集的有利场所。初步分析认为，古油藏的东部边界大约在大池干井构造带以东，方斗山构造带以西一带。其证据如下：根据川中、川东地区石炭系储层薄片资料，在广 3 井、广参 2 井、云和 1 井、卧 116 井、卧 44 井、张 3 井、池 11 井等多口钻井石炭系储层中均发现溶孔、洞、裂缝中充填非分散状残余沥青。这些残余沥青说明两个问题：第一，残余沥青的存在说明川中、川东地区石炭系历史上曾有过油、气聚集，且后期曾发生了烃类的再运移和重新分配(或散失)；第二，非分散状沥青说明石炭系中的烃类是由其他层或其他地方运移至川中、川东地区石炭系地层中的。而在渝东石柱区的一些钻井，如马鞍 1 井、茨竹 1 井等井的石炭系取心中，至今未发现储层中有沥青存在。因此，古油气藏的东部边界应在大池干井构造带和方斗山构造带之间，而其以东地区，虽然更靠近生烃中心，但因液态烃类的主要形成期为三叠纪，气态烃主要形成于中、晚中生代，而目前的川东高陡构造于喜马拉雅期形成，在烃类主要形成和运移的印支期—燕山期，川东地区为一东倾斜坡，石炭系为浅海相沉积，又经较长时间的风化、剥蚀和溶蚀作用，形成具有一定连通性的溶蚀次生孔隙，为油气运移的良好疏导层和聚集的有利场所(在有圈闭条件时)，形成了以华蓥山古隆起区为主的大范围古油气藏，燕山期其圈闭范围可达上万平方千米，其天然气古气藏资源量可达数万亿至十几万亿立方米。喜马拉雅运动时期，由于川东地区强烈的褶皱形变并伴有逆冲断层发生，致使古气藏中的大量天然气沿断裂散失，部分进入褶皱形成的新圈闭中被保存下来，形成了众多以高陡构造为主要特征的各类圈闭的中、小型天然气藏。石柱古隆起总体来看是处于华蓥山古隆起的斜坡部位，其顶部可形成圈闭的范围仅 200km^2，其圈闭资源量较少，仅为数千亿立方米，当时形成的油气，多数沿上倾方向运聚于华蓥山古隆起。

7.3.2　川东地区石炭系成藏模式

川东地区石炭系存在如下两种成藏模式。

1. 古气藏范围内的天然气于喜马拉雅期重新运移、再次聚集成藏

至喜马拉雅期，由于褶皱运动，构造面貌发生了巨变，形成了成排分布的褶皱背斜或伴有断裂的背斜构造，即现今高陡构造带的雏形。古气藏中的天然气部分沿断层散失，部分重新运移至保存条件好的新圈闭中去，形成了现今川东高陡背斜带的众多中、小气藏。这种成藏模式以古气藏中的天然气为气源，气源充足，只要后期圈闭条件、保存条件好，则气藏充满度高。方西构造带即处于古油气藏由于构造变动而重新分配的影响范围之内(图 7.8)。

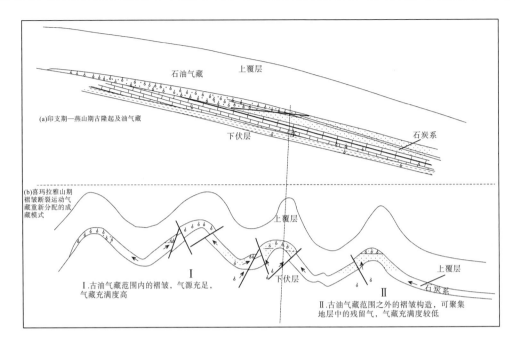

图 7.8　川东地区石炭系天然气成藏模式图

2. 古气藏范围外的天然气于喜马拉雅期聚集成藏

除上述古气藏的天然气重新分配形成气藏外，在连通性差的源岩、储层中，甚至其他地层中都滞留有部分天然气。喜马拉雅期的褶皱和断裂作用也使其中一部分天然气再次运移聚集，形成新的天然气藏。这类气藏的丰度显然低于由古气藏再分配而形成的气藏。

3. 成藏模式对石炭系天然气聚集效率的控制作用

基于上述认识，若构造带处于古隆起及其影响范围之内，则在其他条件(如烃源条件、保存条件、储层条件、圈闭条件等)相同的情况下，其含气性明显优于古隆起范围之外的构造带。研究认为，华蓥山古隆起对于石炭系气藏而言，其西部边界在华蓥山以西一带(向西石炭系地层缺失)，东部边界在大池干井构造带一线。在后期(喜马拉雅期)褶皱过程中，古气藏中的部分天然气可向东、向方斗山构造带运移，故方斗山西部的潜伏构造在古气藏影响范围内，其含气性明显优于方斗山东部构造带、石柱复向斜及齐岳山构造带。而构造带以东，古油气藏再分配时难以到达，天然气只能聚集那些早期残留于烃源岩、储层中的分散烃类而富集成藏。很显然，这种成藏机理在古油藏范围内同样存在。因此，在古油气藏范围内的各类圈闭成藏概率、天然气富集程度都比其范围之外的圈闭高得多，即方斗山构造带以西的川东地区要比方斗山构造带以东地区天然气富集得多。因此，方西构造及以西的川东地区处于印支期形成的古油气藏由于喜马拉雅褶皱运动而重新分配的范围之内，故方西构造带及以西的川东地区是天然气聚集的有利场所。而在方斗山构造带以东，因石柱古气藏范围不大，影响较小，其成藏源为喜马拉雅期聚集的早期残存于烃源岩、储层中的分散烃类(包括早期的小型地层、岩性气藏)，故方东构造带、石柱复向斜的含气性明显逊于方西构造带及以西的川东地区。

7.4 天然气成藏主控因素及富集规律

从前述研究可以看出,川东地区石炭系气藏的烃源岩是下伏紧密接触的志留系巨厚层暗色泥页岩,烃源条件优越,源储搭配关系好。气藏的直接盖层为上覆梁山组泥岩,间接盖层为二叠系、三叠系巨厚的致密碳酸盐岩和膏盐岩,封盖条件好。石炭系气藏上述优越的成藏条件前人已做了大量的研究,这里就不再赘述。

石炭系黄龙组顶、底分别是以云南运动和加里东运动形成的上、下两个不整合面,与下二叠统底及志留系顶不整合接触。黄龙组残余厚度为 0~80 余米。受云南运动强烈的古岩溶作用影响,总体形成一薄三厚的分布格局,石炭系古岩溶剥蚀作用强烈,导致地层边界极不规则,与构造配合,为石炭系复合圈闭的发育提供了有利条件。总体来看,石炭系气藏不乏烃源层和封盖层,关键在于圈闭,其中各类复合圈闭勘探是石炭系深化勘探的方向。

7.4.1 构造条件

构造条件优越为复合圈闭发育提供了有利条件。川东地区断裂构造非常发育,七大高陡构造带纵贯切割,发育众多次高和潜高。通过大量地震剖面解释,地腹断裂构造常出现在背斜的轴部或陡翼,断面倾向复杂,既有倾向 NW,也有倾向 SE。多组断裂剖面上常组成冲起构造和构造三角带,其中位于川东高陡褶皱带西部边界的华蓥山断裂和东部边界的齐岳山断裂最为醒目和重要。

多期次区域构造(造山)运动使川东地区震旦系—中三叠统的海相地层沉积相存在复杂多样性,各个时期不同区域形成的沉积物在沉积、成岩后生过程中演化成不同的储集岩类型,纵向上发育多套生储盖组合,于川东地区形成了包括石炭系黄龙组白云质岩溶岩、长兴组生物礁、飞仙关组鲕滩相白云岩为储层的众多构造-岩性圈闭油气藏,其中尤以黄龙组天然气藏的发育最为普遍和勘探开发潜力最大。

7.4.2 古岩溶剥蚀作用

古岩溶剥蚀作用控制了地层-构造复合圈闭的发育。晚石炭世黄龙期沉积后,川东地区因受云南运动影响整体隆升为陆,石炭系地层长期暴露地表,形成与岩溶作用有关的古风化壳。由于石炭系地层广泛暴露地表遭受强烈的表生作用,使石炭系黄龙组分布范围局限在四川盆地东部,该过程对石炭系气藏的成藏有重要影响,主要表现在两个方面。

1. 控制了储层的分布

石炭系地层在四川盆地分布范围有限,分布边界地区不存在相带分化,并缺乏边缘相带,表明是由风化、剥蚀作用造成的地层缺失。开江—梁平、大巴山前缘地区石炭系地层缺失区同样缺乏边缘相带，是剥蚀作用开的"天窗"。剥蚀作用的强弱直接控制了石炭系黄龙组残余厚度，从而影响了储层的分布状况。同时，也为石炭系的地层圈闭、地层-构造复合圈闭的形成提供了必要条件。

2. 影响储层的形成过程

在无大气暴露、古岩溶作用的情况下，储层的形成与沉积相关系密切。此时能最终演化为孔隙型储层的碳酸盐岩大多是原生孔隙发育的滩相颗粒岩类，致密的泥晶灰岩及泥晶云岩则很少能演化为孔隙型储层。但石炭系的古岩溶作用改变了黄龙组孔隙演化过程，即强烈的古岩溶改造不仅使颗粒岩类储层增加了孔隙，还使一些致密的泥晶灰岩、泥晶云岩等转变为岩溶角砾岩，形成次生孔隙和渗流系统，而最终成为重要的储集岩。

7.4.3 岩性-构造复合圈闭

南缘区带自北向南、自东向西岩性变化明显，是寻找岩性-构造复合圈闭的有利地区。川东地区东南部，包括卧龙河、苟西、老湾—磨盘场、老湾南、石佛坪、麦子山、麦南、池东、石福场、方东—廖家坝等区块，石炭系地层岩性以灰岩、灰质岩溶角砾岩为主（图7.9～图7.11），为黄龙组一段—二段低洼处沉积，后经风化壳岩溶作用形成。该区域的云岩、灰岩过渡带是寻找岩性-构造复合圈闭气藏的有利区域。

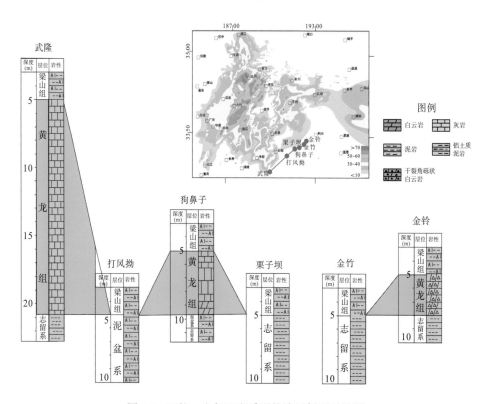

图7.9 石柱—丰都石炭系野外地层剖面对比图

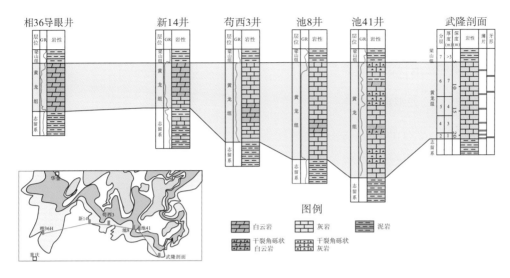

图 7.10　川东地区南缘区带石炭系地层剖面对比图(一)

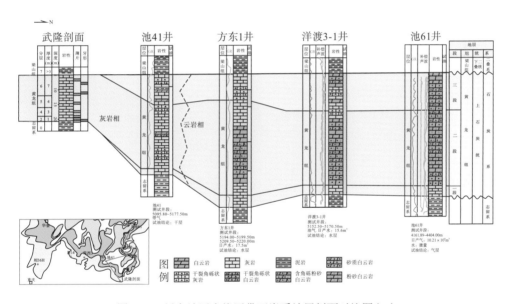

图 7.11　川东地区南缘区带石炭系地层剖面对比图(二)

　　古岩溶作用配合构造作用形成的岩性(储层)致密带在该区域广泛发育(图 7.12、图 7.13)。例如老湾—磨盘场石炭系气藏池 47 井附近发育的岩性(储层)致密带将老湾气藏分割为数个不同的压力系统,池 47 井北部的高渗区与池 47 井的低渗区之间构成了"气下水上"的倒置关系。同时,池 47 井南部的池 37-6 井附近以及往南延伸的老湾南、石佛坪区块,石炭系仍然存在岩性(储层)致密带的可能性。石炭系岩性-构造复合圈闭含气面积具有一定的模糊性,不完全受构造等高线闭合圈定,大幅扩大了石炭系气藏的含气面积。

　　本次通过对川东地区石炭系地层、岩性-构造复合圈闭气藏的研究,紧密结合勘探生产,动、静态结合,解剖典型气藏,分析川东地区及邻区石炭系复合圈闭勘探实例,对南缘区带石炭系气藏富集规律取得了以下主要认识。

(1) 该区石炭系气藏的生、储、盖条件好，具有有利的源储配置、储盖搭配优势。

(2) 喜马拉雅运动形成了以高陡构造为特色的隔挡式构造格局，从而形成了多种与高陡构造有关的圈闭。其中，最引人注目的是从西向东，区内华蓥山、凉水井—铜锣峡、明月峡、黄草峡—苟家场、大池干、方斗山、齐岳山 7 条高陡构造带成排成带分布。高陡构造包含了主体背斜(主高点)和潜伏构造两种重要的构造圈闭。主体背斜因轴向断层发育和埋深较浅，封闭条件较差而最终难以形成较大规模气藏；潜伏构造封闭条件好，已发现的石炭系气藏圈闭都与之相关，但构造圈闭规模亦有限。

(3) 复合圈闭不完全受构造圈闭大小控制，圈闭规模往往大于构造圈闭，特别是从九峰寺—方斗山南的川东地区石炭系分布区南缘带，具有地层-构造复合圈闭和岩性-构造复合圈闭发育的有利条件，剥蚀边缘线不规则切割各主体和潜伏构造，形成众多的复合圈闭，这些复合圈闭面积往往大于局部构造圈闭，且沿南缘剥蚀带具有连片分布趋势。已发现相国寺、明月北、新市、双龙、苟西等复合圈闭气藏，初显南缘带复合圈闭气藏群的轮廓。本研究认为，南缘区带边缘的蓥北—四海山、九峰寺、明月北、新市、双龙、苟西、老湾南—池东、方东—廖家坝等复合圈闭是川东地区石炭系气藏富集成藏的有利区带，也是下一步川东地区石炭系深化勘探的重要区域。

(4) 川东地区西南缘华蓥山构造下盘潜伏高为剥蚀带走向切割，也具有形成复合圈闭的有利条件，据新构造模式下的地震解释成果，本次预测复合圈闭规模为 89.28km^2，值得重视。

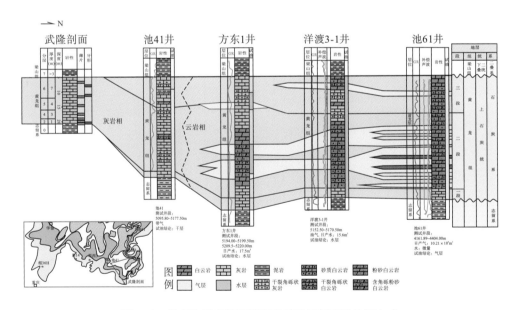

图 7.12   川东地区南缘区带石炭系储层剖面对比图(一)

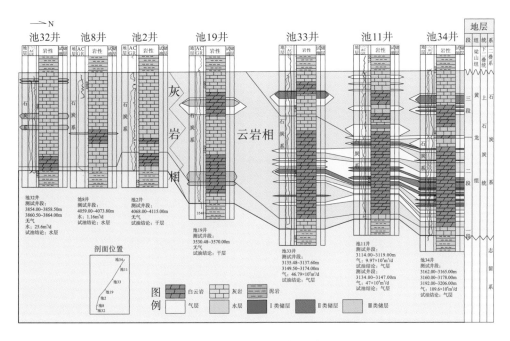

图 7.13　川东地区南缘区带石炭系储层剖面对比图(二)

7.5　有利深化勘探区带

　　川东地区石炭系地层(≥10m)分布面积约为 42025km²，主要分布于重庆气矿矿权范围内，其中勘探程度较高区域仅为 8150km²。石炭系资源量由 3 次资评的 8000×10⁸m³ 增加到 4 次资评的 1.3×10¹²m³，已共获三级储量 2901×10⁸m³，探明率为 24.18%，截至 2015 年 9 月底累计产气 1231.75×10⁸m³，发现率为 42.46%，剩余资源量为 11768.25×10⁸m³，剩余资源量大。石炭系气藏具有单井产量高、稳产时间长、采收率高、开发效益好、投资回报率高的特点。西南油气田分公司 12 个一类效益区块中川东地区有 7 个，占总数的 58%。川东地区石炭系是西南油气田分公司完成产量任务的重点层系。

　　根据资源调查成果综合分析研究，川东地区石炭系有待发现资源量达 11768.25×10⁸m³，主要分布于勘探程度较低的高陡构造带、岩性-构造复合圈闭、地层-构造复合圈闭、盆周新区。由于目前川东地区未勘探区块较少，在勘探程度较低的区域，其勘探目标选择的难度增大：一方面，客观存在的构造高陡、断裂复杂、地层缺失、气水关系不清；另一方面，具有针对性的构造地质模型需要重新认识，地震解释模型及储层识别模式需要不断地探索与完善。所以，对高陡构造、低潜构造及侵蚀窗周围的岩性、地层-构造复合圈闭需要进行更进一步的认识，开展更进一步的工作。

　　近十多年来，由于川东地区勘探重点的转移，石炭系勘探有所停滞：一是勘探投入不足，二是高陡构造勘探目标选择难度加大。在目前勘探形势下西南油气田分公司针对石炭系地层开展了重点构造带的新一轮地震勘探或重点地震攻关试验及川东地区石炭系的地层-构造复合圈闭研究，共发现未钻构造圈闭 71 个，岩性-构造、地层-构造复合圈闭 63

个，为下一步石炭系的深化勘探提供了很好的条件。

川东地区石炭系储层广泛分布。由于石炭系黄龙组一段在剥蚀面上沉积、黄龙组三段上部遭受剥蚀，储层多分布于黄龙组二段、黄龙组三段地层，主要发育于黄龙组二段。因此，可以说，只要有石炭系黄龙组地层存在，就有储层存在，寻找石炭系气藏的关键是寻找石炭系有效圈闭，深化勘探的重点是落实构造圈闭和岩性、地层-构造复合圈闭，研究有效圈闭的控制因素。

深化勘探的方向包括高陡构造主体、高陡构造主断层下盘的潜伏高带、近向斜区域的低潜构造、斜坡区、侵蚀窗周边的地层、岩性-构造复合圈闭。寻找石炭系气藏的关键是圈闭的有效性。从目前未钻地面构造的情况看，多属于地面激发、接收条件较差的高陡构造，目的层同相轴追踪较困难，构造模式存在争议，构造可靠性差。从未钻潜伏构造的情况看，除较小圈闭外，其余潜伏构造可靠性均较差，落实程度不高，部分保存条件不好或处于石炭系缺失区。

以构造圈闭和复合圈闭为目标，通过对川东地区石炭系构造、地层、储层、保存条件以及勘探程度等情况进行综合分析，优选出 11 个有利深化勘探区块(表 7.5)。

表 7.5   石炭系有利勘探区块评价表

区块	地震资料	生气强度 $(10^8 m^3/km^2)$	储层 (m)	构造圈闭面积 (km^2)	复合圈闭面积 (km^2)	保存条件	资源量 $(10^8 m^3)$	可靠性分析
鋈北—四海山	2013	20~30	10~20	39.13	89.28	好	234.74	Ⅱ
狮子包—善子山	2010	40~50	0~20		106.80	较好	177.48	Ⅱ
大猫坪	2009	40~50	10~40	46.00		较好	345.90	Ⅱ
龙会场—铁山	2012	20~40	10~30	58.89		好	110.00	Ⅱ
大沙帽尖—温西	2010	30~40	0~40	116.79		好	250.90	Ⅱ
五灵山—蒲东	2011	30~40	20~50	30.16		好	118.25	Ⅱ
老湾南	2010	60~80	0~25		43.75	好	100.63	Ⅱ
中台子—廖家坝	2013	60~100	0~40	49.28		较好	118.46	Ⅱ
明月北构造	2009	40~60	5~10		204.44	好	341.41	Ⅱ
华蓥西	2011	10~20	5~20		1650.95	好	1271.23	Ⅲ
正坝南—马槽坝	2004	40~60	10~20		85.70	较好	332.00	Ⅲ
合计				340.25	2180.92		3401.00	

表 7.5 中，Ⅰ类区块：①鋈北—四海山区块、②狮子包—善子山区块、③大猫坪区块、④龙会场—铁山区块、⑤大沙帽尖—温西区块、⑥五灵山—蒲东区块；Ⅱ类区块：⑦老湾南区块、⑧中台子—廖家坝区块、⑨明月北区块、⑩华蓥西区块、⑪正坝南—马槽坝区块。

目前资料较新、较好的区块有鋈北—四海山区块、狮子包—善子山区块、龙会场—铁山区块、大沙帽尖—温西区块、五灵山—蒲东区块。依据圈闭落实程度、圈闭面积、保存条件、储层发育情况等，建立有利勘探目标 12 个。其中，鋈北—四海山构造带 2 个(四海山、和平村），五灵山构造带 1 个（五灵山东），明月峡构造带 2 个（甘家湾北、明月北），南门场构造带 2 个（银家槽、团岭坡），大池干—方斗山构造带 2 个（石福场、中台子），铁山北构造带 1 个（金窝），温西—沙罐坪构造带 1 个（大沙帽尖），云安场构造带 1 个（大猫坪）。

参 考 文 献

艾合买提江•阿不都热和曼，钟建华，李阳，等，2008. 碳酸盐岩裂缝与岩溶作用研究[J]. 地质论评，54(4)：485-494.

陈浩如，2014. 川东北黄龙组优质储层成因机理研究[M]. 成都：成都理工大学.

陈景山，李忠，王振宇，等，2007. 塔里木盆地奥陶系碳酸盐岩古岩溶作用与储层分布[J]. 沉积学报，25(6)：858-868.

陈学时，易万霞，卢文忠，2004. 中国油气田古岩溶与油气储层[J]. 沉积学报，22(2)：244-253.

陈宗清，1985. 川东中石炭世黄龙期沉积相及其与油气的关系[J]. 沉积学报，3(1)：71-80，143.

范嘉松，2005. 世界碳酸盐岩油气田的储层特征及其成藏的主要控制因素[J]. 地学前缘，12(3)：23-30.

郭旭升，李宇平，魏全超，2012，川东南地区茅口组古岩溶发育特征及勘探领域[J]. 西南石油大学学报(自然科学版)，34(6)：
　　1-8.

韩银学，李忠，韩登林，等，2009. 塔里木盆地塔北东部下奥陶统基质白云岩的稀土元素特征及其原因[J]. 岩石学报，25(10)：
　　2405-2416.

胡光灿，谢姚祥，1999. 中国四川东部高陡构造石炭系气田[M]. 北京：石油工业出版社.

胡明毅，邓猛，胡忠贵，等，2015. 四川盆地石炭系黄龙组储层特征及主控因素分析[J]. 地学前缘，22(3)：310-321.

胡忠贵，郑荣才，文华国，等，2008. 川东—渝北地区石炭系黄龙组白云岩成因[J]. 岩石学报，24(6)：1369-1378.

黄思静，2010. 碳酸盐岩的成岩作用[M]. 北京：地质出版社.

黄思静，张萌，孙治雷，等，2006. 川东 L2 井三叠系飞仙关组碳酸盐样品的锶同位素年龄标定[J]. 成都理工大学学报(自然
　　科学版)，32(1)：111-116.

康玉柱，2008. 中国古生代碳酸盐岩古岩溶储集特征与油气分布[J]. 天然气工业，28(6)：1-12，141.

蓝江华，1999. 四川盆地大池干井构造带石炭系古岩溶储层成因模式[J]. 成都理工学院学报，26(1)：23-27.

李爱国，易海永，汪福勇，等，2001. 渝东下石炭统河洲组的分布及其对油气运移的影响[J]. 天然气勘探与开发，24(4)：23-27.

李淳，1999. 川东石炭系碳酸盐岩成岩环境对次生孔隙的影响[J]. 石油大学学报(自然科学版)，23(5)：6-8.

李德江，杨威，谢增业，等，2009. 渝东石炭系岩相古地理及有利储集相带研究[J]. 断块油气田，16(5)：1-3.

李忠，刘嘉庆，2009. 沉积盆地成岩作用的动力机制与时空分布研究若干问题及趋向[J]. 沉积学报，27(5)：837-848.

李忠，雷雪，晏礼，2005. 川东石炭系黄龙组层序地层划分及储层特征分析[J]. 石油物探，44(1)：39-43，12-13.

李忠，韩登林，寿建峰，2006. 沉积盆地成岩作用系统及其时空属性[J]. 岩石学报，22(8)：2151-2164.

刘宝珺，1980. 沉积岩石学[M]. 北京：地质出版社.

刘诗宇，胡明毅，胡忠贵，等，2015. 四川盆地东部石炭系黄龙组白云岩成因[J]. 岩性油气藏，27(4)：40-46.

卢焕章，范宏瑞，倪培，等，2004. 流体包裹体[M]. 北京：科学出版社.

罗平，张静，刘伟，等，2008. 中国海相碳酸盐岩油气储层基本特征[J]. 地学前缘，15(1)：36-50.

倪新锋，张丽娟，沈安江，等，2009. 塔北地区奥陶系碳酸盐岩古岩溶类型、期次及叠合关系[J]. 中国地质，36(6)：1312-1321.

钱峥，1999. 川东石炭系碳酸盐岩沉积环境探讨[J]. 天然气工业，19(4)：3-5.

宋文海，1998. 川东南下志留统小河坝砂岩含气地质条件论述——一个未来的勘探区块[J]. 天然气勘探与开发，21(2)：3-5.

谭秀成，肖笛，陈景山，等，2015. 早成岩期喀斯特化研究新进展及意义[J]. 古地理学报，17(4)：441-456.

陶士振，张宝民，赵长毅，2003. 流体包裹体方法在油气源追踪对比中的应用——以四川盆地碳酸盐岩大型气田为例[J]. 岩石学报，19(2)：327-336.

王兰生，陈盛吉，杨家静，等，2001. 川东石炭系储层及流体的地球化学特征[J]. 天然气勘探与开发，24(3)：28-38.

王玮，周祖翼，郭彤楼，等，2011. 四川盆地古地温梯度和中-新生代构造热历史[J]. 同济大学学报(自然科学版)，39(4)：606-613.

王一刚，文应初，刘志坚，1996. 川东石炭系碳酸盐岩储层孔隙演化中的古岩溶和埋藏溶解作用[J]. 天然气工业，16(6)：18-24.

王振宇，李凌，谭秀成，等，2008. 塔里木盆地奥陶系碳酸盐岩古岩溶类型识别[J]. 西南石油大学学报(自然科学版)，30(5)：11-16.

王志鹏，陆正元，2006. 岩溶在四川盆地下二叠统储集层中的重要作用[J]. 石油勘探与开发，33(2)：141-144.

文华国，郑荣才，沈忠民，等，2009a. 四川盆地东部黄龙组古岩溶地貌研究[J]. 地质论评，55(6)：816-827.

文华国，郑荣才，沈忠民，等，2009b. 南大巴山前缘黄龙组古岩溶储层锶同位素地球化学特征[J]. 吉林大学学报(地球科学版)，39(5)：789-795.

文华国，郑荣才，沈忠民，2011. 四川盆地东部黄龙组碳酸盐岩储层沉积-成岩系统. 地球科学(中国地质大学学报)，36(1)：111-121.

文华国，郑荣才，Qing H R，等，2014. 青藏高原北缘酒泉盆地青西凹陷白垩系湖相热水沉积原生白云岩[J]. 中国科学：地球科学，44(4)：591-604.

夏日元，唐健生，关碧珠，等，1999. 鄂尔多斯盆地奥陶系古岩溶地貌及天然气富集特征[J]. 石油与天然气地质，20(2)：133-136.

杨威，魏国齐，金惠，等，2011. 碳酸盐岩成岩相研究方法及其应用——以扬子地块北缘飞仙关组鲕滩储层为例[J]. 岩石学报，27(3)：749-756.

袁道先，1994. 中国岩溶学[M]. 北京：地质出版社.

张兵，郑荣才，党录瑞，等，2010. 川东地区黄龙组碳酸盐岩储层测井响应特征及储层发育主控因素[J]. 天然气工业，30(10)：13-17，114.

张兵，郑荣才，王绪本，等，2011. 四川盆地东部黄龙组古岩溶特征与储集层分布[J]. 石油勘探与开发，38(3)：257-267.

章贵松，郑聪斌，2000. 压释水岩溶与天然气的运聚成藏[J]. 中国岩溶，19(3)：199-205.

赵裕辉，2005. 川东地区高陡构造成因机制及含油气性分析[J]. 北京：中国地质大学.

郑荣才，陈洪德，1997. 川东黄龙组古岩溶储层微量和稀土元素地球化学特征[J]. 成都理工学院学报，24(1)：1-7.

郑荣才，张哨楠，李德敏，1996. 川东黄龙组角砾岩成因及其研究意义[J]. 成都理工学院学报，23(1)：8-18.

郑荣才，陈洪德，张哨楠，等，1997. 川东黄龙组古岩溶储层的稳定同位素和流体性质[J]. 地球科学(中国地质大学学报)，22(4)：424-428.

郑荣才，彭军，高红灿，2003. 渝东黄龙组碳酸盐岩储层的古岩溶特征和岩溶旋回[J]. 地质地球化学，31(1)：28-35.

郑荣才，胡忠贵，郑超，等，2008. 渝北—川东地区黄龙组古岩溶储层稳定同位素地球化学特征[J]. 地学前缘，15(6)：303-311.

郑永飞，陈江峰，2000. 稳定同位素地球化学[M]. 北京：科学出版社.

钟怡江，陈洪德，林良彪，等，2011. 川东北地区中三叠统雷口坡组四段古岩溶作用与储层分布[J]. 岩石学报，27(8)：2272-2280.

周文，2006. 川西致密储层现今地应力场特征及石油工程地质应用研究[D]. 成都：成都理工大学.

朱东亚，孟庆强，胡文瑄，等，2012. 塔里木盆地深层寒武系地表岩溶型白云岩储层及后期流体改造作用[J]. 地质评论，58(4)：691-701.

邹才能，赵文智，贾承造，等，2008. 中国沉积盆地火山岩油气藏形成与分布[J]. 石油勘探与开发，35(3)：257-270.

邹才能，徐春春，李伟，等，2010. 川东石炭系大型岩性地层气藏形成条件与勘探方向[J]. 石油学报，35(1)：18-24.

Altiner D，Yilmaz Ö İ，Özgül N，et al.，2015. High-resolution sequence stratigraphic correlation in the Upper Jurassic (Kimmeridgian)-Upper Cretaceous (Cenomanian) peritidal carbonate deposits (Western Taurides，Turkey)[J]. Geological Journal，34(1/2)：139-158.

Amthor J E，Mountjoy E W，Machel H，1993. Subsurface dolomites in Upper Devonian Leduc Formation buildups，central part of Rimbey-Meadowbrook reef trend，Alberta，Canada[J]. Bulletin of Canadian Petroleum Geology，41(2)：164-185.

Azmy K，Knight I，Lavoie D，et al.，2009. Origin of dolomites in the Boat Harbour Formation，St. George Group，in western Newfoundland，Canada：Implications for porosity development[J]. Bulletin of Canadian Petroleum Geology，57(1)：81-104.

Baceta J I，Wright V P，Beavington-Penney S J，et al.，2007. Palaeohydrogeological control of palaeokarst macro-porosity genesis during a major sea-level lowstand：Danian of the Urbasa-Andia plateau，Navarra，North Spain[J]. Sedimentary Geology，199(3/4)：141-169.

Bartolini C，Buffler R T，Blickwede J，2003. The Circum-Gulf of Mexico and the Caribbean：Hydrocarbon habitats，basin formation，and plate tectonics[J]. AAPG Memoir，79：169-183.

Basyoni M H，Khalil M，2013. An overview of the diagenesis of the Upper Jurassic carbonates of Jubaila and Hanifa Formations，Central Saudi Arabia[J]. Arabian Journal of Geosciences，6：557-572.

Beddows P A，2004. Groundwater hydrology of a coastal conduit carbonate aquifer：Caribbean coast of the Yucatan Peninsula，Mexico[D]. Bristol：University of Bristol.

Bögli A，1980. Karst hydrology and physical speleology[M]. New York：Springer-Verlag.

Boni M，Parentea G，Bechstadtb T，et al.，2000. Hydrothermal dolomites in SW Sardinia (Italy)：Evidence for a widespread late-Variscan fluid flow event[J]. Sedimentary Geology，131(3/4)：181-200.

Borrero M L，2010. Hondo evaporites within the Grosmont heavy oil carbonate platform[D]. Edmonton：University of Alberta.

Breesch L，Stemmerik L，Wheeler W，et al.，2009. Fluid flow reconstruction in a complex paleocave system reservoir in Wordiekammen，Central Spitsbergen[J]. Journal of Geochemical Exploration，101(1)：10.

Brenchley P J，Marshall J D，HarperD A T，et al.，2010. A late Ordovician (Hirnantian) karstic surface in a submarine channel，recording glacioeustatic sea-level changes：Meifod，central wales[J]. Geological Journal，41(1)：1-22.

Cao J，Hu W X，Wang X L，et al.，2015. Diagenesis and elemental geochemistry under varying reservoir oil saturation in the Junggar Basin of NW China：Implication for differentiating hydrocarbon-bearing horizons[J]. Geofluids，15：410-420.

Chen H R，Zheng R C，Luo R B，2014. Reservoir characteristics and main controlling factors of Huanglong Formation in Northeastern Sichuan，China[J]. Journal of Chengdu University of Technology (Science & Technology Edition)，41(1)：36-44.

Choi B Y，Yun S T，Mayer B，2012. Hydrogeochemical processes in clastic sedimentary rocks，South Korea：A natural analogue study of the role of dedolomitization in geologic carbon storage[J]. Chemical Geology，306-307：103-113.

Derry L A，Keto L S，Jacobsen S B，et al.，1989. Sr isotopic variations in Upper Proterozoic carbonates from Svalbard and East Greenland[J]. Geochimica et Cosmochimica Acta，53(9)：2331-2339.

Filipponi M，Jeannin P Y，Tacher L，2009. Evidence of inception horizons in karst conduit networks[J]. Geomorphology，106(1/2)：86-99.

Frimmel H E，2009. Trace element distribution in Neoproterozoic carbonates as palaeo-environmental indicator[J]. Chemical Geology，258(3/4)：338-353.

Fu J H，Bai H F，Sun L Y，2012. Types and characteristics of the Ordovician carbonate reservoirs in Ordos Basin[J]. Acta Petrolei Sinica，34(S2)：110-117.

Gasparrini M, Bechstaedt T, Boni M, 2006. Massive hydrothermal dolomites in the Southwestern Cantabrian Zone (Spain) and their relation to the late Variscan evolution[J]. Marine and Petroleum Geology, 23(5): 543-568.

Götze J, Tichomirowa M, Fuchs H, et al., 2001. Geochemistry of agates: A trace element and stable isotope study[J]. Chemical Geology, 175(3/4): 523-541.

Gutiérrez F, Johnson K S, Cooper A H, 2008. Evaporite karst processes, landforms, and environmental problems[J]. Environental Geology, 53(5): 935-936.

Hanshaw B B, Back W, 1980. Chemical mass-wasting of the Northern Yucatan Peninsula by groundwater dissolution[J]. Geology, 8(5): 222-224.

Huang S J, Qing H R, Huang P P, et al., 2008. Evolution of strontium isotopic composition of seawater from Late Permian to Early Triassic based on study of marine carbonates, Zhongliang Mountain, Chongqing, China[J]. Science in China Series D: Earth Sciences, 51(4): 528-539.

James N P, Choquette P W, 1988. Paleokarst[M]. New York: Springer-Verlag.

Kalvoda J, Kumpan T, Babek O, 2015. Upper Famennian and Lower Tournaisian sections of the Moravian Karst (Moravo-Silesian Zone, Czech republic): A proposed key area for correlation of the conodont and foraminiferal zonations[J]. Geological Journal, 50(1): 17-38.

Kawabe I, Toriumi T, Ohta A, et al., 1998. Monoisotopic REE abundances in seawater and the origin of seawater tetrad effect[J]. Geochemical Journal, 32(4): 213-229.

Klimchouk A B, Aksem S D, 2002. Gypsum karst in the Western Ukraine: Hydrochemistry and solution rates[J]. Carbonates and Evaporites, 17(2): 142-153.

Land L S, 1980. The isotopic and trace element geochemistry of dolomite: The state of the art[M]//Zenger D H, Dunham J B, Ethington R L. Concepts and models of dolomitization. Tulsa: Society for Sedimentary Geology.

Lavoie D, Chi G X, 2006. Hydrothermal dolomitization in the Lower Silurian La Vieille Formation in Northern New Brunswick: Geological context and significance for hydrocarbon exploration[J]. Bulletin of Canadian Petroleum Geology, 54(4): 380-395.

Li J, Zhang W Z, Luo X, et al., 2008. Paleokarst reservoirs and gas accumulation in the Jingbian field, Ordos Basin[J]. Marine Petroleum Geology, 25(4/5): 401-415.

Loucks R G, 1999. Paleocave carbonate reservoirs: Origins, burial depth modification, spatial complexity and reservoir implications[J]. AAPG Bulletin, 83(11): 1795-1834.

Loucks R G, Mescher P K, McMechan G A, 2004. Three dimensional architecture of a coalesced, collapsed paleocave system in the Lower Ordovician Ellenburger Group, Central Texas[J]. AAPG Bulletin, 88(5): 545-564.

McArthur J M, Howarth R J, Bailey T R, 2001. Strontium isotope stratigraphy: LOWESS version 3: Best fit to the marine Sr-Isotope curve for 0-509 Ma and accompanying look-up table for deriving numerical age[J]. Journal of Geolology, 109(2): 155-170.

McMechan G A, Loucks R G, Zeng X X, et al., 1998. Ground penetrating radar imaging of a collapsed paleocave system in the Ellenburger dolomite, central Texas[J]. Journal of Applied Geophysics, 39(1): 1-10.

McMechan G A, Loucks R G, Mescher P, et al., 2002. Characterization of a coalesced, collapsed paleocave reservoir analog using GPR and well core data[J]. Geophysics, 67(4): 1148-1158.

Mehrabi H, Rahimpour-Bonab H, Enayati-Bidgoli A H, et al., 2014. Paleoclimate and tectonic controls on the depositional and diagenetic history of the Cenomanianeearly Turonian carbonate reservoirs, Dezful Embayment, SW Iran[J]. Facies, 126: 147-167.

Meyers W J, 1988. Paleokarstic features on mississippian limestone, New Mexico[M]//James N P, Choquette P W. Paleokarst. New York: Springer-Verlag.

Mylroie J E, Carew J L, 1990. The flank margin model for dissolution cave development in carbonate platforms[J]. Earth Surface Processes and Landforms, 15(5): 413-424.

Mylroie J E, Carew J L, 1995. Karst development on carbonate islands[M]//Budd D A, Saller A H, Harris P M. Unconformities and porosity in carbonate strata. Tulsa: The American Association of Petroleum Geologists.

Mylroie J E, Carew J L, 2000. Speleogenesis in coastal and oceanic settings[M]//Klimchouk A B, Ford D C, Palmer A N. Speleogenesis: Evolution of karst aquifers. Huntsville: National Speleological Society.

Nader F H, Swennen R, Keppens E, 2008. Calcitization/dedolomitization of Jurassic dolostones (Lebanon): Results from petrographic and sequential geochemical analyses[J]. Sedimentology, 55(5): 1467-1485.

Palmer A N, 1984. Geomorphic interpretation of karst features[M]//LaFleur R G. Groundwater as a geomorphic agent. Boston: Allen and Unwin, Inc.

Plummer L N, 1975. Mixing of sea water with calcium carbonate ground water[M]//Whitten E H T. Quantitative studies in the geological sciences. New York: Geological Society of America.

Rameil N, 2008. Early diagenetic dolomitization and dedolomitization of Late Jurassic and earliest Cretaceous platform carbonates: A case study from the Jura Mountains (NW Switzerland, E France)[J]. Sedimentary Geology, 212(1/4): 70-85.

Rezaei M, Sanz E, Raeisi E, et al., 2005. Reactive transport modeling of calcite dissolution in the fresh-salt water mixing zon[J]. Journal of Hydrology, 311(1/4): 282-298.

Rosen M R, Miser D E, Starcher M A, et al., 1989. Formation of dolomite in the Coorong region, South Australia[J]. Geochimica et Cosmochimica Acta, 53(3): 661-669.

Sibbit A M, Faivre O, 1985. The dual laterolog response in fractured rocks[R]. Dallas: SPWLA 26th Annual Logging Symposium.

Sibley D F, Gregg J M, 1987. Classification of dolomite rock textures[J]. Journal of Sedimentary Petrology, 57(6): 967-975.

Smart P L, Beddows P A, Coke J, et al., 2006. Cave development on the Caribbean coast of the Yucatan Peninsula, Quintana Roo, Mexico[M]//Harmon R S, Wicks C. Perspectives on karst geomorphology, hydrology, and geochemistry. New York: Geological Society of America.

Smart P L, Dawans J M, Whitaker F, 1988a. Carbonate dissolution in a modern mixing zone[J]. Nature, 335: 811-813.

Smart P L, Palmer R J, Whitaker F, et al., 1988b. Neptunian dykes and fissure fills: An overview and account of some modern examples[M]//James N P, Choquette P W. Paleokarst. New York: Springer-Verlag.

Socki R A, Perry E C, Romaneck C S, 2002. Stable isotope systematics of two cenotes from the Northern Yucatan Peninsula, Mexico[J]. Limnology and Oceanography, 47(6): 1808-1818.

Stoessel R K, Moore Y H, Coke J G, 1993. The occurrence and effect of sulphate reduction and sulphide oxidation on coastal limestone dissolution in Yucatan cenotes[J]. Ground Water, 31(4): 566-575.

Trice R, 2005. Challenges and insights in optimising oil production form middle eastern karst reservoirs[C]. The SPE Middle East Oil and Gas Show and Conference, Kingdom of Bahrain.

Tritlla J, Cardellach E, 2001. Origin of vein hydrothermal carbonates in Triassic limestones of the Espadán Ranges (Iberian Chain, E Spain)[J]. Chemical Geology, 172(3): 291-305.

Vacher H L, Mylroie J E, 2002. Eogenetic karst from the perspective of an equivalent porous medium[J]. Carbonates and Evaporites, 17(2): 182-196.

Vahrenkamp V C, Swart P K, 1990. New distribution coefficient for the incorporation of strontium into dolomite and its implications for the formation of ancient dolomites[J]. Geology, 18(5): 387-391.

Veizer J, Ala D, Azmy K, et al., 1999. $^{87}Sr/^{86}Sr$, ^{13}C and ^{18}O evolution of Phanerozoic seawater[J]. Chemical Geology, 161(1/3): 58-88.

Walter M R, Veevers J J, Calver C R, et al., 2000. Dating the 840-544 Ma Neoproterozoic interval by isotopes of strontium, carbon, and sulfur in seawater, and some interp retative models[J]. Precambrian Research, 100(1): 371-433.

Wang B Q, Al-Aasm I S, 2002. Karst-controlled diagenesis and reservoir development: Example from the Ordovician main-reservoir carbonate rocks[J]. AAPG Bulletin, 86(9): 1639-1658.

Wang X L, Jin Z J, Hu W X, et al., 2009. Using in situ REE analysis to study the origin and diagenesis of dolomite of Lower paleozoic, Tarim Basin[J]. Science in China Series D: Earth Sciences, 39(6): 721-733.

Wen H G, Wen L B, Chen H R, et al., 2014. Geochemical characteristics and diagenetic fluids of dolomite reservoirs in the Huanglong Formation, Eastern Sichuan Basin, China[J]. Petroleum Science, 11(1): 52-66.

Xiao D, Tan X C, Xi A H, et al., 2016. An inland facies-controlled eogenetic karst of the carbonate reservoir in the Middle Permian Maokou Formation, Southern Sichuan Basin, SW China[J]. Marine Petroleum Geology, 72: 218-233.

Yuste A, Bauluz B, Mayayo M J, 2015. Genesis and mineral transformations in Lower Cretaceous karst bauxites (NE Spain): Climatic influence and superimposed processes[J]. Geological Journal, 50(6): 839-857.

Zhang X F, Hu W X, Zhang J T, et al., 2008. Geochemical analyses on dolomitizing fluids of Lower Ordovician carbonate reservoir in Tarim Basin[J]. Earth Science Frontiers, 15(2): 80-89.

Zhang Y Y, Sun Z D, Han J F, et al., 2016. Fluid mapping in deeply buried Ordovician paleokarst reservoirs in the Tarim Basin, Western China[J]. Geofluids, 16: 421-433.

Zhu G Y, Zhang B T, Yang H J, et al., 2014. Secondary alteration to ancient oil reservoirs by late gas filling in the Tazhong area, Tarim Basin[J]. Journal of Petroleum Science and Engineering, 122: 240-256.

Zhu G Y, Zhang S C, Su J, et al., 2013. Alteration and multi-stage accumulation of oil and gas in the Ordovician of the Tabei Uplift, Tarim Basin, NW China: Implications for genetic origin of the diverse hydrocarbons[J]. Marine Petroleum Geology, 46: 234-250.